普通高等学校“十四五”系列教材



# 实用线性代数

# Practical Linear Algebra

主　编　魏军强　周继泉

副主编　侯居跃　何书松　郑宏文

清华大学出版社
北京交通大学出版社
·北京·

## 内 容 简 介

本书共分 5 章，内容主要包括向量空间、线性方程组、矩阵及其运算、行列式、相似矩阵与二次型等。

本书可作为高等学校理工科各专业以及经管、金融等相关专业的教材或教学参考书。



**图书在版编目（CIP）数据**

实用线性代数 / 魏军强，周继泉主编；侯居跃，何书松，郑宏文副主编. —北京：北京交通大学出版社 ：清华大学出版社，2021.11

ISBN 978-7-5121-4571-9

Ⅰ. ① 实… Ⅱ. ① 魏… ② 周… ③ 侯… ④ 何… ⑤ 郑… Ⅲ. ① 线性代数–高等学校–教材 Ⅳ. ① O151.2

中国版本图书馆 CIP 数据核字（2021）第 190437 号

**实用线性代数**
SHIYONG XIANXING DAISHU

责任编辑：黎　丹
出版发行：清 华 大 学 出 版 社　邮编：100084　电话：010-62776969　http://www.tup.com.cn
　　　　　北京交通大学出版社　邮编：100044　电话：010-51686414　http://www.bjtup.com.cn
印 刷 者：北京鑫海金澳胶印有限公司
经　　销：全国新华书店
开　　本：185 mm×260 mm　印张：9.75　字数：244 千字
版 印 次：2021 年 11 月第 1 版　2021 年 11 月第 1 次印刷
印　　数：1～1 000 册　定价：39.00 元

本书如有质量问题，请向北京交通大学出版社质监组反映。对您的意见和批评，我们表示欢迎和感谢。
投诉电话：010-51686043，51686008；传真：010-62225406；E-mail：press@bjtu.edu.cn。

# 前　言

线性代数作为代数学的一个分支，主要处理线性关系问题，即线性空间、线性变换和有限维的线性方程组等内容. 由于线性关系是变量之间相对简单的一种关系，而且线性问题广泛存在于科学技术的各个领域中，再加上一些非线性问题在一定条件下可以转化为或近似为线性问题，因此线性代数所介绍的思想、方法已成为科学研究和工程应用中必不可少的工具. 尤其在计算机高速发展和日益普及的今天，线性代数作为高等学校理工科各专业的一门重要的基础理论课，其地位和作用显得尤为重要.

无论是实体书还是电子书，线性代数书籍几乎是汗牛充栋. 既然如此，我们为什么还要编写这本书呢？根据多年的经验，线性代数是在工作中使用最多的数学工具. 在和其他人的交流中，也能发现在电气、计算机、控制、电子工程及经济学等学科中，线性代数都有很广泛的应用. 这么有用的数学工具，多学一点、多了解一点总是有益的.

线性代数主要研究三种对象：矩阵、线性方程组和向量. 概念多、定理多、符号多、运算规律多，内容纵横交错，知识前后联系紧密是线性代数课程的特点，也是给学生学习带来困难的所在. 线性代数中矩阵、线性方程组和向量这三个对象的理论之间密切相关，大部分问题在这三种理论中都有等价说法. 因此，熟练地从一种理论的叙述转换到另一种，是学习线性代数应养成的重要习惯和素质. 如果说与实际计算结合最多的是矩阵，那么向量则着眼于从整体性和结构性考虑问题，因而可以更深刻、更透彻地揭示线性代数中各种问题的内在联系和本质属性. 线性代数所体现的几何观念与代数方法之间的联系，从具体概念抽象出来的公理化方法及严谨的逻辑推证、巧妙的归纳综合等，对于强化学生的数学训练、增益科学智能是非常有用的. 鉴于此，本书由向量入手，逐步引入线性方程组和矩阵，将重点抽象内容分散讲解，使学生更容易理解和掌握矩阵、线性方程组和向量的内在联系，遇到问题能够举一反三、化难为易.

本书系统地介绍了线性代数的基本内容和方法，有针对性地介绍了一些线性代数在工程学科、经济管理中的应用. 全书共分 5 章，第 1 章由魏军强编写，第 2 章由侯居跃编写，第 3 章由郑宏文编写，第 4 章由何书松编写，第 5 章由周继泉编写，最后由魏军强统稿. 本书注重经典理论内容的讲解，反映了现代数学思想，加强了实际应用，增加了核心概念的英文词汇，有利于学生充分理解概念，掌握定理的条件、结论、应用，熟悉符号意义，掌握各种运算规律、计算方法.

本书在编写过程中得到了华北电力大学教务处和数理学院有关领导和专家的大力支持，在出版过程中得到了学校公共核心课程建设和“双一流”建设相关经费的资助，在此一并表示感谢.

限于水平，书中难免出现疏漏和不妥，望广大读者不吝赐教.

编　者

2021 年 6 月

# 目　　录

# 第1章　向量空间

**引例**　随着计算机科学和网络信息技术的发展，计算机图形学的应用领域越来越广，如虚拟仿真设计、效果图制作、动画片制作、电子游戏开发等．在计算机图形学中，通常用向量表示点，例如在日常生活中经常用到的二维码（QR code），它用某种特定的几何图形按一定规律在平面（二维）上以黑白相间的图形记录数据符号信息，通过图像输入设备或光电扫描设备自动识读以实现信息处理．在图形相应元素的位置上，用点（方点、圆点或其他形状）的出现表示二进制“1”，点的不出现表示二进制“0”，点的排列组合确定了二维码所代表的意义．二维码符号共有 40 种规格（一般为黑白色），从 $21\times21$（版本 1）到 $177\times177$（版本 40），每一版本符号比前一版本每边增加 4 个模块．这样，整个二维码在版本 1 情况下就可以用 $21\times21$ 个 1 或 0 组成的向量或 21 行 21 列的矩阵来描述，其他版本情况类似．

图 1.1　二维码示意图

计算机图形学中经常遇到图形的几何变换问题，包括图形的平移、旋转、缩放等．例如，图形学中需要对顶点和向量做多次空间变换，其中包括：

① 子节点相对父节点的空间位置、旋转、缩放；

② 模型空间变换到世界空间；

③ 世界空间变换到观察空间；

④ 观察空间变换到剪裁空间（视锥体剪裁）；

⑤ 剪裁空间变换到屏幕空间（三维空间投影到二维空间）．

以上变换中，前三种都可以理解为坐标系的变换，坐标系的旋转、缩放、平移．对于二维图像，如果想要平移，可以在三维空间中构建一个立方体，然后对立方体实施错切，就像一摞 A4 纸，每张纸上都画着一样的图案，一开始它们投影到桌面上的图像都是相同的，这时我们推动这摞纸使它产生错切，最上面的纸投影到桌面上的结果，就是二维图像的平移．这样低阶的平移可以转化为高阶的错切，而错切是可以用矩阵乘法表达的！而对于前三种变换中的向量，因为它是不存在空间位置的，所以不必考虑平移的影响，向量的计算也可用三阶方阵．本章先引入向量，然后在第 3 章介绍矩阵及其运算．对于第 4、5 种变换，也并不复杂，但不属于经典线性代数入门的范围，这里不详细讨论．

线性方程组是科学研究与工程实践中应用最广泛的数学模型，很多读者以前也接触过．线性方程组的求解和行列式是线性代数最初大量研究的起源，本书以向量为起点介绍线性代数，这样对于线性方程组和其他相关问题就可以借助向量来描述，凡是线性问题都可以借用向量空间的观点来加以讨论．

# 1.1　$n$ 维向量空间

## 1.1.1　$n$ 维向量

线性代数中最基本且非常重要的一个概念是向量．中学阶段我们学习过有序实数对（ordered real pairs）$(x,y)$，然后是三元有序实数组（ordered real triplets）$(x,y,z)$，甚至 $n$ 元有序实数组（ordered real n-tuples）$(x_1,x_2,\cdots,x_n)$．这些有序数组在理论和实践中具有重要应用．例如有序数对 $(1,2)$，$(4,1)$ 和 $(5,4)$ 分别对应平面上的三个点 $A$，$B$，$C$（如图 1.2 所示），$(1,-1,3)$ 和 $(-2,2,2)$ 分别对应图 1.3 中的三维空间中的两个点，四元有序数组（120211090121, 18, 70, 175）可以用来描述一个学生的学号、年龄、体重和身高．

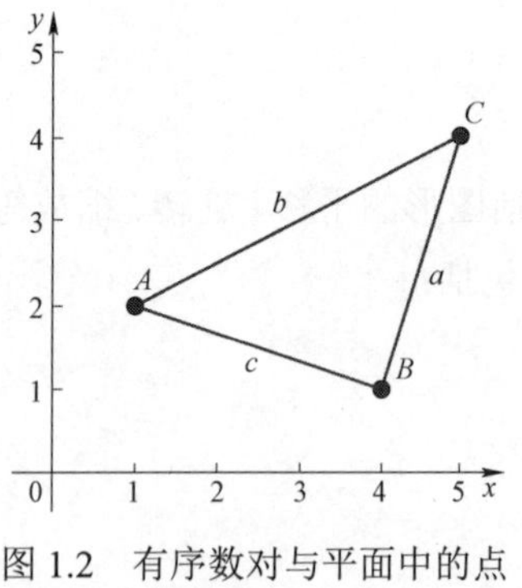


图 1.2　有序数对与平面中的点

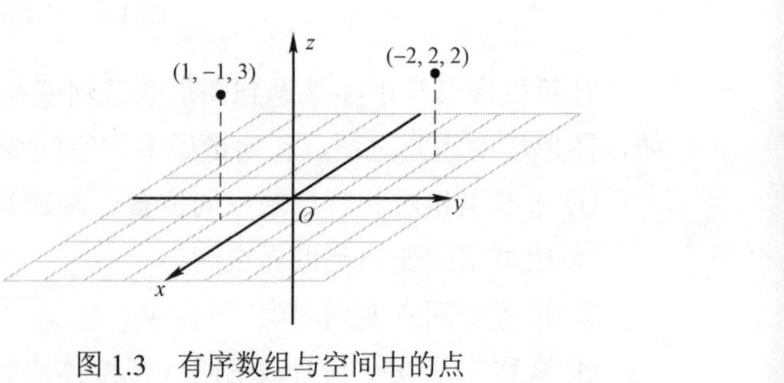


图 1.3　有序数组与空间中的点

对于物理学家和工程师而言，要定义某个向量，不仅需要它的大小，而且需要它的方向，如速度、加速度和力等．对于这些向量，几何上通常用有向线段来描述，下面给出线性代数中向量的一般定义．

**定义 1.1**　$n$ 个有序数组成的列表称为一个 $n$ 维向量（vector）.

向量既可以写成一行，也可以写成一列．若把一组有序数写成一行则是**行向量**（row

vector），记为$(x_1,x_2,\cdots,x_n)$．若把一组有序数写成一列则是**列向量**（column vector），记为$\begin{bmatrix} x_1 \\ x_2 \\ \vdots \\ x_n \end{bmatrix}=(x_1,x_2,\cdots,x_n)^{\mathrm{T}}$，其中上标“T”表示转置（transpose）．组成向量的每个数$x_i$称为该向量的第$i$个元素（element）或第$i$个分量（component）．

行向量与列向量除了书写形式不同之外没有什么本质不同．例如，为方便起见，此处定义中引入了向量的转置，对于任一列向量，它的转置是行向量．类似地，任一行向量的转置是列向量．

分量全为实数的向量称为**实向量**（real vector），分量为复数的向量称为**复向量**（complex vector）.如不加以特殊说明，本书中的向量均指实向量．

在使用向量时需要注意向量中元素的次序，因为每个元素代表不同的信息，不同的次序对应不同的向量．换言之，当且仅当

$$x_1=y_1,x_2=y_2,\cdots,x_n=y_n$$

时两个向量$\boldsymbol{x}=(x_1,x_2,\cdots,x_n)^{\mathrm{T}}$与$\boldsymbol{y}=(y_1,y_2,\cdots,y_n)^{\mathrm{T}}$相等（equal），记为$\boldsymbol{x}=\boldsymbol{y}$．对于行向量也有同样的结论．

若干相同维数的向量组成一个**向量组**（vectors），通常用大写英文字母表示．例如，$m$个$n$维向量$\boldsymbol{a}_1,\boldsymbol{a}_2,\cdots,\boldsymbol{a}_m$组成的向量组为

$$A=(\boldsymbol{a}_1,\boldsymbol{a}_2,\cdots,\boldsymbol{a}_m)$$

由有限个向量所组成的向量组可以构成矩阵，矩阵及其运算将在第 3 章予以阐述．

**定义 1.2**　*$n$元有序数组$(x_1,x_2,\cdots,x_n)^{\mathrm{T}}$的全体组成的集合*

$$\mathbf{R}^n=\{\boldsymbol{x}=(x_1,x_2,\cdots,x_n)^{\mathrm{T}}\,|\,x_i\in\mathbf{R},i=1,2,\cdots,n\}$$

*称为实数域上的* ***$n$* 维欧氏空间**（Euclidian *n*-space）.

$n$元有序数组$(x_1,x_2,\cdots,x_n)^{\mathrm{T}}$称为空间$\mathbf{R}^n$中的点，$n=1$对应数轴上的点，$n=2$对应平面上的点，而$n=3$对应空间中的点，这样就可以通过直角坐标系，把点、向量和有序数组、空间图形和代数方程联系起来，通过建立对应关系，给予数组和代数方程以几何直观意义，从而利用代数方法研究空间图形的性质和相互关系．因为$n\geqslant4$不再具有直观几何意义，所以下文中主要以 2 维和 3 维为例将有关向量的定义和运算推广至$n\geqslant4$维空间．

## 1.1.2　向量的线性运算

线性代数中关于向量的基本运算主要有两类，即向量加法（vector addition）和数乘

向量（scalar multiplication），线性代数中很多内容都基于这两种运算．

**1. 向量加法**

**定义 1.3**　两个 $n$ 维向量 $\boldsymbol{x}=(x_1,x_2,\cdots,x_n)^{\mathrm{T}}$ 与 $\boldsymbol{y}=(y_1,y_2,\cdots,y_n)^{\mathrm{T}}$ 的**和**（sum）定义为

$$\boldsymbol{x}+\boldsymbol{y}=\begin{bmatrix}x_1\\x_2\\\vdots\\x_n\end{bmatrix}+\begin{bmatrix}y_1\\y_2\\\vdots\\y_n\end{bmatrix}=\begin{bmatrix}x_1+y_1\\x_2+y_2\\\vdots\\x_n+y_n\end{bmatrix}$$

注意：相加的两个向量必须具有相同的行数（或列数）．

从几何上来看，向量的加法遵循平行四边形法则（parallelogram law）或三角形法则（triangle law）．例如图 1.4 给出了平面向量的三角形法则和平行四边形法则．

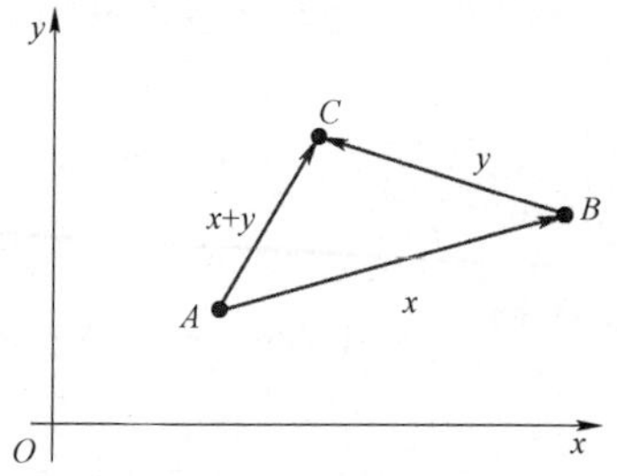


（a）三角形法则

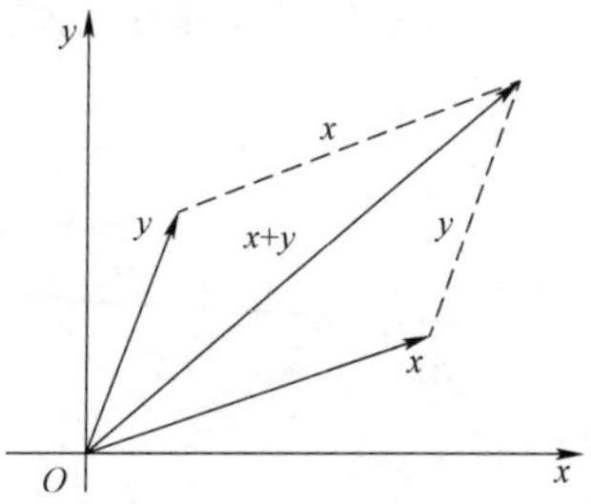


（b）平行四边形法则

图 1.4　平面向量的三角形法则和平行四边形法则

**2. 数乘向量**

**定义 1.4**　数 $\lambda$ 和向量 $\boldsymbol{x}=(x_1,x_2,\cdots,x_n)^{\mathrm{T}}$ 的乘积（product）定义为

$$\lambda\boldsymbol{x}=\lambda\begin{bmatrix}x_1\\x_2\\\vdots\\x_n\end{bmatrix}=\begin{bmatrix}\lambda x_1\\\lambda x_2\\\vdots\\\lambda x_n\end{bmatrix}$$

注意：用数 $\lambda$ 乘一个向量，就是把向量的每个元素都乘上 $\lambda$，而不是用 $\lambda$ 只乘向量的某一个元素（或分量）．向量乘大于 1 的数，就是将这个向量拉伸，乘小于 1 的数，就是将这个向量压缩，乘负数，就是将这个向量翻转．拉伸（stretch）、压缩（shrink）、翻转（reverse）向量的行为，统称为比例化（scaling），而这些数值本身，称之为比例化因子（scaling factor）．

若 $\lambda=-1$，则 $\lambda\boldsymbol{x}=-\boldsymbol{x}$ 称为向量 $\boldsymbol{x}$ 对应的负向量．有了负向量的概念之后就可以定义向量减法（vector subtraction），即向量 $\boldsymbol{x}$ 与 $\boldsymbol{y}$ 的差（difference）

$$\boldsymbol{x}-\boldsymbol{y}=\boldsymbol{x}+(-\boldsymbol{y})=(x_1-y_1,\ x_2-y_2,\ \cdots,\ x_n-y_n)^{\mathrm{T}}$$

如图 1.5 所示.

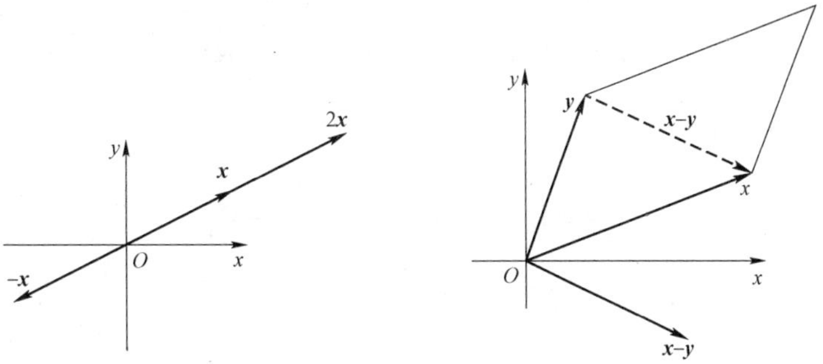


图 1.5　平面向量的数乘和减法

**3. 向量线性运算的性质**

向量的加法和数乘统称为向量的线性运算. 设 $\boldsymbol{x}$，$\boldsymbol{y}$ 与 $\boldsymbol{z}$ 为 $n$ 维向量，$\alpha$ 与 $\beta$ 为数，易证向量的线性运算满足下列运算规律：

① 加法交换律（commutative law）：$\boldsymbol{x}+\boldsymbol{y}=\boldsymbol{y}+\boldsymbol{x}$；

② 加法结合律（associative law）：$(\boldsymbol{x}+\boldsymbol{y})+\boldsymbol{z}=\boldsymbol{x}+(\boldsymbol{y}+\boldsymbol{z})$；

③ $\mathbf{0}$ 向量：$\boldsymbol{x}+\mathbf{0}=\boldsymbol{x}$；

④ 负向量：若 $\boldsymbol{x}+\boldsymbol{y}=\mathbf{0}$，则 $\boldsymbol{y}=-\boldsymbol{x}$；

⑤ 恒等（identity）性：$1\cdot\boldsymbol{x}=\boldsymbol{x}$；

⑥ 数乘结合律：$(\alpha\beta)\boldsymbol{x}=\alpha(\beta\boldsymbol{x})$；

⑦ 分配律（distributive law）：$\alpha(\boldsymbol{x}+\boldsymbol{y})=\alpha\boldsymbol{x}+\alpha\boldsymbol{y}$；$(\alpha+\beta)\boldsymbol{x}=\alpha\boldsymbol{x}+\beta\boldsymbol{x}$.

## 1.1.3　向量空间的定义

**定义 1.5**　设 $V$ 是一个非空集合，$F$ 是一个数域，若集合 $V$ 对于定义在集合 $V$ 上的加法运算和数乘运算满足封闭性，即对于集合 $V$ 中任意两个元素 $\boldsymbol{x}$，$\boldsymbol{y}$ 和数 $\lambda\in F$，$\boldsymbol{x}+\boldsymbol{y}$ 与 $\lambda\boldsymbol{x}$ 也是集合 $V$ 中的元素，则称集合 $V$ 是数域 $F$ 上的一个**向量空间**（vector space）.

若数域 $F$ 为实数域，则称 $V$ 是实向量空间；若数域 $F$ 为复数域，则称 $V$ 是复向量空间. 向量空间也称为**线性空间**（linear space），其中的元素称为它的向量. 这里向量的含义更为广泛，定义 1.3 和定义 1.4 只是这个定义中的特例.

---

**【例 1.1】** 在解析几何中，从坐标原点引出的一切向量对于加法运算和数乘运算构成实数域上的一个向量空间.

**【例 1.2】** 数域 $F$ 按照本身的加法与乘法构成一个向量空间，即数域 $F$ 构成一个自身上的向量空间.

**【例 1.3】** 全体 $n$ 维向量构成的集合对于加法运算和数乘运算构成一个向量空间.

【例 1.4】可以验证，对于 $n$ 维向量的加法及实数与 $n$ 维向量的乘法，集合

$$V=\{(0,x_2,\cdots,x_n)^{\mathrm{T}}\mid x_2,\cdots,x_n\in\mathbf{R}\}$$

构成一个向量空间，而集合

$$V=\{(1,x_2,\cdots,x_n)^{\mathrm{T}}\mid x_2,\cdots,x_n\in\mathbf{R}\}$$

不构成一个向量空间（证明留作练习）.

【例 1.5】定义在闭区间 $[a,b]$ 上的一元连续函数的全体 $C[a,b]$ 按照函数的加法和实数与函数的乘法，构成一个实向量空间.

**定义 1.6** 设 $W$ 是 $V$ 的一个非空子集，若集合 $W$ 对于定义在集合 $V$ 上的加法和数乘两种运算满足封闭性，则称集合 $W$ 是 $V$ 的一个**子空间**（subspace）.

例如图 1.6 中，图 1.6（a）和图 1.6（c）因为不满足封闭性，所以不是二维空间的子空间，图 1.6（b）中没有包括 0 点，所以也不构成二维空间的子空间. 图 1.6（d）中 $\{\mathbf{0}\}$（其中 $\mathbf{0}=(0,0)^{\mathrm{T}}$）和平面上从坐标原点引出的一切向量对于向量的加法和实数与向量的乘法构成二维空间的子空间.

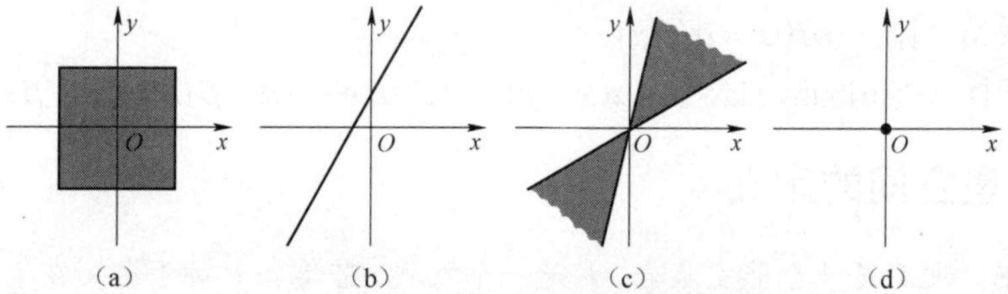


图 1.6 平面向量运算的封闭性

再例如 $\{\mathbf{0}\}$（其中 $\mathbf{0}=(0,0,0)^{\mathrm{T}}$）和例 1.1 中的向量空间，以及 $\mathbf{R}^3$ 均为 $\mathbf{R}^3$ 的子空间，其中 $\{\mathbf{0}\}$ 和 $\mathbf{R}^3$ 称为 $\mathbf{R}^3$ 的**平凡子空间**（trivial subspace），其他子空间称为**非平凡子空间**（nontrivial subspace）.

## 1.1.4 线性组合

给定 $n$ 维欧氏空间中的一些向量，我们知道如何将它们通过向量加法和数乘组合到一起. 这些向量的组合在理论上和应用中具有重要意义.

**定义 1.7** 设向量组 $A=(\boldsymbol{a}_1,\boldsymbol{a}_2,\cdots,\boldsymbol{a}_m)$，任取一组实数 $\lambda_1,\lambda_2,\cdots,\lambda_m$，称向量

$$\lambda_1\boldsymbol{a}_1+\lambda_2\boldsymbol{a}_2+\cdots+\lambda_m\boldsymbol{a}_m$$

是向量组 $A$ 的一个**线性组合**（linear combination）.

**定义 1.8**　给定向量组 $A=(\boldsymbol{a}_1,\boldsymbol{a}_2,\cdots,\boldsymbol{a}_m)$ 和向量 $\boldsymbol{b}$，若存在一组数 $\lambda_1,\lambda_2,\cdots,\lambda_m$ 使

$$\boldsymbol{b}=\lambda_1\boldsymbol{a}_1+\lambda_2\boldsymbol{a}_2+\cdots+\lambda_m\boldsymbol{a}_m$$

则称向量 $\boldsymbol{b}$ 是向量组 $A$ 的线性组合或向量 $\boldsymbol{b}$ 能由向量组 $A$ **线性表示**（linear representation），其中实数 $\lambda_1,\lambda_2,\cdots,\lambda_m$ 称为这一个组合的系数或表示的系数.

---

**【例 1.6】** 设有向量组 $\boldsymbol{a}_1=(1,2,-1)^{\mathrm{T}}$，$\boldsymbol{a}_2=(3,4,1)^{\mathrm{T}}$，$\boldsymbol{a}_3=(1,0,0)^{\mathrm{T}}$，$\boldsymbol{a}_4=(3,1,0)^{\mathrm{T}}$ 和向量 $\boldsymbol{b}=(-1,0,-3)^{\mathrm{T}}$，因为 $\boldsymbol{b}=2\boldsymbol{a}_1-\boldsymbol{a}_2$；所以向量 $\boldsymbol{b}$ 能由向量 $\boldsymbol{a}_1$ 和 $\boldsymbol{a}_2$ 线性表示，此时显然有 $\boldsymbol{b}=2\boldsymbol{a}_1-\boldsymbol{a}_2+0\bullet\boldsymbol{a}_3+0\bullet\boldsymbol{a}_4$，说明向量 $\boldsymbol{b}$ 可由向量组 $(\boldsymbol{a}_1,\boldsymbol{a}_2,\boldsymbol{a}_3,\boldsymbol{a}_4)$ 线性表示，但因为 $\boldsymbol{b}=\lambda_3\boldsymbol{a}_3+\lambda_4\boldsymbol{a}_4$ 无解 $(\lambda_3,\lambda_4\in\mathbf{R})$，所以向量 $\boldsymbol{b}$ 不能由向量 $\boldsymbol{a}_3$ 和 $\boldsymbol{a}_4$ 线性表示.

---

**【例 1.7】** 任一 $n$ 维向量 $\boldsymbol{a}=(a_1,a_2,\cdots,a_n)^{\mathrm{T}}$ 都可由 $n$ 维向量组 $\boldsymbol{e}_1=(1,0,\cdots,0)^{\mathrm{T}}$，$\boldsymbol{e}_2=(0,1,\cdots,0)^{\mathrm{T}}$，$\cdots$，$\boldsymbol{e}_n=(0,0,\cdots,1)^{\mathrm{T}}$ 线性表示.

实际上，有一组数 $a_1,a_2,\cdots,a_n$，使得

$$\boldsymbol{a}=a_1\boldsymbol{e}_1+a_2\boldsymbol{e}_2+\cdots+a_n\boldsymbol{e}_n$$

成立，所以 $\boldsymbol{a}$ 可以由 $\boldsymbol{e}_1,\boldsymbol{e}_2,\cdots,\boldsymbol{e}_n$ 线性表示.

---

**【例 1.8】** 设向量组 $\boldsymbol{a}_1=(1,0,4)^{\mathrm{T}}$，$\boldsymbol{a}_2=(-1,1,2)^{\mathrm{T}}$，$\boldsymbol{a}_3=(3,1,2)^{\mathrm{T}}$ 和向量 $\boldsymbol{b}=(0,-3,-2)^{\mathrm{T}}$，问向量 $\boldsymbol{b}$ 能否由向量组 $(\boldsymbol{a}_1,\boldsymbol{a}_2,\boldsymbol{a}_3)$ 线性表示？

**解**　设向量 $\boldsymbol{b}$ 能由向量组 $(\boldsymbol{a}_1,\boldsymbol{a}_2,\boldsymbol{a}_3)$ 线性表示，即存在一组数 $\lambda_1,\lambda_2,\lambda_3$ 使 $\lambda_1\boldsymbol{a}_1+\lambda_2\boldsymbol{a}_2+\lambda_3\boldsymbol{a}_3=\boldsymbol{b}$，它等价于

$$\begin{cases}\lambda_1-\lambda_2+3\lambda_3=0\\ \lambda_2+\lambda_3=-3\\ 4\lambda_1+2\lambda_2+2\lambda_3=-2\end{cases}$$

通过消元法可解得方程组的解为

$$\lambda_1=1,\lambda_2=-2,\lambda_3=-1$$

则 $\boldsymbol{b}=\boldsymbol{a}_1-2\boldsymbol{a}_2-\boldsymbol{a}_3$，即向量 $\boldsymbol{b}$ 能由向量组 $(\boldsymbol{a}_1,\boldsymbol{a}_2,\boldsymbol{a}_3)$ 线性表示.

---

从上面的几个例子可以看出向量 $\boldsymbol{b}$ 能由向量组 $A=(\boldsymbol{a}_1,\boldsymbol{a}_2,\cdots,\boldsymbol{a}_m)$ 线性表示等价于线性方程组 $\boldsymbol{b}=x_1\boldsymbol{a}_1+x_2\boldsymbol{a}_2+\cdots+x_m\boldsymbol{a}_m$ 有解 $x_1=\lambda_1,x_2=\lambda_2,\cdots,x_m=\lambda_m$.

**定义 1.9**　设有向量组 $A=(\boldsymbol{a}_1,\boldsymbol{a}_2,\cdots,\boldsymbol{a}_m)$ 和向量组 $B=(\boldsymbol{b}_1,\boldsymbol{b}_2,\cdots,\boldsymbol{b}_s)$，如果向量组 $B$ 的每个向量都能由向量组 $A$ 线性表示，那么称向量组 $B$ 能由向量组 $A$ 线性表示. 若向量组

$A$ 与向量组 $B$ 能互相线性表示，则称这两个向量组等价，记为 $A \sim B$ 或 $(\boldsymbol{a}_1,\boldsymbol{a}_2,\cdots,\boldsymbol{a}_m) \sim (\boldsymbol{b}_1,\boldsymbol{b}_2,\cdots,\boldsymbol{b}_s)$.

例如，3 维向量组 $\boldsymbol{a}_1=(1,0,0)^{\mathrm{T}}$，$\boldsymbol{a}_2=(1,1,0)^{\mathrm{T}}$，$\boldsymbol{a}_3=(1,1,1)^{\mathrm{T}}$ 和 3 维向量组 $\boldsymbol{e}_1=(1,0,0)^{\mathrm{T}}$，$\boldsymbol{e}_2=(0,1,0)^{\mathrm{T}}$，$\boldsymbol{e}_3=(0,0,1)^{\mathrm{T}}$ 可以互相线性表示，因而等价.

容易证明，等价向量组具有如下性质.

（1）反身性：任一向量组与它自身等价，即

$$(\boldsymbol{a}_1,\boldsymbol{a}_2,\cdots,\boldsymbol{a}_m) \sim (\boldsymbol{a}_1,\boldsymbol{a}_2,\cdots,\boldsymbol{a}_m)$$

（2）对称性：若 $(\boldsymbol{a}_1,\boldsymbol{a}_2,\cdots,\boldsymbol{a}_s) \sim (\boldsymbol{b}_1,\boldsymbol{b}_2,\cdots,\boldsymbol{b}_t)$，则 $(\boldsymbol{b}_1,\boldsymbol{b}_2,\cdots,\boldsymbol{b}_t) \sim (\boldsymbol{a}_1,\boldsymbol{a}_2,\cdots,\boldsymbol{a}_s)$.

（3）传递性：若 $(\boldsymbol{a}_1,\boldsymbol{a}_2,\cdots,\boldsymbol{a}_s) \sim (\boldsymbol{b}_1,\boldsymbol{b}_2,\cdots,\boldsymbol{b}_t)$，$(\boldsymbol{b}_1,\boldsymbol{b}_2,\cdots,\boldsymbol{b}_t) \sim (\boldsymbol{c}_1,\boldsymbol{c}_2,\cdots,\boldsymbol{c}_m)$，则 $(\boldsymbol{a}_1,\boldsymbol{a}_2,\cdots,\boldsymbol{a}_s) \sim (\boldsymbol{c}_1,\boldsymbol{c}_2,\cdots,\boldsymbol{c}_m)$.

**定义 1.10** $n$ 维向量 $\boldsymbol{a}_1,\boldsymbol{a}_2,\cdots,\boldsymbol{a}_m$ 的所有线性组合对应的集合称为向量 $\boldsymbol{a}_1,\boldsymbol{a}_2,\cdots,\boldsymbol{a}_m$ 的**生成空间**（spanning space），记为 $\mathrm{span}\{\boldsymbol{a}_1,\boldsymbol{a}_2,\cdots,\boldsymbol{a}_m\}$，即

$$\mathrm{span}\{\boldsymbol{a}_1,\boldsymbol{a}_2,\cdots,\boldsymbol{a}_m\}=\{\boldsymbol{x} \mid \boldsymbol{x}=\lambda_1\boldsymbol{a}_1+\lambda_2\boldsymbol{a}_2+\cdots+\lambda_m\boldsymbol{a}_m\}$$

其中，$\lambda_1,\lambda_2,\cdots,\lambda_m$ 为实数.

根据这个定义，向量 $\boldsymbol{b}$ 是向量组 $A=(\boldsymbol{a}_1,\boldsymbol{a}_2,\cdots,\boldsymbol{a}_m)$ 的线性组合或向量 $\boldsymbol{b}$ 能由向量组 $A=(\boldsymbol{a}_1,\boldsymbol{a}_2,\cdots,\boldsymbol{a}_m)$ 线性表示，与向量 $\boldsymbol{b}$ 位于向量组 $A=(\boldsymbol{a}_1,\boldsymbol{a}_2,\cdots,\boldsymbol{a}_m)$ 的生成空间中等价.

在 2 维平面 $\mathbf{R}^2$ 上，非零向量 $\boldsymbol{v}$ 的生成空间是用数乘向量 $\boldsymbol{v}$ 得到的全体向量，共线的两个向量的生成空间是用数乘其中的某个向量得到的全体向量，而不共线的两个向量的生成空间恰好是全平面 $\mathbf{R}^2$，如图 1.7 所示.

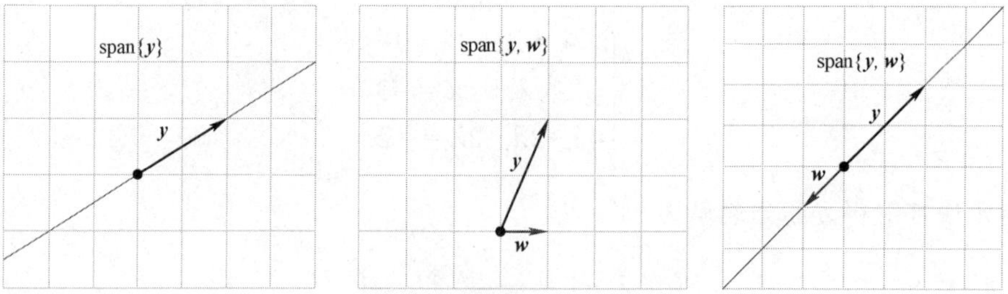


图 1.7　平面向量的生成空间

在 3 维空间 $\mathbf{R}^3$ 中，一个非零向量的生成空间是 $\mathbf{R}^3$ 中通过原点的一条直线；两个非零向量的全部线性组合，是一条过原点的直线或一个过原点的平面；三个非零向量的生成空间是一条线、一个平面或整个 3 维空间 $\mathbf{R}^3$，这与三个向量之间的关系有关，如图 1.8 所示.

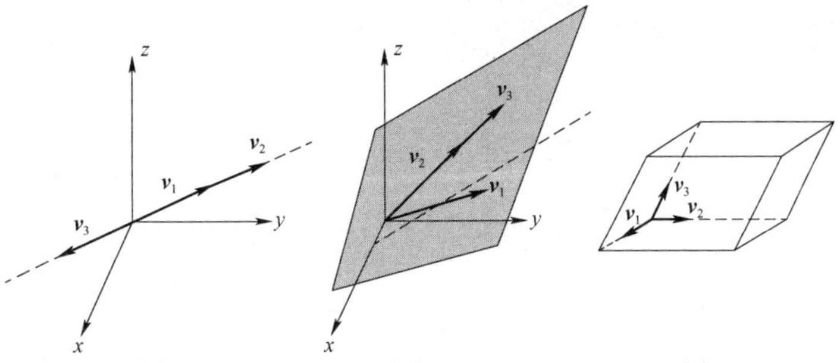


图 1.8　$\mathbf{R}^3$ 中非零向量的生成空间

需要指出的是，$n$ 维空间 $\mathbf{R}^n$ 中任意有限个向量的生成空间都是 $\mathbf{R}^n$ 的子空间.

---

**【例 1.9】** 设向量组 $A=(\boldsymbol{a}_1,\boldsymbol{a}_2,\cdots,\boldsymbol{a}_m)$ 与 $B=(\boldsymbol{b}_1,\boldsymbol{b}_2,\cdots,\boldsymbol{b}_s)$ 等价，记

$$V_1=\text{span}\{\boldsymbol{a}_1,\boldsymbol{a}_2,\cdots,\boldsymbol{a}_m\}=\{\boldsymbol{x}\mid\boldsymbol{x}=\lambda_1\boldsymbol{a}_1+\lambda_2\boldsymbol{a}_2+\cdots+\lambda_m\boldsymbol{a}_m\}$$
$$V_2=\text{span}\{\boldsymbol{b}_1,\boldsymbol{b}_2,\cdots,\boldsymbol{b}_s\}=\{\boldsymbol{x}\mid\boldsymbol{x}=\mu_1\boldsymbol{b}_1+\mu_2\boldsymbol{b}_2+\cdots+\mu_s\boldsymbol{b}_s\}$$

试证：$V_1=V_2$.

**证明**　任取 $\boldsymbol{x}\in V_1$，则 $\boldsymbol{x}$ 可由向量组 $A=(\boldsymbol{a}_1,\boldsymbol{a}_2,\cdots,\boldsymbol{a}_m)$ 线性表示，因为向量组 $A=(\boldsymbol{a}_1,\boldsymbol{a}_2,\cdots,\boldsymbol{a}_m)$ 可由向量组 $B=(\boldsymbol{b}_1,\boldsymbol{b}_2,\cdots,\boldsymbol{b}_s)$ 线性表示，所以 $\boldsymbol{x}\in V_2$. 这就是说，若 $\boldsymbol{x}\in V_1$，则 $\boldsymbol{x}\in V_2$，因此 $V_1\subset V_2$. 同理可证 $V_2\subset V_1$，故 $V_1=V_2$.

---

# 1.2　向量的非线性运算

在线性空间中，一般只涉及向量的线性运算和向量之间的线性关系，然而在实际问题中往往会遇到诸如向量的长度，向量之间的距离、夹角等概念，此处通过引入向量的点积、叉积，建立 $n$ 维空间中涉及的上述概念及规范正交基等基本问题.

## 1.2.1　向量的内积

### 1. 向量内积的概念

**定义 1.11**　向量 $\boldsymbol{x}$ 和 $\boldsymbol{y}$ 的内积（inner product）或点积（dot product）定义为

$$\langle\boldsymbol{x},\boldsymbol{y}\rangle=\boldsymbol{x}\bullet\boldsymbol{y}=\begin{bmatrix}x_1\\x_2\\\vdots\\x_n\end{bmatrix}\bullet\begin{bmatrix}y_1\\y_2\\\vdots\\y_n\end{bmatrix}=x_1y_1+x_2y_2+\cdots+x_ny_n$$

根据定义可知向量的内积是一个数量或标量（scalar quantity），所以向量的内积又称为向量的数量积或标量积（scalar product）.

有了内积的定义之后任一线性方程

$$\alpha_1 x_1 + \alpha_2 x_2 + \cdots + \alpha_n x_n = b$$

便可简记为$\boldsymbol{a} \cdot \boldsymbol{x} = b$，其中$\boldsymbol{a} = (\alpha_1, \alpha_2, \cdots, \alpha_n)^{\mathrm{T}}$，$\boldsymbol{x} = (x_1, x_2, \cdots, x_n)^{\mathrm{T}}$.

设$\boldsymbol{x}, \boldsymbol{y}, \boldsymbol{z}$是$\mathbf{R}^n$中的任意向量，$\alpha$是任意实数，则容易证明向量的内积具有如下重要的性质.

（1）对称性：$\boldsymbol{x} \cdot \boldsymbol{y} = \boldsymbol{y} \cdot \boldsymbol{x}$；

（2）可加性：$(\boldsymbol{x} + \boldsymbol{y}) \cdot \boldsymbol{z} = \boldsymbol{x} \cdot \boldsymbol{z} + \boldsymbol{y} \cdot \boldsymbol{z}$；

（3）齐次性：$(\alpha \boldsymbol{x}) \cdot \boldsymbol{y} = \boldsymbol{x} \cdot (\alpha \boldsymbol{y}) = \alpha (\boldsymbol{x} \cdot \boldsymbol{y})$；

（4）非负性：$\langle \boldsymbol{x}, \boldsymbol{x} \rangle = \boldsymbol{x} \cdot \boldsymbol{x} \geqslant 0$，当且仅当$\boldsymbol{x}=\boldsymbol{0}$时等号成立.

**2. 向量的模**

对于$n$维欧氏空间$\mathbf{R}^n$的任意向量$\boldsymbol{x}$来说，$\langle \boldsymbol{x}, \boldsymbol{x} \rangle = \boldsymbol{x} \cdot \boldsymbol{x} \geqslant 0$，基于这一点可以引入向量长度的概念.

**定义 1.12** 设$\boldsymbol{x}$是$n$维向量空间$\mathbf{R}^n$中的一个向量，非负实数$\langle \boldsymbol{x}, \boldsymbol{x} \rangle = \boldsymbol{x} \cdot \boldsymbol{x}$的算术平方根称为向量的**模**（norm）或**长度**（length），记为

$$\|\boldsymbol{x}\| = \sqrt{\boldsymbol{x} \cdot \boldsymbol{x}} = \sqrt{x_1^2 + x_2^2 + \cdots + x_n^2}$$

根据向量的模的定义，零向量的长度是零，非零向量的长度是一个正数．2 维空间和 3 维空间中的向量$\boldsymbol{a}$的模即为向量始点和终点两点之间的距离．根据勾股定理得到的向量$\boldsymbol{a}$的模与此定义一致.

长度为 1 的向量称为**单位向量**（unit vector）．$n$维向量$\boldsymbol{e}_1 = (1, 0, \cdots, 0)^{\mathrm{T}}$，$\boldsymbol{e}_2 = (0, 1, \cdots, 0)^{\mathrm{T}}$，…，$\boldsymbol{e}_n = (0, 0, \cdots, 1)^{\mathrm{T}}$均为单位向量，它们组成的向量组$\{\boldsymbol{e}_1, \boldsymbol{e}_2, \cdots, \boldsymbol{e}_n\}$称为 **$n$ 维单位坐标向量组**.

设$\boldsymbol{x}, \boldsymbol{y}, \boldsymbol{z}$是$\mathbf{R}^n$中的任意向量，$\alpha$是任意实数，则容易验证向量的模具有如下性质.

（1）非负性：$\|\boldsymbol{x}\| \geqslant 0$；

（2）齐次性：$\|\alpha \boldsymbol{x}\| = |\alpha| \|\boldsymbol{x}\|$；

（3）传递性：若$\|\boldsymbol{x}\| \leqslant \|\boldsymbol{y}\|$且$\|\boldsymbol{y}\| \leqslant \|\boldsymbol{z}\|$，则$\|\boldsymbol{x}\| \leqslant \|\boldsymbol{z}\|$；

（4）三角不等式（triangle inequality）：$\|\boldsymbol{x} + \boldsymbol{y}\| \leqslant \|\boldsymbol{x}\| + \|\boldsymbol{y}\|$.

---

**【例 1.10】** 设向量$\boldsymbol{x}, \boldsymbol{y}$满足$\|\boldsymbol{x}\|=2$，$\|\boldsymbol{y}\|=3$，且$\boldsymbol{x} \cdot \boldsymbol{y} = -4$，求$\|2\boldsymbol{x}+3\boldsymbol{y}\|$.

**解** 因为

$$\|2\boldsymbol{x}+3\boldsymbol{y}\|^2=\langle 2\boldsymbol{x}+3\boldsymbol{y},2\boldsymbol{x}+3\boldsymbol{y}\rangle$$
$$=4\boldsymbol{x}\cdot\boldsymbol{x}+6\boldsymbol{x}\cdot\boldsymbol{y}+6\boldsymbol{y}\cdot\boldsymbol{x}+9\boldsymbol{y}\cdot\boldsymbol{y}=4\cdot 4+12\cdot(-4)+9\cdot 9=49$$

所以

$$\|2\boldsymbol{x}+3\boldsymbol{y}\|=\sqrt{49}=7$$

---

**定义 1.13**　设 $\boldsymbol{x}$，$\boldsymbol{y}$ 是 $n$ 维向量空间 $\mathbf{R}^n$ 中的两个向量，称 $\|\boldsymbol{x}-\boldsymbol{y}\|$ 为向量 $\boldsymbol{x}$ 与 $\boldsymbol{y}$ 的距离（distance），记为

$$d(\boldsymbol{x},\boldsymbol{y})=\|\boldsymbol{x}-\boldsymbol{y}\|$$

可以证明，两个 $n$ 维向量 $\boldsymbol{x}$ 与 $\boldsymbol{y}$ 之间的距离满足对称性和非负性（证明留作练习）.

**3. 向量之间的夹角**

在空间解析几何中，两个向量之间的点积定义为这两个向量的长度的乘积再乘以它们夹角的余弦．这里也可以定义两个非零向量之间的夹角，即将 2 维、3 维向量之间的夹角这个概念推广到 $n$ 维向量空间 $\mathbf{R}^n$ 中向量之间的夹角．

**定义 1.14**　两个 $n$ 维非零向量 $\boldsymbol{x}$ 和 $\boldsymbol{y}$ 之间的**夹角**（angle）$\theta$（$0\leqslant\theta\leqslant\pi$）定义为

$$\theta=\cos^{-1}\frac{\boldsymbol{x}\cdot\boldsymbol{y}}{\|\boldsymbol{x}\|\|\boldsymbol{y}\|}$$

根据这个定义易得**柯西–施瓦茨不等式**（Cauchy-Schwarz inequality）

$$|\boldsymbol{x}\cdot\boldsymbol{y}|\leqslant\|\boldsymbol{x}\|\|\boldsymbol{y}\|$$

即

$$|x_1y_1+x_2y_2+\cdots+x_ny_n|\leqslant\sqrt{x_1^2+x_2^2+\cdots+x_n^2}\sqrt{y_1^2+y_2^2+\cdots+y_n^2}$$

**定义 1.15**　对于 $n$ 维向量空间 $\mathbf{R}^n$ 的任意两个非零向量 $\boldsymbol{x}$ 和 $\boldsymbol{y}$，若

$$\langle\boldsymbol{x},\boldsymbol{y}\rangle=\boldsymbol{x}\cdot\boldsymbol{y}=0$$

则称这两个向量 $\boldsymbol{x}$ 和 $\boldsymbol{y}$ 是**垂直的**（perpendicular）或**正交的**（orthogonal），记为 $\boldsymbol{x}\perp\boldsymbol{y}$.

因为 $\langle\mathbf{0},\boldsymbol{x}\rangle=\mathbf{0}\cdot\boldsymbol{x}=0$ 对任意向量 $\boldsymbol{x}$ 都成立，所以零向量和 $n$ 维向量空间 $\mathbf{R}^n$ 中的任意向量都正交.

另外，关于正交向量还有一个**勾股定理（或毕达哥拉斯定理）**，即 $n$ 维向量空间 $\mathbf{R}^n$ 的任意两个向量 $\boldsymbol{x}$ 和 $\boldsymbol{y}$ 正交的一个充要条件是

$$\|\boldsymbol{x}+\boldsymbol{y}\|^2=\|\boldsymbol{x}\|^2+\|\boldsymbol{y}\|^2$$

根据两个向量之间的夹角公式可以计算向量 $\boldsymbol{x}$ 和向量 $\boldsymbol{y}$ 之间的夹角，从而就可以进一步判断这两个向量是否是同一方向、是否正交（也就是垂直）等，具体对应关系为：

① $\boldsymbol{x}\cdot\boldsymbol{y}>0$，方向基本相同，夹角在 0° 到 90° 之间；

② $\boldsymbol{x}\cdot\boldsymbol{y}=0$，正交，相互垂直；

③ $\boldsymbol{x}\cdot\boldsymbol{y}<0$，方向基本相反，夹角在 90° 到 180° 之间.

---

**【例 1.11】** 在 $n$ 维向量空间 $\mathbf{R}^n$ 中，单位坐标向量 $\boldsymbol{e}_1=(1,0,\cdots,0)^{\mathrm{T}}$， $\boldsymbol{e}_2=(0,1,\cdots,0)^{\mathrm{T}}$，$\cdots$， $\boldsymbol{e}_n=(0,0,\cdots,1)^{\mathrm{T}}$ 两两正交.

---

平面上向量的点积 $\boldsymbol{x}\cdot\boldsymbol{y}$ 是一个非常重要的概念，在向量张成的平面内，利用向量的点积可以很容易地证明平面几何的许多定理和命题，如勾股定理、菱形的对角线相互垂直、矩形的对角线相等.

另外，点积在生产生活中也具有广泛应用，例如点积可以用来度量两个向量的相似程度，通过点积可以判断两个向量是否相容、能否愉快相处. 这是因为，如果两个向量差不多指向同一个方向，就会得到一个正的点积，而且方向越接近，这个值就越大（除非两个向量都非常小）. 利用点积还可以判断一个多边形是面向“摄像机”还是背向“摄像机”. 向量的点积与它们夹角的余弦成正比，因此在聚光灯的效果计算中，可以根据点积来得到光照效果，如果点积越大，说明夹角越小，则物体离光照的轴线越近，光照越强.

在物理学中，点积可以用来计算合力和功. 若 $\boldsymbol{y}$ 为单位矢量，则点积 $\boldsymbol{x}\cdot\boldsymbol{y}$ 即为 $\boldsymbol{x}$ 在方向 $\boldsymbol{y}$ 上的投影，即给出了力在这个方向上的分解. 计算机图形学常用点积来进行方向判断，如两个向量的点积大于 0，则它们的方向相近；如果小于 0，则方向相反.

## 1.2.2 向量的投影

我们在初中就学过投影（projection），简单来说，投影就是将需要投影的东西上的每一点向要投影的平面作垂线，垂线与平面的交点的集合就是投影. 有了正交投影之后，很容易把一个非零向量分解为两个正交的向量的和的形式，这是一个非常重要的数学思想. 类似地可得三维投影，三维投影就是将一个向量投影到一个平面上. 注意这里的投影是向量的投影，几何的投影并不一定是垂直投影. 下面从二维投影来开始讨论.

**定义 1.16** 向量 $\boldsymbol{a}$ 在非零向量 $\boldsymbol{b}$ 上的投影与向量 $\boldsymbol{b}$ 同向，其大小为 $\mathrm{Prj}_b\,\boldsymbol{a}=\dfrac{\boldsymbol{a}\cdot\boldsymbol{b}}{|\boldsymbol{b}|}$. 类似向量 $\boldsymbol{b}$ 在非零向量 $\boldsymbol{a}$ 上的投影与向量 $\boldsymbol{a}$ 同向，其大小为 $\mathrm{Prj}_a\,\boldsymbol{b}=\dfrac{\boldsymbol{a}\cdot\boldsymbol{b}}{|\boldsymbol{a}|}$.

向量投影是线性代数中很重要的应用，可用于寻找向量到目标投影空间的投影向量，这是线性回归的基础. 另外，假设向量 $\boldsymbol{e}$ 为单位向量，那么向量 $\boldsymbol{v}$ 在单位向量 $\boldsymbol{e}$ 上的投

影向量就是向量 $\boldsymbol{v}$ 和向量 $\boldsymbol{e}$ 的点积乘以单位向量 $\boldsymbol{e}$，这表示向量 $\boldsymbol{v}$ 在单位向量 $\boldsymbol{e}$ 上的分量，也是一个向量，点积值表示 $\boldsymbol{v}$ 在单位向量 $\boldsymbol{e}$ 上的投影长度. 因此如果空间中有 $N$ 个向量，分别投影到单位向量 $\boldsymbol{e}$ 上，可以得到这 $N$ 个向量在单位向量 $\boldsymbol{e}$ 上的投影点，分别表示点积值，这些值的方差越大，说明这些投影点越分散，能够很好地区分各个投影向量，表明 $\boldsymbol{e}$ 能够清晰地表示各个向量的特点，可以作为空间中这些向量的特征向量；假如各个投影点都集中在一起，方差越小，离散度就越小，就越难区分，则很难用 $\boldsymbol{e}$ 来区分空间中的这些向量. 在主成分分析（PCA）中，找主方向，就是找到某向量，使矩阵在该向量上的投影点很分散，说明该向量带有矩阵的很多特征信息，能够将矩阵中的元素区分开来.

### 1.2.3　3 维向量的叉积

与点积不同，两个向量的外积，又叫叉乘、叉积或向量积，其运算结果是一个向量而不是一个标量，并且两个向量的外积与这两个向量组成的坐标平面垂直.

**定义 1.17**　向量 $\boldsymbol{x}$ 和 $\boldsymbol{y}$ 的**外积**（outer product），又称为**叉积**（cross product）或**向量积**（vector product），是一个向量 $\boldsymbol{x}\times\boldsymbol{y}$，其长度为

$$|\boldsymbol{x}\times\boldsymbol{y}|=\|\boldsymbol{x}\|\|\boldsymbol{y}\|\sin\theta$$

其中，$\theta$ 是向量 $\boldsymbol{x}$ 和 $\boldsymbol{y}$ 之间的夹角，其方向正交于 $\boldsymbol{x}$ 与 $\boldsymbol{y}$ 并且（$\boldsymbol{x}$，$\boldsymbol{y}$，$\boldsymbol{x}\times\boldsymbol{y}$）构成右手系（right-hand system）.

设 $\boldsymbol{x}$，$\boldsymbol{y}$，$\boldsymbol{z}$ 是 $\mathbf{R}^n$ 中的任意向量，$\alpha$ 是任意实数，则容易验证向量的叉积具有如下重要的性质.

（1）反称性：$\boldsymbol{x}\times\boldsymbol{y}=-\boldsymbol{y}\times\boldsymbol{x}$；

（2）可加性：$(\boldsymbol{x}+\boldsymbol{y})\times\boldsymbol{z}=\boldsymbol{x}\times\boldsymbol{z}+\boldsymbol{y}\times\boldsymbol{z}$；

（3）齐次性：$(\alpha\boldsymbol{x})\times\boldsymbol{y}=\boldsymbol{x}\times(\alpha\boldsymbol{y})=\alpha(\boldsymbol{x}\times\boldsymbol{y})$；

（4）雅可比恒等式：$\boldsymbol{x}\times(\boldsymbol{y}+\boldsymbol{z})+\boldsymbol{y}\times(\boldsymbol{z}+\boldsymbol{x})+\boldsymbol{z}\times(\boldsymbol{x}+\boldsymbol{y})=\boldsymbol{0}$.

在 2 维空间中，外积的一个几何意义就是：$|\boldsymbol{x}\times\boldsymbol{y}|$ 在数值上等于由向量 $\boldsymbol{x}$ 和向量 $\boldsymbol{y}$ 构成的平行四边形的面积. 在 3 维空间中，向量 $\boldsymbol{x}$ 和向量 $\boldsymbol{y}$ 的外积是一个向量，而且位于 $\boldsymbol{x}$ 和 $\boldsymbol{y}$ 张成的平面之外，所以称为 $\boldsymbol{x}$ 和 $\boldsymbol{y}$ 的外积，得到的新向量有一个更通俗易懂的叫法——**法向量**（normal vector），该向量垂直于 $\boldsymbol{x}$ 和 $\boldsymbol{y}$ 向量构成的平面. 在 3 维图像学中，外积的概念非常有用，例如设 $\boldsymbol{x}=\begin{bmatrix}x_1\\x_2\\x_3\end{bmatrix}$，$\boldsymbol{y}=\begin{bmatrix}y_1\\y_2\\y_3\end{bmatrix}$，则可以通过两个向量的外积，生成第三个垂直于 $\boldsymbol{x}$ 和 $\boldsymbol{y}$ 的法向量 $\boldsymbol{v}=\boldsymbol{x}\times\boldsymbol{y}=\begin{bmatrix}x_2y_3-x_3y_2\\x_3y_1-x_1y_3\\x_1y_2-x_2y_1\end{bmatrix}$，从而构建三维坐标系.

# 1.3 线性相关性

## 1.3.1 线性相关与线性无关

向量之间的线性组合是一种运算，其主体是向量，将各个向量比例化之后，相加在一起，就得到了参与运算的向量之间的一个线性组合．对于任何一个向量组，它的系数全为零的线性组合一定是零向量．而有些向量组，还存在系数不全为零的线性组合，也是零向量，例如，3 维空间中的向量组 $\boldsymbol{v}_1=\begin{bmatrix}1\\2\\-1\end{bmatrix}$，$\boldsymbol{v}_2=\begin{bmatrix}5\\2\\0\end{bmatrix}$，$\boldsymbol{v}_3=\begin{bmatrix}4\\8\\-4\end{bmatrix}$，容易看出 $\boldsymbol{v}_3=4\boldsymbol{v}_1$，于是有 $4\boldsymbol{v}_1-0\boldsymbol{v}_2-\boldsymbol{v}_3=\boldsymbol{0}$，即存在一组不全为零的数 4，0，−1 使得向量组 $(\boldsymbol{v}_1,\boldsymbol{v}_2,\boldsymbol{v}_3)$ 的线性组合是零向量，具有这种性质的向量组称为线性相关的向量组．

下面给出 $n$ 维空间 $\mathbf{R}^n$ 中向量组线性相关和线性无关的定义．

**定义 1.18** 设 $n$ 维向量组成的向量组 $A=(\boldsymbol{a}_1,\boldsymbol{a}_2,\cdots,\boldsymbol{a}_m)$，若存在一组不全为零的常数 $\lambda_1,\lambda_2,\cdots,\lambda_m$，使得

$$\lambda_1\boldsymbol{a}_1+\lambda_2\boldsymbol{a}_2+\cdots+\lambda_m\boldsymbol{a}_m=\boldsymbol{0}$$

则称向量组 $A=(\boldsymbol{a}_1,\boldsymbol{a}_2,\cdots,\boldsymbol{a}_m)$ 是**线性相关的**（linearly dependent）；否则称向量组 $A=(\boldsymbol{a}_1,\boldsymbol{a}_2,\cdots,\boldsymbol{a}_m)$ 是线性无关的或线性独立的．换言之，向量组 $A=(\boldsymbol{a}_1,\boldsymbol{a}_2,\cdots,\boldsymbol{a}_m)$ 是**线性无关的**（linearly independent），是指对任意一组不全为零的常数 $\lambda_1,\lambda_2,\cdots,\lambda_m$ 都有

$$\lambda_1\boldsymbol{a}_1+\lambda_2\boldsymbol{a}_2+\cdots+\lambda_m\boldsymbol{a}_m\neq\boldsymbol{0}.$$

向量组 $A=(\boldsymbol{a}_1,\boldsymbol{a}_2,\cdots,\boldsymbol{a}_m)$ 是线性相关的在代数上等价于向量组 $A=(\boldsymbol{a}_1,\boldsymbol{a}_2,\cdots,\boldsymbol{a}_m)$ 中至少有一个向量能用其余向量线性表示（证明留作练习）．我们主要考虑两个或两个以上向量组成的向量组的**线性相关性**（linear dependence）．从几何上来看，平面或者立体空间中两个向量线性相关的充要条件是共线，即能通过比例化得到对方．

---

**【例 1.12】**考虑三个向量 $\boldsymbol{a}_1=(1,-1,0)^{\mathrm{T}}$，$\boldsymbol{a}_2=(5,3,-2)^{\mathrm{T}}$，$\boldsymbol{a}_3=(1,3,-1)^{\mathrm{T}}$ 组成的向量组 $A$，因为 $3\boldsymbol{a}_1-\boldsymbol{a}_2+2\boldsymbol{a}_3=\boldsymbol{0}$，所以向量组 $A$ 线性相关，意味着这三个向量共面．

---

**【例 1.13】**证明

（1）一个零向量必线性相关，而一个非零向量必线性无关；

（2）含有零向量的任意一个向量组必线性相关；

（3）$n$ 维基本单位向量组 $(\boldsymbol{e}_1, \boldsymbol{e}_2, \cdots, \boldsymbol{e}_n)$ 线性无关.

**证明**　（1）若 $\boldsymbol{a}=\boldsymbol{0}$，那么对任意 $k \neq 0$，都有 $k\boldsymbol{a}=\boldsymbol{0}$ 成立，即一个零向量线性相关；而当 $\boldsymbol{a} \neq \boldsymbol{0}$ 时，当且仅当 $k=0$ 时，$k\boldsymbol{a}=\boldsymbol{0}$ 才成立，故一个非零向量线性无关.

（2）设向量组 $A=(\boldsymbol{a}_1, \boldsymbol{a}_2, \cdots, \boldsymbol{a}_m)$ 中 $\boldsymbol{a}_i=\boldsymbol{0}$，显然有

$$0\boldsymbol{a}_1+\cdots+0\boldsymbol{a}_{i-1}+1\boldsymbol{a}_i+0\boldsymbol{a}_{i+1}+\cdots+0\boldsymbol{a}_m=\boldsymbol{0}$$

而 0, …, 0, 1, 0, …, 0 不全为零，所以含有零向量的向量组必然线性相关.

（3）若 $\lambda_1\boldsymbol{e}_1+\lambda_2\boldsymbol{e}_2+\cdots+\lambda_n\boldsymbol{e}_n=\boldsymbol{0}$，即

$$\lambda_1(1,0,\cdots,0)^{\mathrm{T}}+\lambda_2(0,1,\cdots,0)^{\mathrm{T}}+\cdots+\lambda_n(0,0,\cdots,1)^{\mathrm{T}}=(0,0,\cdots,0)^{\mathrm{T}}$$

化简可得

$$(\lambda_1,\lambda_2,\cdots,\lambda_n)^{\mathrm{T}}=(0,0,\cdots,0)^{\mathrm{T}}$$

即 $\lambda_1=\lambda_2=\cdots=\lambda_n=0$，故 $n$ 维基本单位向量组 $(\boldsymbol{e}_1, \boldsymbol{e}_2, \cdots, \boldsymbol{e}_n)$ 线性无关.

---

**【例 1.14】** 讨论向量组 $\boldsymbol{a}_1=(1,1,1)^{\mathrm{T}}$，$\boldsymbol{a}_2=(0,2,5)^{\mathrm{T}}$，$\boldsymbol{a}_3=(1,3,6)^{\mathrm{T}}$ 的线性相关性.

**解**　令 $\lambda_1\boldsymbol{a}_1+\lambda_2\boldsymbol{a}_2+\lambda_3\boldsymbol{a}_3=\boldsymbol{0}$，即

$$\lambda_1(1,1,1)^{\mathrm{T}}+\lambda_2(0,2,5)^{\mathrm{T}}+\lambda_3(1,3,6)^{\mathrm{T}}=(0,0,0)^{\mathrm{T}}$$

它等价于如下线性方程组

$$\begin{cases}\lambda_1 \qquad\quad +\lambda_3=0\\ \lambda_1+2\lambda_2+3\lambda_3=0\\ \lambda_1+5\lambda_2+6\lambda_3=0\end{cases}$$

进一步可得方程组的解为 $\begin{cases}\lambda_1=\ \ \lambda_2\\ \lambda_3=-\lambda_2\end{cases}$. 若 $\lambda_2 \neq 0$，则线性方程组存在非零解，即存在一组不全为零的数 $\lambda_1,\lambda_2,\lambda_3$，使得 $\lambda_1\boldsymbol{a}_1+\lambda_2\boldsymbol{a}_2+\lambda_3\boldsymbol{a}_3=\boldsymbol{0}$，由定义 1.18 知向量组 $(\boldsymbol{a}_1,\boldsymbol{a}_2,\boldsymbol{a}_3)$ 线性相关.

---

由定义和上面的例子可以看出，若能找到一组不全为零的数，使向量组的对应线性组合等于零成立，则该向量组线性相关；若向量组的对应线性组合等于零成立，能解出或证明线性组合系数全部为零，则该向量组是线性无关的.

从前面的例子可以看出，要判断向量组是线性相关还是线性无关需要求解线性方程组. 在线性代数发展史上，线性方程组的求解是一个非常重要的部分，我们将在后续章节中分别讲述.

下面给出线性相关和线性无关的几个重要结论.

**定理 1.1** 若向量组中有一部分向量组成的向量组（称为部分组）线性相关，则整个向量组线性相关（部分相关，则整体相关）.

**证明** 设向量组 $(\boldsymbol{a}_1,\boldsymbol{a}_2,\cdots,\boldsymbol{a}_m)$ 中有 $r(r\leqslant m)$ 个向量组成的部分组线性相关，不妨设 $(\boldsymbol{a}_1,\boldsymbol{a}_2,\cdots,\boldsymbol{a}_r)$ 线性相关，即存在一组不全为零的数 $\lambda_1,\lambda_2,\cdots,\lambda_r$，使得

$$\lambda_1\boldsymbol{a}_1+\lambda_2\boldsymbol{a}_2+\cdots+\lambda_r\boldsymbol{a}_r=\boldsymbol{0}$$

成立，因而存在一组不全为零的数 $\lambda_1,\lambda_2,\cdots,\lambda_r,0,0,\cdots,0$，使

$$\lambda_1\boldsymbol{a}_1+\lambda_2\boldsymbol{a}_2+\cdots+\lambda_r\boldsymbol{a}_r+0\boldsymbol{a}_{r+1}+0\boldsymbol{a}_{r+2}+\cdots+0\boldsymbol{a}_m=\boldsymbol{0}$$

成立，即 $(\boldsymbol{a}_1,\boldsymbol{a}_2,\cdots,\boldsymbol{a}_m)$ 线性相关.

例如，含有两个成比例的向量的向量组是线性相关的．因为两个成比例的向量是线性相关的，由定理 1.1 知该向量组线性相关.

**推论** 若向量组线性无关，则它的任意一个部分组线性无关.

例如，$n$ 维单位向量组 $(\boldsymbol{e}_1,\boldsymbol{e}_2,\cdots,\boldsymbol{e}_n)$ 线性无关，则它的任意一个部分组线性无关.

---

**【例 1.15】** 设向量组 $(\boldsymbol{a}_1,\boldsymbol{a}_2,\boldsymbol{a}_3)$ 线性无关，证明：向量组 $(\boldsymbol{a}_1+\boldsymbol{a}_2,\boldsymbol{a}_2+\boldsymbol{a}_3,\boldsymbol{a}_3+\boldsymbol{a}_1)$ 也线性无关.

**证明** 设有一组数 $\lambda_1,\lambda_2,\lambda_3$ 使

$$\lambda_1(\boldsymbol{a}_1+\boldsymbol{a}_2)+\lambda_2(\boldsymbol{a}_2+\boldsymbol{a}_3)+\lambda_3(\boldsymbol{a}_3+\boldsymbol{a}_1)=\boldsymbol{0}$$

即

$$(\lambda_1+\lambda_3)\boldsymbol{a}_1+(\lambda_1+\lambda_2)\boldsymbol{a}_2+(\lambda_2+\lambda_3)\boldsymbol{a}_3=\boldsymbol{0}$$

因为向量组 $(\boldsymbol{a}_1,\boldsymbol{a}_2,\boldsymbol{a}_3)$ 线性无关，所以有

$$\begin{cases}\lambda_1+\lambda_3=0\\ \lambda_1+\lambda_2=0\\ \lambda_2+\lambda_3=0\end{cases}$$

解此线性方程组得唯一零解 $\lambda_1=\lambda_2=\lambda_3=0$，所以向量组 $(\boldsymbol{a}_1+\boldsymbol{a}_2,\boldsymbol{a}_2+\boldsymbol{a}_3,\boldsymbol{a}_3+\boldsymbol{a}_1)$ 也线性无关.

---

**定理 1.2** $m(m>n)$ 个 $n$ 维向量组成的向量组 $(\boldsymbol{a}_1,\boldsymbol{a}_2,\cdots,\boldsymbol{a}_m)$ 必线性相关.

**定理 1.3** 若 $n$ 维向量组成的向量组 $A=(\boldsymbol{a}_1,\boldsymbol{a}_2,\cdots,\boldsymbol{a}_m)$ 线性无关，则把向量组 $A$ 中每一个向量接长后所对应的向量组也线性无关.

这两个定理的证明涉及后续知识，可在学完第 3 章后再证明.

**定理 1.4** 若向量组 $A=(\boldsymbol{a}_1,\boldsymbol{a}_2,\cdots,\boldsymbol{a}_m)$ 线性无关，而向量组 $B=(\boldsymbol{a}_1,\boldsymbol{a}_2,\cdots,\boldsymbol{a}_m,\boldsymbol{b})$ 线性相关，那么向量 $\boldsymbol{b}$ 可由向量组 $A$ 线性表示且表法唯一.

**证明** 因为向量组 $B=(\boldsymbol{a}_1,\boldsymbol{a}_2,\cdots,\boldsymbol{a}_m,\boldsymbol{b})$ 线性相关，即存在一组不全为零的数

$k_1,\cdots,k_m,k$，使得

$$k_1\boldsymbol{a}_1+k_2\boldsymbol{a}_2+\cdots+k_m\boldsymbol{a}_m+k\boldsymbol{b}=\boldsymbol{0}$$

若$k=0$，则有

$$k_1\boldsymbol{a}_1+k_2\boldsymbol{a}_2+\cdots+k_m\boldsymbol{a}_m=\boldsymbol{0}$$

进而由向量组$A=(\boldsymbol{a}_1,\boldsymbol{a}_2,\cdots,\boldsymbol{a}_m)$线性无关可得

$$k_1=0,k_2=0,\cdots,k_m=0$$

产生矛盾，故$k\neq0$，从而有

$$\boldsymbol{b}=\left(-\frac{k_1}{k}\right)\boldsymbol{a}_1+\left(-\frac{k_2}{k}\right)\boldsymbol{a}_2+\cdots+\left(-\frac{k_m}{k}\right)\boldsymbol{a}_m$$

下面证明向量$\boldsymbol{b}$由向量组$A$线性表示的方法唯一.

若$\boldsymbol{b}=k_1\boldsymbol{a}_1+k_2\boldsymbol{a}_2+\cdots+k_m\boldsymbol{a}_m$且$\boldsymbol{b}=l_1\boldsymbol{a}_1+l_2\boldsymbol{a}_2+\cdots+l_m\boldsymbol{a}_m$，则有

$$(k_1-l_1)\boldsymbol{a}_1+(k_2-l_2)\boldsymbol{a}_2+\cdots+(k_m-l_m)\boldsymbol{a}_m=\boldsymbol{0}$$

因为向量组$A=(\boldsymbol{a}_1,\boldsymbol{a}_2,\cdots,\boldsymbol{a}_m)$线性无关，则

$$k_1-l_1=0,k_2-l_2=0,\cdots,k_m-l_m=0$$

即

$$k_1=l_1,k_2=l_2,\cdots,k_m=l_m$$

所以向量$\boldsymbol{b}$由向量组$A$线性表示的表示方法唯一.

---

**【例 1.16】**讨论向量组$\boldsymbol{a}_1=(1,0,0,-1)^{\mathrm{T}}$，$\boldsymbol{a}_2=(1,1,0,0)^{\mathrm{T}}$，$\boldsymbol{a}_3=(1,1,1,2)^{\mathrm{T}}$的线性相关性.

**解**　因为向量组$\boldsymbol{v}_1=(1,0,0)^{\mathrm{T}}$，$\boldsymbol{v}_2=(1,1,0)^{\mathrm{T}}$，$\boldsymbol{v}_3=(1,1,1)^{T}$线性无关，根据定理 1.3 可知，向量组$\boldsymbol{a}_1=(1,0,0,-1)^{\mathrm{T}}$，$\boldsymbol{a}_2=(1,1,0,0)^{\mathrm{T}}$，$\boldsymbol{a}_3=(1,1,1,2)^{\mathrm{T}}$线性无关.

---

**【例 1.17】**证明：向量组$\boldsymbol{v}_1=(1,0,0)^{\mathrm{T}}$，$\boldsymbol{v}_2=(1,1,0)^{\mathrm{T}}$，$\boldsymbol{v}_3=(1,1,1)^{\mathrm{T}}$，$\boldsymbol{v}=(3,-2,1)^{\mathrm{T}}$线性相关，且向量$\boldsymbol{v}$能由向量组（$\boldsymbol{v}_1,\boldsymbol{v}_2,\boldsymbol{v}_3$）线性表示.

**证明**　由定理 1.2 可知，4 个 3 维向量$\boldsymbol{v}_1=(1,0,0)^{\mathrm{T}}$，$\boldsymbol{v}_2=(1,1,0)^{\mathrm{T}}$，$\boldsymbol{v}_3=(1,1,1)^{\mathrm{T}}$，$\boldsymbol{v}=(3,-2,1)^{\mathrm{T}}$组成的向量组线性相关. 因为向量组（$\boldsymbol{v}_1,\boldsymbol{v}_2,\boldsymbol{v}_3$）线性无关，根据定理 1.4 可得，向量$\boldsymbol{v}$能由向量组（$\boldsymbol{v}_1,\boldsymbol{v}_2,\boldsymbol{v}_3$）线性表示，且$\boldsymbol{v}=5\boldsymbol{v}_1-3\boldsymbol{v}_2+\boldsymbol{v}_3$表法唯一.

---

### 1.3.2 最大无关组

**定义 1.19** 设有向量组 $A$，若它的一个部分组 $(\boldsymbol{a}_1,\boldsymbol{a}_2,\cdots,\boldsymbol{a}_r)$ 满足

（1）$(\boldsymbol{a}_1,\boldsymbol{a}_2,\cdots,\boldsymbol{a}_r)$ 线性无关，

（2）向量组 $A$ 中的任意一个向量都可由部分组 $(\boldsymbol{a}_1,\boldsymbol{a}_2,\cdots,\boldsymbol{a}_r)$ 线性表示，则称部分组 $(\boldsymbol{a}_1,\boldsymbol{a}_2,\cdots,\boldsymbol{a}_r)$ 是向量组 $A$ 的一个**最（或极）大线性无关组**（maximal linearly independent set），简称为**最（或极）大无关组**.

从最大无关组的定义可以看出，一个线性无关的向量组的最大无关组就是这个向量组本身．另外，最大无关组还有如下等价定义.

**定义 1.20** 设向量组 $A$ 中 $r$ 个向量组成的向量组 $(\boldsymbol{a}_1,\boldsymbol{a}_2,\cdots,\boldsymbol{a}_r)$ 满足

（1）$(\boldsymbol{a}_1,\boldsymbol{a}_2,\cdots,\boldsymbol{a}_r)$ 线性无关，

（2）向量组 $A$ 中任意 $r+1$ 个向量都线性相关，

则称向量组 $(\boldsymbol{a}_1,\boldsymbol{a}_2,\cdots,\boldsymbol{a}_r)$ 是向量组 $A$ 的一个**最（或极）大线性无关组**.

显然，仅有零向量组成的向量组没有最大无关组．一般来说，向量组的最大无关组是不唯一的．最大无关组有下列性质.

**性质 1** 向量组 $A$ 与它的最大无关组 $(\boldsymbol{a}_1,\boldsymbol{a}_2,\cdots,\boldsymbol{a}_r)$ 等价.

**证明** 由最大无关组的定义可知，任一向量组 $A$ 可由它的最大无关组 $(\boldsymbol{a}_1,\boldsymbol{a}_2,\cdots,\boldsymbol{a}_r)$ 线性表示，又因为最大无关组 $(\boldsymbol{a}_1,\boldsymbol{a}_2,\cdots,\boldsymbol{a}_r)$ 的每一个向量都在向量组 $A$ 中，则向量组的最大无关组 $(\boldsymbol{a}_1,\boldsymbol{a}_2,\cdots,\boldsymbol{a}_r)$ 可由 $A$ 线性表示，故向量组 $A$ 与它的最大无关组等价.

**推论** 向量组的任意两个最大无关组等价.

由向量组等价的传递性可得此结论.

**性质 2** 向量组的任意两个最大无关组所含向量的个数相同.

**证明** 设向量组 $A$ 的两个最大无关组为

$$(\boldsymbol{a}_1,\boldsymbol{a}_2,\cdots,\boldsymbol{a}_r),(\boldsymbol{b}_1,\boldsymbol{b}_2,\cdots,\boldsymbol{b}_s)$$

由性质 1 的推论可知它们等价，再结合最大无关组的定义即可得到 $r=s$.

### 1.3.3 向量组的秩

由于一个向量组的所有最大无关组含有相同个数的向量，这说明最大无关组所含向量的个数反映了向量组本身的性质．因此，我们引进如下概念.

**定义 1.21** 向量组 $A=(\boldsymbol{a}_1,\boldsymbol{a}_2,\cdots,\boldsymbol{a}_m)$ 的最大无关组所含向量的个数，称为该向量组的**秩**（rank），记作 $\mathrm{rank}(\boldsymbol{a}_1,\boldsymbol{a}_2,\cdots,\boldsymbol{a}_m)$ 或 $R(\boldsymbol{a}_1,\boldsymbol{a}_2,\cdots,\boldsymbol{a}_m)$，简记为 $R(A)$.

规定：只含零向量的向量组的秩为零.

在 2 维、3 维空间中，坐标系是不唯一的，但任一坐标系中所含向量的个数是一个不变的量，向量组的秩正是这一几何事实的一般化.

如果向量组的秩是 $r$，那么此向量组的任意 $r$ 个线性无关的向量都可以是它的一个最大无关组．$n$ 维单位坐标向量组 $(\boldsymbol{e}_1, \boldsymbol{e}_2, \cdots, \boldsymbol{e}_n)$ 是线性无关的，它的最大无关组就是它本身，因此 $R(\boldsymbol{e}_1, \boldsymbol{e}_2, \cdots, \boldsymbol{e}_n) = n$．

**定理 1.5**　向量组线性无关的充分必要条件是它的秩等于它所含向量的个数．

**证明**　必要性．如果向量组 $(\boldsymbol{a}_1, \boldsymbol{a}_2, \cdots, \boldsymbol{a}_m)$ 线性无关，则它的最大无关组就是它本身，从而 $R(\boldsymbol{a}_1, \boldsymbol{a}_2, \cdots, \boldsymbol{a}_m) = m$．

充分性．如果 $R(\boldsymbol{a}_1, \boldsymbol{a}_2, \cdots, \boldsymbol{a}_m) = m$，则向量组的最大无关组应含有 $m$ 个向量，而这就是向量组本身，所以该向量组线性无关．

**定理 1.6**　相互等价的向量组的秩相等．

**证明**　设向量组 $A$ 和向量组 $B$ 等价，并且设 $A'$ 和 $B'$ 分别是向量组 $A$ 和向量组 $B$ 的最大无关组．根据性质 1，则向量组 $A$ 和向量组 $A'$ 等价，向量组 $B$ 和向量组 $B'$ 等价．由向量组等价的传递性可知向量组 $A'$ 和 $B'$ 等价，由性质 2 即得 $R(A) = R(B)$．

定理 1.6 的逆定理并不成立，即如果两个向量组的秩相等，则它们未必是等价的．例如，对向量组 $\boldsymbol{a}_1 = (1,0,0,0)^{\mathrm{T}}$，$\boldsymbol{a}_2 = (0,1,0,0)^{\mathrm{T}}$ 与向量组 $\boldsymbol{b}_1 = (0,0,1,0)^{\mathrm{T}}$，$\boldsymbol{b}_2 = (0,0,0,1)^{\mathrm{T}}$，有 $R(\boldsymbol{a}_1, \boldsymbol{a}_2) = R(\boldsymbol{b}_1, \boldsymbol{b}_2)=2$，但这两个向量组显然不是等价的．

**定理 1.7**　如果两个向量组的秩相等且其中一个向量组可由另一个向量组线性表示，则这两个向量组等价．（证明留作练习）

# 1.4　基 和 维 数

在 $\mathbf{R}^3$ 中，向量 $\boldsymbol{e}_1 = (1,0,0)^{\mathrm{T}}$，$\boldsymbol{e}_2 = (0,1,0)^{\mathrm{T}}$，$\boldsymbol{e}_3 = (0,0,1)^{\mathrm{T}}$ 是线性无关的，而对于任一个三维向量 $\boldsymbol{x} = (x_1, x_2, x_3)^{\mathrm{T}}$，均有

$$\boldsymbol{x} = x_1\boldsymbol{e}_1 + x_2\boldsymbol{e}_2 + x_3\boldsymbol{e}_3$$

$\boldsymbol{e}_1$，$\boldsymbol{e}_2$，$\boldsymbol{e}_3$ 称为 $\mathbf{R}^3$ 的一个坐标系或基，而 $(x_1,\ x_2,\ x_3)$ 称为向量 $\boldsymbol{x}$ 在基 $\boldsymbol{e}_1$，$\boldsymbol{e}_2$，$\boldsymbol{e}_3$ 下的坐标，一般地，有如下的定义．

**定义 1.22**　$n$ 维空间 $V$ 中的向量组 $(\boldsymbol{a}_1, \boldsymbol{a}_2, \cdots, \boldsymbol{a}_m)$ 称为 $V$ 的一个**基**（basis），如果该向量组满足以下两个条件

（1）$(\boldsymbol{a}_1, \boldsymbol{a}_2, \cdots, \boldsymbol{a}_m)$ 线性无关，

（2）$V$ 中的任一向量均可由 $(\boldsymbol{a}_1, \boldsymbol{a}_2, \cdots, \boldsymbol{a}_m)$ 线性表示．

等价地，向量组 $(\boldsymbol{a}_1, \boldsymbol{a}_2, \cdots, \boldsymbol{a}_m)$ 称为向量空间 $V$ 的一个基，如果该向量组线性无关，且生成整个空间 $V$．

**定义 1.23**　$n$ 维向量空间 $V$ 中的向量用基线性表示的系数构成的有序数组称为该向量在给定基下的**坐标**（coordinate）．

显然，$n$ 维空间 $\mathbf{R}^n$ 中的基一般是不唯一的，实际上 $n$ 维空间 $\mathbf{R}^n$ 中任意 $n$ 个线性无关的向量都可以作为它的基，因此同一个向量可以由不同的基来线性表示，而且该向量在不同基下的坐标也不同.

---

【例 1.18】$n$ 维单位坐标向量组 $(\boldsymbol{e}_1, \boldsymbol{e}_2, \cdots, \boldsymbol{e}_n)$ 是 $n$ 维空间 $\mathbf{R}^n$ 中的一个线性无关的向量组，而对任一 $n$ 维向量 $\boldsymbol{x}=(x_1,x_2,\cdots,x_n)^{\mathrm{T}}$，均有 $\boldsymbol{x}=x_1\boldsymbol{e}_1+x_2\boldsymbol{e}_2+\cdots+x_n\boldsymbol{e}_n$，因此 $(\boldsymbol{e}_1, \boldsymbol{e}_2, \cdots, \boldsymbol{e}_n)$ 是 $\mathbf{R}^n$ 中的一个基且称其为标准基（standard basis）.

---

【例 1.19】考虑 $\mathbf{R}^n$ 中向量组 $\boldsymbol{a}_1=(1,0,\cdots,0)^{\mathrm{T}}$，$\boldsymbol{a}_2=(1,1,\cdots,0)^{\mathrm{T}}$，…，$\boldsymbol{a}_n=(1,1,\cdots,1)^{\mathrm{T}}$，容易证明，这个向量组与 $(\boldsymbol{e}_1, \boldsymbol{e}_2, \cdots, \boldsymbol{e}_n)$ 等价，因此 $(\boldsymbol{a}_1,\boldsymbol{a}_2,\cdots,\boldsymbol{a}_n)$ 也是 $n$ 维空间 $\mathbf{R}^n$ 的一个基，且对任一 $n$ 维向量 $\boldsymbol{x}=(x_1,x_2,\cdots,x_n)^{\mathrm{T}}$，有

$$\boldsymbol{x}=x_1\boldsymbol{a}_1+x_2(\boldsymbol{a}_2-\boldsymbol{a}_1)+\cdots+x_n(\boldsymbol{a}_n-\boldsymbol{a}_{n-1})$$

这里自然产生了一个问题：$n$ 维空间 $\mathbf{R}^n$ 中不同的基所含向量的个数是否可能不同？回答是否定的.

---

事实上，$(\boldsymbol{e}_1, \boldsymbol{e}_2, \cdots, \boldsymbol{e}_n)$ 已是 $\mathbf{R}^n$ 的基，设 $(\boldsymbol{a}_1,\boldsymbol{a}_2,\cdots,\boldsymbol{a}_m)$ 是 $\mathbf{R}^n$ 的任一基，则向量组 $(\boldsymbol{e}_1, \boldsymbol{e}_2, \cdots, \boldsymbol{e}_n)$ 与向量组 $(\boldsymbol{a}_1,\boldsymbol{a}_2,\cdots,\boldsymbol{a}_m)$ 等价，又由于两个向量组均线性无关，所以 $m=n$. 正因为如此，有下面的定义

**定义 1.24** $n$ 维空间 $V$ 的基所含向量的个数称为 $V$ 的**维数**（dimension），记作 $\dim(V)$.

设 $V$ 为向量组 $(\boldsymbol{a}_1,\boldsymbol{a}_2,\cdots,\boldsymbol{a}_m)$ 所生成的向量空间，即

$$V=\mathrm{span}\{\boldsymbol{a}_1,\boldsymbol{a}_2,\cdots,\boldsymbol{a}_m\}=\{\lambda_1\boldsymbol{a}_1+\lambda_2\boldsymbol{a}_2+\cdots+\lambda_m\boldsymbol{a}_m \mid \lambda_1,\lambda_2,\cdots,\lambda_m\in\mathbf{R}\}$$

则向量组 $(\boldsymbol{a}_1,\boldsymbol{a}_2,\cdots,\boldsymbol{a}_m)$ 的一个极大线性无关组就是 $V$ 的一个基，而且向量组 $(\boldsymbol{a}_1,\boldsymbol{a}_2,\cdots,\boldsymbol{a}_m)$ 的秩就是向量空间 $V$ 的维数. 从上面的讨论可知 $\dim(\mathbf{R}^n)=n$，因而把 $\mathbf{R}^n$ 称为 **$n$ 维向量空间**.

---

【例 1.20】在例 1.18 中，$n$ 维向量 $\boldsymbol{x}=(x_1,x_2,\cdots,x_n)^{\mathrm{T}}$ 在基 $(\boldsymbol{e}_1, \boldsymbol{e}_2, \cdots, \boldsymbol{e}_n)$ 下的坐标是 $(x_1, x_2, \cdots, x_n)$.

---

【例 1.21】在例 1.19 中，$n$ 维向量 $\boldsymbol{x}=(x_1,x_2,\cdots,x_n)^{\mathrm{T}}$ 在基 $(\boldsymbol{a}_1,\boldsymbol{a}_2,\cdots,\boldsymbol{a}_n)$ 下的坐标是 $(x_1-x_2, x_2-x_3, \cdots, x_{n-1}-x_n, x_n)$.

---

同一向量在不同基下的坐标有内在的联系. 设 $(x_1, x_2, \cdots, x_n)$ 是向量 $\boldsymbol{x}$ 在基 $(\boldsymbol{a}_1,\boldsymbol{a}_2,\cdots,\boldsymbol{a}_n)$ 下的坐标，$(y_1, y_2, \cdots, y_n)$ 是 $\boldsymbol{x}$ 在基 $(\boldsymbol{b}_1,\boldsymbol{b}_2,\cdots,\boldsymbol{b}_n)$ 下的坐标，在第 3 章将介绍不同基下坐标的转换.

在几何中，往往选取两两正交的单位向量作为基，这样许多问题处理起来非常方便，下面把这个思想推广至向量空间.

**定义 1.25**　向量空间 $V$ 的一组两两正交的非零向量组叫作 $V$ 的一个**正交向量组**( orthogonal vectors ).

**定理 1.8**　设向量组 $(\boldsymbol{a}_1,\boldsymbol{a}_2,\cdots,\boldsymbol{a}_m)$ 是向量空间 $\mathbf{R}^n$ 的一个正交向量组，那么该向量组 $(\boldsymbol{a}_1,\boldsymbol{a}_2,\cdots,\boldsymbol{a}_m)$ 线性无关.

**证明**　假设存在一组数 $\lambda_1,\lambda_2,\cdots,\lambda_m$，使得

$$\lambda_1\boldsymbol{a}_1+\lambda_2\boldsymbol{a}_2+\cdots+\lambda_m\boldsymbol{a}_m=\mathbf{0}$$

两边与 $\boldsymbol{a}_i$ 取内积，得

$$0=\left\langle\boldsymbol{a}_i,\lambda_1\boldsymbol{a}_1+\lambda_2\boldsymbol{a}_2+\cdots+\lambda_m\boldsymbol{a}_m\right\rangle=\sum_{k=1}^{m}\lambda_k\left\langle\boldsymbol{a}_i,\boldsymbol{a}_k\right\rangle=\lambda_i\left\langle\boldsymbol{a}_i,\boldsymbol{a}_i\right\rangle$$

由于 $\boldsymbol{a}_i\neq\mathbf{0}$，所以 $\left\langle\boldsymbol{a}_i,\boldsymbol{a}_i\right\rangle>0$ 则 $\lambda_i=0$（$i=1,2,\cdots,m$）. 因此，向量组 $(\boldsymbol{a}_1,\boldsymbol{a}_2,\cdots,\boldsymbol{a}_m)$ 线性无关.

**定义 1.26**　$n$ 维向量空间 $\mathbf{R}^n$ 的一个基 $(\boldsymbol{a}_1,\boldsymbol{a}_2,\cdots,\boldsymbol{a}_n)$ 称为 $\mathbf{R}^n$ 的一个**标准正交基**( orthogonal standard basis ) 或**规范正交基**( orthonormal basis )，若基 $(\boldsymbol{a}_1,\boldsymbol{a}_2,\cdots,\boldsymbol{a}_n)$ 满足条件

（1）$(\boldsymbol{a}_1,\boldsymbol{a}_2,\cdots,\boldsymbol{a}_n)$ 是一个正交向量组；

（2）$(\boldsymbol{a}_1,\boldsymbol{a}_2,\cdots,\boldsymbol{a}_n)$ 都是单位向量.

显然，定义中的两个条件可描述如下

$$\left\langle\boldsymbol{a}_i,\boldsymbol{a}_j\right\rangle=\begin{cases}1, & i=j\\0, & i\neq j\end{cases}\quad(i,j=1,2,\cdots,n)$$

---

**【例 1.22】** 在 $n$ 维向量空间 $\mathbf{R}^n$ 中，$(\boldsymbol{e}_1,\boldsymbol{e}_2,\cdots,\boldsymbol{e}_n)$ 是一个标准正交基. 设 $(\boldsymbol{a}_1,\boldsymbol{a}_2,\cdots,\boldsymbol{a}_m)$ 是向量空间 $V$ 中的一个正交基，则 $V$ 中任意一个向量可唯一地表示为

$$\boldsymbol{x}=\lambda_1\boldsymbol{a}_1+\lambda_2\boldsymbol{a}_2+\cdots+\lambda_m\boldsymbol{a}_m$$

其中

$$\lambda_i=\frac{\left\langle\boldsymbol{x},\boldsymbol{a}_i\right\rangle}{\left\langle\boldsymbol{a}_i,\boldsymbol{a}_i\right\rangle}=\frac{\left\langle\boldsymbol{x},\boldsymbol{a}_i\right\rangle}{\|\boldsymbol{a}_i\|^2},\quad i=1,2,\cdots,m$$

---

特别地，若 $(\boldsymbol{a}_1,\boldsymbol{a}_2,\cdots,\boldsymbol{a}_m)$ 是 $V$ 的一个规范正交基，则

$$\lambda_i=\langle \boldsymbol{x},\boldsymbol{a}_i\rangle,\ i=1,2,\cdots,m$$

给定向量空间 $V$ 中的一个基 $(\boldsymbol{a}_1,\boldsymbol{a}_2,\cdots,\boldsymbol{a}_m)$，在向量空间 $V$ 中是否存在一个规范正交基跟它等价？对此有下面重要的结论.

**定理 1.9** 设 $(\boldsymbol{a}_1,\boldsymbol{a}_2,\cdots,\boldsymbol{a}_m)$ 是 $n$ 维向量空间 $\mathbf{R}^n$ 的一个线性无关的向量组，那么可以求出 $\mathbf{R}^n$ 的一个标准正交向量组 $(\boldsymbol{v}_1,\boldsymbol{v}_2,\cdots,\boldsymbol{v}_m)$，使得 $(\boldsymbol{a}_1,\boldsymbol{a}_2,\cdots,\boldsymbol{a}_k)$ 与 $(\boldsymbol{v}_1,\boldsymbol{v}_2,\cdots,\boldsymbol{v}_k)$（$k=1,2,\cdots,m$）等价.

**证明** 令

$$\boldsymbol{b}_1=\boldsymbol{a}_1$$

$$\boldsymbol{b}_2=\boldsymbol{a}_2-\frac{\langle \boldsymbol{a}_2,\boldsymbol{b}_1\rangle}{\langle \boldsymbol{b}_1,\boldsymbol{b}_1\rangle}\boldsymbol{b}_1$$

$$\boldsymbol{b}_3=\boldsymbol{a}_3-\frac{\langle \boldsymbol{a}_3,\boldsymbol{b}_2\rangle}{\langle \boldsymbol{b}_2,\boldsymbol{b}_2\rangle}\boldsymbol{b}_2-\frac{\langle \boldsymbol{a}_3,\boldsymbol{b}_1\rangle}{\langle \boldsymbol{b}_1,\boldsymbol{b}_1\rangle}\boldsymbol{b}_1$$

$$\vdots$$

$$\boldsymbol{b}_m=\boldsymbol{a}_m-\frac{\langle \boldsymbol{a}_m,\boldsymbol{b}_{m-1}\rangle}{\langle \boldsymbol{b}_{m-1},\boldsymbol{b}_{m-1}\rangle}\boldsymbol{b}_{m-1}-\cdots-\frac{\langle \boldsymbol{a}_m,\boldsymbol{b}_1\rangle}{\langle \boldsymbol{b}_1,\boldsymbol{b}_1\rangle}\boldsymbol{b}_1$$

则容易看出 $(\boldsymbol{a}_1,\boldsymbol{a}_2,\cdots,\boldsymbol{a}_k)$ 与 $(\boldsymbol{b}_1,\boldsymbol{b}_2,\cdots,\boldsymbol{b}_k)$（$k=1,2,\cdots,m$）等价.

下面来证明 $(\boldsymbol{b}_1,\boldsymbol{b}_2,\cdots,\boldsymbol{b}_m)$ 两两正交.

对 $m$ 用数学归纳法.

① $\langle \boldsymbol{b}_2,\boldsymbol{b}_1\rangle=\langle \boldsymbol{a}_2,\boldsymbol{b}_1\rangle-\dfrac{\langle \boldsymbol{a}_2,\boldsymbol{b}_1\rangle}{\langle \boldsymbol{b}_1,\boldsymbol{b}_1\rangle}\langle \boldsymbol{b}_1,\boldsymbol{b}_1\rangle=0$，从而 $\boldsymbol{b}_1$ 与 $\boldsymbol{b}_2$ 正交.

② 假设 $(\boldsymbol{b}_1,\boldsymbol{b}_2,\cdots,\boldsymbol{b}_{m-1})$ 两两正交. 当 $1\leqslant i\leqslant m-1$ 时，

$$\begin{aligned}\langle \boldsymbol{b}_m,\boldsymbol{b}_i\rangle&=\langle \boldsymbol{a}_m,\boldsymbol{b}_i\rangle-\frac{\langle \boldsymbol{a}_m,\boldsymbol{b}_{m-1}\rangle}{\langle \boldsymbol{b}_{m-1},\boldsymbol{b}_{m-1}\rangle}\langle \boldsymbol{b}_{m-1},\boldsymbol{b}_i\rangle-\cdots-\frac{\langle \boldsymbol{a}_m,\boldsymbol{b}_1\rangle}{\langle \boldsymbol{b}_1,\boldsymbol{b}_1\rangle}\langle \boldsymbol{b}_1,\boldsymbol{b}_i\rangle\\&=\langle \boldsymbol{a}_m,\boldsymbol{b}_i\rangle-\frac{\langle \boldsymbol{a}_m,\boldsymbol{b}_i\rangle}{\langle \boldsymbol{b}_i,\boldsymbol{b}_i\rangle}\langle \boldsymbol{b}_i,\boldsymbol{b}_i\rangle=0\end{aligned}$$

将 $(\boldsymbol{b}_1,\boldsymbol{b}_2,\cdots,\boldsymbol{b}_m)$ 再单位化，即得定理中的 $(\boldsymbol{v}_1,\boldsymbol{v}_2,\cdots,\boldsymbol{v}_m)$.

定理 1.9 的证明中把 $(\boldsymbol{a}_1,\boldsymbol{a}_2,\cdots,\boldsymbol{a}_n)$ 变成一组标准正交向量组的方法在一些教科书和文献中称作**格莱姆-施密特**（Gram-Schmidt）**正交化过程**.

---

**【例 1.23】** 把 $\boldsymbol{a}_1=(1,1,0,0)^{\mathrm{T}}$，$\boldsymbol{a}_2=(1,0,1,0)^{\mathrm{T}}$，$\boldsymbol{a}_3=(1,0,0,-1)^{\mathrm{T}}$，$\boldsymbol{a}_4=(1,1,-1,-1)^{\mathrm{T}}$ 变成正交的单位向量组.

**解** 先把它们正交化，令 $\boldsymbol{b}_1=\boldsymbol{a}_1=(1,1,0,0)^{\mathrm{T}}$，则

$$b_2=a_2-\frac{\langle a_2,b_1\rangle}{\langle b_1,b_1\rangle}b_1=\begin{pmatrix}\frac{1}{2} & -\frac{1}{2} & 1 & 0\end{pmatrix}^{\mathrm{T}}$$

$$b_3=a_3-\frac{\langle a_3,b_2\rangle}{\langle b_2,b_2\rangle}b_2-\frac{\langle a_3,b_1\rangle}{\langle b_1,b_1\rangle}b_1=\begin{pmatrix}\frac{1}{3} & -\frac{1}{3} & -\frac{1}{3} & -1\end{pmatrix}^{\mathrm{T}}$$

$$b_4=a_4-\frac{\langle a_4,b_3\rangle}{\langle b_3,b_3\rangle}b_3-\frac{\langle a_4,b_2\rangle}{\langle b_2,b_2\rangle}b_2-\frac{\langle a_4,b_1\rangle}{\langle b_1,b_1\rangle}b_1=\begin{pmatrix}1 & -1 & -1 & 1\end{pmatrix}^{\mathrm{T}}$$

再单位化得

$$v_1=\left(\frac{1}{\sqrt{2}},\frac{1}{\sqrt{2}},0,0\right)^{\mathrm{T}},\quad v_2=\left(\frac{1}{\sqrt{6}},-\frac{1}{\sqrt{6}},\frac{2}{\sqrt{6}},0\right)^{\mathrm{T}}$$

$$v_3=\left(-\frac{1}{\sqrt{12}},\frac{1}{\sqrt{12}},\frac{1}{\sqrt{12}},\frac{3}{\sqrt{12}}\right)^{\mathrm{T}},\quad v_4=\left(\frac{1}{2},-\frac{1}{2},-\frac{1}{2},\frac{1}{2}\right)^{\mathrm{T}}$$

---

# 习 题 1

1. 设向量 $a=(1,0,-1,2)^{\mathrm{T}}$，$b=(3,2,4,-1)^{\mathrm{T}}$，求：（1）$a-b$，（2）$3a+2b$，（3）$\langle a,b\rangle$，（4）$\|a\|$，$\|b\|$，（5）向量 $a$ 和 $b$ 的夹角.

2. 设向量 $a=(2,1,8,6)^{\mathrm{T}}$，$b=(3,-5,2,0)^{\mathrm{T}}$，$c=(6,6,-6,6)^{\mathrm{T}}$，计算

（1）$a+c$　（2）$\frac{1}{3}c$　（3）$b-a$　（4）$3a+7b-2c$　（5）$a-b-c$

（6）$\frac{3}{4}a+\frac{1}{2}c$　（7）$\langle a,b\rangle$　（8）$\langle a,2c\rangle$　（9）$\|-2a\|$　（10）$\left\|\frac{1}{6}c\right\|$

3. 设向量组 $a_1=(2,5,1,3)^{\mathrm{T}}$，$a_2=(10,1,5,10)^{\mathrm{T}}$，$a_3=(4,1,-1,1)^{\mathrm{T}}$ 和向量 $a$ 满足

$$3(a_1-a)+2(a_2+a)=5(a_3+a)$$

求向量 $a$.

4. 求 $n$ 维向量空间 $\mathbf{R}^n$ 中向量 $a=(1,1,\cdots,1)^{\mathrm{T}}$ 分别与基本单位向量 $e_1=(1,0,\cdots,0)^{\mathrm{T}}$，$e_2=(0,1,\cdots,0)^{\mathrm{T}}$，…，$e_n=(0,0,\cdots,1)^{\mathrm{T}}$ 的夹角，并以 $n=2$ 和 $n=3$ 为例说明角度的实际意义.

5. 定义两个 $n$ 维向量 $x$ 与 $y$ 之间的距离为 $d(x,y)=\|x-y\|$，证明

（1）$d(x,y)\geqslant 0$，当且仅当 $x=y$ 时等号成立；

（2）$d(\boldsymbol{x},\boldsymbol{y})=d(\boldsymbol{y},\boldsymbol{x})$.

6. 用点积的性质证明平行四边形定律（parallelogram law）

$$\|\boldsymbol{x}+\boldsymbol{y}\|^2+\|\boldsymbol{x}-\boldsymbol{y}\|^2=2\left(\|\boldsymbol{x}\|^2+\|\boldsymbol{y}\|^2\right)$$

并给出几何解释.

7. 用点积证明余弦定理 $c^2=a^2+b^2-2ab\cos\theta$.

8. 设向量组 $\boldsymbol{a}_1=(1,2,3)^{\mathrm{T}}$，$\boldsymbol{a}_2=(0,1,2)^{\mathrm{T}}$，$\boldsymbol{a}_3=(-1,0,1)^{\mathrm{T}}$，证明

（1）向量 $\boldsymbol{b}=(1,1,1)^{\mathrm{T}}$ 能由向量组 $(\boldsymbol{a}_1,\boldsymbol{a}_2,\boldsymbol{a}_3)$ 线性表示；

（2）向量 $\boldsymbol{c}=(1,-2,2)^{\mathrm{T}}$ 不能由向量组 $(\boldsymbol{a}_1,\boldsymbol{a}_2,\boldsymbol{a}_3)$ 线性表示.

9. 已知向量 $\boldsymbol{b}=(\lambda,2,5)^{\mathrm{T}}$，$\boldsymbol{a}_1=(3,2,6)^{\mathrm{T}}$，$\boldsymbol{a}_2=(7,3,9)^{\mathrm{T}}$，$\boldsymbol{a}_3=(5,1,3)^{\mathrm{T}}$，讨论 $\boldsymbol{b}$ 是否可由向量组 $(\boldsymbol{a}_1,\boldsymbol{a}_2,\boldsymbol{a}_3)$ 线性表示.

10. 问 $\gamma$ 取什么值时，向量 $\boldsymbol{a}_1=(\gamma,1)^{\mathrm{T}}$ 与 $\boldsymbol{a}_2=(\gamma+2,\gamma)^{\mathrm{T}}$ 线性无关.

11. 证明 2 维向量 $\boldsymbol{a}_1=(\alpha,\beta)^{\mathrm{T}}$ 与 $\boldsymbol{a}_2=(\xi,\eta)^{\mathrm{T}}$ 线性相关的充要条件是 $\alpha\eta-\beta\xi=0$.

12. 判断下列向量组的线性相关性.

（1）$\boldsymbol{a}_1=(3,1,-2)^{\mathrm{T}}$，$\boldsymbol{a}_2=(2,-3,0)^{\mathrm{T}}$

（2）$\boldsymbol{a}_1=(1,0,1)^{\mathrm{T}}$，$\boldsymbol{a}_2=(1,2,2)^{\mathrm{T}}$，$\boldsymbol{a}_3=(1,2,4)^{\mathrm{T}}$

（3）$\boldsymbol{a}_1=(3,5,1)^{\mathrm{T}}$，$\boldsymbol{a}_2=(1,0,4)^{\mathrm{T}}$，$\boldsymbol{a}_3=(5,-7,-6)^{\mathrm{T}}$，$\boldsymbol{a}_4=(1,2,0)^{\mathrm{T}}$

（4）$\boldsymbol{a}_1=(6,4,1,-1)^{\mathrm{T}}$，$\boldsymbol{a}_2=(1,0,2,3)^{\mathrm{T}}$，$\boldsymbol{a}_3=(1,4,-9,-16)^{\mathrm{T}}$

13. 向量组 $A=(\boldsymbol{a}_1,\boldsymbol{a}_2,\cdots,\boldsymbol{a}_m)$（$m\geqslant 2$）线性相关的充分必要条件是向量组 $A$ 中至少有一个向量能由其余向量线性表示.

14. 设向量组 $\boldsymbol{a}_1=(1,1,2,1)^{\mathrm{T}}$，$\boldsymbol{a}_2=(1,0,0,2)^{\mathrm{T}}$，$\boldsymbol{a}_3=(-1,-4,-8,k)^{\mathrm{T}}$ 线性相关，求待定常数 $k$.

15. 设 $\boldsymbol{a}_1=(6,\alpha+1,3)^{\mathrm{T}}$，$\boldsymbol{a}_2=(\alpha,2,-2)^{\mathrm{T}}$，$\boldsymbol{a}_3=(\alpha,1,0)^{\mathrm{T}}$，则当 $\alpha$ 为何值时，

（1）向量组 $(\boldsymbol{a}_1,\boldsymbol{a}_2)$ 线性相关？线性无关？

（2）向量组 $(\boldsymbol{a}_1,\boldsymbol{a}_2,\boldsymbol{a}_3)$ 线性相关？线性无关？

16. 设向量组 $(\boldsymbol{a}_1,\boldsymbol{a}_2,\boldsymbol{a}_3)$ 线性无关，向量 $\boldsymbol{b}_1$ 能由向量组 $(\boldsymbol{a}_1,\boldsymbol{a}_2,\boldsymbol{a}_3)$ 线性表示，而向量 $\boldsymbol{b}_2$ 不能由向量组 $(\boldsymbol{a}_1,\boldsymbol{a}_2,\boldsymbol{a}_3)$ 线性表示，对任意的实数 $k$，问

（1）向量组 $(\boldsymbol{a}_1,\boldsymbol{a}_2,\boldsymbol{a}_3,k\boldsymbol{b}_1+\boldsymbol{b}_2)$ 是否线性相关？为什么？

（2）向量组 $(\boldsymbol{a}_1,\boldsymbol{a}_2,\boldsymbol{a}_3,\boldsymbol{b}_1+k\boldsymbol{b}_2)$ 是否线性相关？为什么？

17. 设 $\boldsymbol{b}_1=\boldsymbol{a}_1$，$\boldsymbol{b}_2=\boldsymbol{a}_1+\boldsymbol{a}_2$，$\cdots$，$\boldsymbol{b}_k=\boldsymbol{a}_1+\boldsymbol{a}_2+\cdots\boldsymbol{a}_k$ 且 $(\boldsymbol{a}_1,\boldsymbol{a}_2,\cdots,\boldsymbol{a}_k)$ 线性无关，证明向量

组$(\boldsymbol{b}_1,\boldsymbol{b}_2,\cdots,\boldsymbol{b}_k)$线性无关.

18. 设向量$\boldsymbol{b}$能由向量组$A=(\boldsymbol{a}_1,\boldsymbol{a}_2,\cdots,\boldsymbol{a}_m)$线性表示且表示式唯一，证明：$(\boldsymbol{a}_1,\boldsymbol{a}_2,\cdots,\boldsymbol{a}_m)$线性无关.

19. 证明：若$n$维单位坐标向量组$(\boldsymbol{e}_1,\boldsymbol{e}_2,\cdots,\boldsymbol{e}_n)$可以由$n$维向量组$(\boldsymbol{a}_1,\boldsymbol{a}_2,\cdots,\boldsymbol{a}_n)$线性表示，则向量组$(\boldsymbol{a}_1,\boldsymbol{a}_2,\cdots,\boldsymbol{a}_n)$线性无关.

20. 设向量组$(\boldsymbol{a}_1,\boldsymbol{a}_2,\boldsymbol{a}_3)$线性相关，向量组$(\boldsymbol{a}_2,\boldsymbol{a}_3,\boldsymbol{a}_4)$线性无关，证明：$\boldsymbol{a}_1$能由$\boldsymbol{a}_2,\boldsymbol{a}_3$线性表示，而$\boldsymbol{a}_4$不能由$(\boldsymbol{a}_1,\boldsymbol{a}_2,\boldsymbol{a}_3)$线性表示.

21. 已知向量组$A=(\boldsymbol{a}_1,\boldsymbol{a}_2,\cdots,\boldsymbol{a}_m)$的秩是$r$，证明：$A=(\boldsymbol{a}_1,\boldsymbol{a}_2,\cdots,\boldsymbol{a}_m)$中任意$r$个线性无关的向量均构成它的一个最大无关组.

22. 设$\boldsymbol{a}_1,\boldsymbol{a}_2,\cdots,\boldsymbol{a}_{n-1}$为$n-1$个线性无关的$n$维列向量，$\boldsymbol{b}_1,\boldsymbol{b}_2$是和$\boldsymbol{a}_1,\boldsymbol{a}_2,\cdots,\boldsymbol{a}_{n-1}$均正交的$n$维列向量，证明：$n$维列向量$\boldsymbol{b}_1,\boldsymbol{b}_2$线性相关.

23. 已知三维线性空间的一组基为$\boldsymbol{a}_1=(1,1,0)^{\mathrm{T}}$，$\boldsymbol{a}_2=(1,0,1)^{\mathrm{T}}$，$\boldsymbol{a}_3=(0,1,1)^{\mathrm{T}}$，求向量$\boldsymbol{b}=(2,0,0)^{\mathrm{T}}$在这组基下的坐标.

24. 已知向量$\boldsymbol{a}_1=(1,1,1)^{\mathrm{T}}$，试求向量$\boldsymbol{a}_2,\boldsymbol{a}_3$使得（1）向量$\boldsymbol{a}_1$与$\boldsymbol{a}_2,\boldsymbol{a}_3$正交；（2）三个向量$\boldsymbol{a}_1,\boldsymbol{a}_2,\boldsymbol{a}_3$正交.

25. 分别将以下向量组正交化、单位化.

（1）向量组$A$：$\boldsymbol{a}_1=(1,1,1)^{\mathrm{T}}$，$\boldsymbol{a}_2=(1,2,3)^{\mathrm{T}}$，$\boldsymbol{a}_3=(1,4,9)^{\mathrm{T}}$；

（2）向量组$B$：$\boldsymbol{b}_1=(1,0,-1,1)^{\mathrm{T}}$，$\boldsymbol{b}_2=(1,-1,0,1)^{\mathrm{T}}$，$\boldsymbol{b}_3=(-1,1,1,0)^{\mathrm{T}}$.

26. 向量组$\boldsymbol{a}_1=(1,1,1)^{\mathrm{T}}$，$\boldsymbol{a}_2=(0,0,-1)^{\mathrm{T}}$，$\boldsymbol{a}_3=(0,-1,1)^{\mathrm{T}}$在$\mathbf{R}^3$中的生成空间是什么？

27. 证明：由向量组$\boldsymbol{a}_1=(1,1,0)^{\mathrm{T}}$，$\boldsymbol{a}_2=(1,0,1)^{\mathrm{T}}$，$\boldsymbol{a}_3=(0,1,1)^{\mathrm{T}}$所生成的向量空间就是$\mathbf{R}^3$.

28. 下列说法是否成立？请给出理由.

（1）若两个向量$\boldsymbol{a}_1$和$\boldsymbol{a}_2$线性无关，向量$\boldsymbol{a}_3$属于$\boldsymbol{a}_1$和$\boldsymbol{a}_2$的生成空间$\mathrm{span}\{\boldsymbol{a}_1,\boldsymbol{a}_2\}$，则向量组$(\boldsymbol{a}_1,\boldsymbol{a}_2,\boldsymbol{a}_3)$线性相关.

（2）若两个向量$\boldsymbol{a}_1$和$\boldsymbol{a}_2$线性无关，向量组$(\boldsymbol{a}_1,\boldsymbol{a}_2,\boldsymbol{a}_3)$线性相关，则向量$\boldsymbol{a}_3$属于$\boldsymbol{a}_1$和$\boldsymbol{a}_2$的生成空间$\mathrm{span}\{\boldsymbol{a}_1,\boldsymbol{a}_2\}$.

29. 证明：集合$W=\left\{(x,y,z)^{\mathrm{T}}\middle|x=y=z\right\}$是3维空间$\mathbf{R}^3$的子空间并说明它的几何意义.$W$的维数是多少？

30. 三维空间$\mathbf{R}^3$是四维空间$\mathbf{R}^4$的子空间吗？说明你的结论.

31. 考虑$W=\mathbf{R}^3$，向量加法定义与通常$\mathbf{R}^3$上的向量加法相同，数乘定义为$\lambda(x,y,z)^{\mathrm{T}}=(\lambda x,\lambda y,0)^{\mathrm{T}}$，问$W$对这两种运算是否构成向量空间？为什么？

32. 验证向量组

$$e_1=\begin{bmatrix}1/\sqrt{2}\\1/\sqrt{2}\\0\\0\end{bmatrix},e_2=\begin{bmatrix}1/\sqrt{2}\\-1/\sqrt{2}\\0\\0\end{bmatrix},e_3=\begin{bmatrix}0\\0\\1/\sqrt{2}\\1/\sqrt{2}\end{bmatrix},e_4=\begin{bmatrix}0\\0\\1/\sqrt{2}\\-1/\sqrt{2}\end{bmatrix}$$

构成 $\mathbf{R}^4$ 的一个规范正交基.

# 第 2 章　线性方程组

第 1 章介绍了向量及其应用的内容，一些概念将在本章和后面的章节中继续出现．在研究向量的线性相关性时，线性方程组及其求解具有重要作用．实际上，为便于计算，很多科学研究和工程应用中的数学问题，在某个阶段可能都会把复杂问题转化为线性方程组求解的问题．线性方程组不但在数学问题中占有极其重要的地位，而且已经广泛应用于经济管理、社会科学、工程科学及物理学等领域．本章将通过线性方程组来引入线性代数的诸多基本概念．

## 2.1 引　例

**引例 1（经济学与工程中的线性模型）** 1949 年夏末，哈佛大学教授里昂惕夫（Leontief）正在小心地将最后一部分穿孔卡片插入 Mark II 计算机，这些卡片包含了美国经济的信息，包括美国劳动统计局两年来所得到的总共 25 万多条信息．里昂惕夫把美国经济分解为 500 个部门，如煤炭工业、汽车工业、交通系统等．对每个部门，他写出了一个描述该部门的产出如何分配给其他经济部门的线性方程．由于当时最大的计算机之一的 Mark II 还不能处理所得到的包含 500 个未知数、500 个方程的方程组，里昂惕夫只好把问题简化为包含 42 个未知数、42 个方程的方程组．

解里昂惕夫的 42 个方程，Mark II 计算机运算了 56 h．里昂惕夫因此项工作获得了 1973 年诺贝尔经济学奖，他打开了经济数学建模的新时代的大门．从那以后，许多其他领域的研究者也应用计算机来分析数学模型．由于所涉及的数据量庞大，这些模型通常是线性的，即它们是用线性方程组描述的．

例如，假设一个经济体系由三大部门组成：农业、制造业和服务业．各部门单位产品的中间需求量如表 2.1 所示（第一列数据表示生产 1 单位的农业产品需要 0.3 单位的农业中间产品、0.4 单位的制造业中间产品及 0.1 单位的服务业中间产品）．

表 2.1 三大部门单位产品中间需求量

| 供给部门 | 单位产品中间需求 | | |
| --- | --- | --- | --- |
| | 农业 | 制造业 | 服务业 |
| 农业 | 0.3 | 0.2 | 0.1 |
| 制造业 | 0.4 | 0.5 | 0.2 |
| 服务业 | 0.1 | 0.1 | 0.3 |

（1）若农业部门生产 50 单位产品，制造业生产 100 单位产品，服务业生产 80 单位产品，则共需要多少中间产品？

（2）假设最终需求是农业 30 单位、制造业 50 单位、服务业 20 单位，求三部门的社会生产水平 $\boldsymbol{X}$.（注：生产需求方程为 $\boldsymbol{X}=\boldsymbol{CX}+\boldsymbol{d}$，其中 $\boldsymbol{X}$ 为产出向量，$\boldsymbol{CX}$ 表示中间需求，$\boldsymbol{d}$ 表示最终需求.）

**解** （1）生产 50 单位农产品需要的中间产品向量为

$$50\begin{bmatrix}0.3\\0.4\\0.1\end{bmatrix}=\begin{bmatrix}15\\20\\5\end{bmatrix}$$

类似地，生产 100 单位制造业产品需要的中间产品向量为

$$\begin{bmatrix}20\\50\\10\end{bmatrix}$$

生产 80 单位服务业产品需要的中间产品向量为

$$\begin{bmatrix}8\\16\\24\end{bmatrix}$$

因此，总共需要的中间产品向量为

$$\begin{bmatrix}15\\20\\5\end{bmatrix}+\begin{bmatrix}20\\50\\10\end{bmatrix}+\begin{bmatrix}8\\16\\24\end{bmatrix}=\begin{bmatrix}43\\86\\39\end{bmatrix}$$

即生产 50 单位农产品、100 单位制造业产品、80 单位服务业产品共需要的中间产品需求为 43 单位农产品、86 单位制造业产品和 39 单位服务业产品.

（2）生产总产出量为 $\boldsymbol{X}=\begin{bmatrix}x\\y\\z\end{bmatrix}$ 的中间产品需求为

$$CX = x\begin{bmatrix}0.3\\0.4\\0.1\end{bmatrix} + y\begin{bmatrix}0.2\\0.5\\0.1\end{bmatrix} + z\begin{bmatrix}0.1\\0.2\\0.3\end{bmatrix}$$

即

$$CX = \begin{bmatrix}0.3x+0.2y+0.1z\\0.4x+0.5y+0.2z\\0.1x+0.1y+0.3z\end{bmatrix}$$

最终需求

$$\boldsymbol{d} = \begin{bmatrix}30\\50\\20\end{bmatrix}$$

由生产需求方程得

$$\begin{bmatrix}x\\y\\z\end{bmatrix} = \begin{bmatrix}0.3x+0.2y+0.1z\\0.4x+0.5y+0.2z\\0.1x+0.1y+0.3z\end{bmatrix} + \begin{bmatrix}30\\50\\20\end{bmatrix}$$

整理方程组，得

$$\begin{cases}0.7x-0.2y-0.1z=30\\-0.4x+0.5y-0.2z=50\\-0.1x-0.1y+0.7z=20\end{cases}$$

解方程组，得这个方程组的解为

$$x=118.52,\quad y=225.93,\quad z=77.78$$

**引例 2（交通流量的计算模型）** 图 2.1 给出了某城市部分单行街道的交通流量（每小时过车辆数）. 假设：

① 全部流入网络的流量等于全部流出网络的流量；

② 全部流入一个节点的流量等于全部流出此节点的流量.

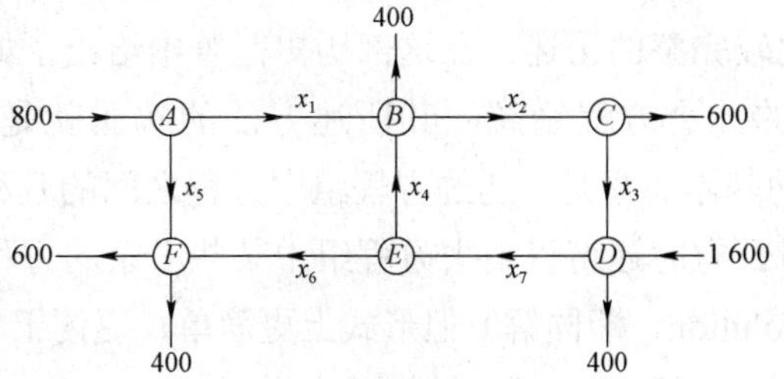


图 2.1　某城市部分单行街道的交通流量

（1）建立一个方程组来表示图中道路网络的交通流量；

（2）若 $x_6=300, x_7=1300$，则交通流量是多少？

（3）若从 $A$ 到 $B$ 和从 $B$ 到 $C$ 的道路必须关闭（即 $x_1=x_2=0$），则交通流量是多少？

**解** （1）因为进入一个节点的流量等于离开此节点的流量，则可得如下方程组：

$$\begin{cases} 800=x_1+x_5 & (\text{节点}A) \\ x_1+x_4=400+x_2 & (\text{节点}B) \\ x_2=600+x_3 & (\text{节点}C) \\ 1\,600+x_3=400+x_7 & (\text{节点}D) \\ x_7=x_4+x_6 & (\text{节点}E) \\ x_5+x_6=1\,000 & (\text{节点}F) \end{cases}$$

（2）如果 $x_6=300, x_7=1\,300$，从上面的交通流量方程组可以解得

$$x_1=100, x_2=700, x_3=100, x_4=1\,000, x_5=700$$

（3）如果 $x_1=x_2=0$，解方程组可得

$$x_3=-600, x_4=400, x_5=800, x_6=200, x_7=600$$

此时 $x_3=-600$，这意味着流量是从 $D$ 到 $C$ 方向，而非指定的从 $C$ 到 $D$ 方向.

类似线性方程组在电力系统、电子电路、神经网络、化学反应等各学科领域的应用还有很多．线性方程组在应用中的重要性随着计算机功能的增强而迅速增加.

## 2.2 高斯消元法

二元一次线性方程在平面上表示直线，那么二元一次线性方程组则可以表示这些直线是否相交．而三元一次线性方程在三维空间中表示平面，那么三元一次线性方程组则表示这些平面是否相交．在中学里已经学过用加减消元法解二元或三元线性方程组，这是解线性方程组最常用的方法之一，该方法也适用于未知量和方程数量较多的一般线性方程组.

线性方程组（system of linear equations）的解法其实早在我国古代的数学著作《九章算术》中就已经做了比较完整的论述．在这部历史巨著中给出了如何用消去变元的方法求解带有三个未知量的三个方程系统，其所述方法的实质就是高斯消元法．消元法（elimination method）的基本思想是：通过方程组中方程之间的几种简单运算，消去某些方程中的一些未知变量，有时还可以消去方程组中某些多余的方程，从而得到与原方程组有相同的解（same solution，即**同解**）但形式上更简单、更便于求解的一类方程组——**阶梯形**（step like）**线性方程组**．下面通过例子来说明这一方法.

【例 2.1】求解线性方程组

$$\begin{cases}2x_1-\ \ x_2+3x_3=1\\4x_1+2x_2+5x_3=4\\2x_1\qquad\ +2x_3=6\end{cases}$$

**解**　第 2 个方程减去第一个方程的 2 倍，第 3 个方程减去第 1 个方程，得

$$\begin{cases}2x_1-x_2+3x_3=1\\\qquad 4x_2-\ x_3=2\\\qquad\ \ x_2-\ x_3=5\end{cases}$$

第 2 个方程减去第 3 个方程的 4 倍，再把第 2、3 两个方程的次序互换，可得

$$\begin{cases}2x_1-x_2+3x_3=1\\\qquad x_2-\ x_3=5\\\qquad\qquad 3x_3=-18\end{cases}$$

第 1 个方程乘$\frac{1}{2}$，第 3 个方程乘$\frac{1}{3}$，得

$$\begin{cases}x_1-\frac{1}{2}x_2+\frac{3}{2}x_3=1\\\qquad\ x_2-\ \ x_3=5\\\qquad\qquad\ x_3=-6\end{cases}$$

第 1 个方程减去第 3 个方程的$\frac{3}{2}$倍，第 2 个方程加上第 3 个方程，又得

$$\begin{cases}x_1-\frac{1}{2}x_2=\frac{19}{2}\\\qquad x_2=-1\\\qquad x_3=-6\end{cases}$$

第 1 个方程加上第 2 个方程的$\frac{1}{2}$倍，最后可得

$$\begin{cases}x_1=9\\x_2=-1\\x_3=-6\end{cases}$$

这样就得到了方程组的解为 $(9,-1,-6)^{\mathrm{T}}$ .

通过此例不难看出，消元法的过程实际上是反复地对方程组进行一系列**同解变换**（equivalent transformation），而所做的变换也只是由以下三种基本的变换所构成：

① 互换两个方程的位置；

② 用一个非零的常数乘某一个方程；

③ 把一个方程的倍数加到另一个方程.

**定义 2.1** 变换①②③称为线性方程组的**初等变换**（elementary operation）.

线性方程组的这三种初等变换分别称为交换变换、倍乘变换和倍加变换．消元的过程就是反复施行初等变换的过程．可以证明，初等变换总是把方程组变成同解的方程组．下面只对第三种初等变换进行证明.

考虑对非齐次（nonhomogeneous）线性方程组

$$\begin{cases} a_{11}x_1 + a_{12}x_2 + \cdots + a_{1n}x_n = b_1 \\ a_{21}x_1 + a_{22}x_2 + \cdots + a_{2n}x_n = b_2 \\ \quad\vdots \\ a_{m1}x_1 + a_{m2}x_2 + \cdots + a_{mn}x_n = b_m \end{cases} \tag{2-1}$$

进行第三种初等变换．为简便起见，不妨设把第二个方程的 $k$ 倍加到第一个方程得到新方程组

$$\begin{cases} (a_{11}+ka_{21})x_1 + (a_{12}+ka_{22})x_2 + \cdots + (a_{1n}+ka_{2n})x_n = (b_1+kb_2) \\ a_{21}x_1 \quad + \quad a_{22}x_2 \quad + \cdots + \quad a_{2n}x_n = b_2 \\ \quad\vdots \\ a_{m1}x_1 \quad + \quad a_{m2}x_2 \quad + \cdots + \quad a_{mn}x_n = b_m \end{cases} \tag{2-2}$$

现在设 $(c_1,c_2,\cdots,c_n)^{\mathrm{T}}$ 是方程组（2-1）的任一解．因为方程组（2-1）与方程组（2-2）的 $m-1$ 个方程是一样的，所以 $(c_1,c_2,\cdots,c_n)^{\mathrm{T}}$ 满足方程组（2-2）的后 $m-1$ 个方程．又 $(c_1,c_2,\cdots,c_n)^{\mathrm{T}}$ 满足方程组（2-1）的前两个方程

$$a_{11}c_1 + a_{12}c_2 + \cdots + a_{1n}c_n = b_1$$
$$a_{21}c_1 + a_{22}c_2 + \cdots + a_{2n}c_n = b_2$$

把第二式的两边乘 $k$，再与第一式相加，即

$$(a_{11}+ka_{21})c_1 + (a_{12}+ka_{22})c_2 + \cdots + (a_{1n}+ka_{2n})c_n = (b_1+kb_2)$$

故 $(c_1,c_2,\cdots,c_n)^{\mathrm{T}}$ 又满足方程组（2-2）的第一个方程，因而是方程组（2-2）的解．类似地可证方程组（2-2）的任一解也是方程组（2-1）的解．这就证明了方程组（2-1）与方程组（2-2）是同解的.

既然方程组通过初等变换能变为同解方程组，所以总可以把一个较复杂的线性方程组通过初等变换化为简单的、易于求解的方程组，从而得出其解，整个求解过程就称为

**用消元法解线性方程组**.

下面说明如何利用初等变换解一般的线性方程组.

对方程组（2–1），首先检查 $x_1$ 的系数，如果 $x_1$ 的系数 $a_{11},a_{21},\cdots,a_{m1}$ 全为零，那么方程组（2–1）对 $x_1$ 没有任何限制，$x_1$ 可取任意值，这时方程组（2–1）可看做 $x_2,x_3,\cdots,x_n$ 的方程组来求解. 因此设 $x_1$ 的系数不全为零，此时不妨设 $a_{11}\neq 0$，利用第三种初等变换，分别把第 1 个方程的 $-\dfrac{a_{i1}}{a_{11}}$ 倍加到第 $i$ 个方程 $(i=2,\cdots,m)$ 上，于是方程组（2–1）变成

$$\begin{cases} a_{11}x_1+a_{12}x_2+\cdots+a_{1n}x_n=b_1 \\ \qquad\quad a'_{22}x_2+\cdots+a'_{2n}x_n=b'_2 \\ \qquad\qquad\quad \vdots \\ \qquad\quad a'_{m2}x_2+\cdots+a'_{mn}x_n=b'_m \end{cases} \tag{2–3}$$

其中

$$a'_{ij}=a_{ij}-\frac{a_{i1}}{a_{11}}\bullet a_{1j}, i=2,\cdots,m, j=2,\cdots,n$$

这样，解方程组（2–1）的问题就归结为解方程组

$$\begin{cases} a'_{22}x_2+\cdots+a'_{2n}x_n=b'_2 \\ \vdots \\ a'_{m2}x_2+\cdots+a'_{mn}x_n=b'_m \end{cases} \tag{2–4}$$

的问题.

显然，方程组（2–4）的一个解代入方程组（2–3）的第一个方程就能定出 $x_1$ 的值，这样就得出了方程组（2–3）的一个解；而方程组（2–3）的解显然都是方程组（2–4）的解. 这就是说，方程组（2–3）有解的充分必要条件为方程组（2–4）有解，而方程组（2–3）与方程组（2–1）是同解的，因此方程组（2–1）有解的充分必要条件为方程组（2–4）有解.

对方程组（2–4）再按上面的步骤进行变换，并且一步步做下去，最后就得到一个**阶梯形方程组**（echelon system）. 为了讨论方便，不妨设所得的方程组为

$$\begin{cases} c_{11}x_1+c_{12}x_2+\cdots+c_{1r}x_r+\cdots+c_{1n}x_n=d_1 \\ \qquad\quad c_{22}x_2+\cdots+c_{2r}x_r+\cdots+c_{2n}x_n=d_2 \\ \qquad\qquad\qquad\qquad\qquad \vdots \\ \qquad\qquad\qquad c_{rr}x_r+\cdots+c_{rn}x_n=d_r \\ \qquad\qquad\qquad\qquad\qquad 0=d_{r+1} \\ \qquad\qquad\qquad\qquad\qquad 0=0 \\ \qquad\qquad\qquad\qquad\qquad \vdots \\ \qquad\qquad\qquad\qquad\qquad 0=0 \end{cases} \tag{2–5}$$

其中，$c_{ii} \neq 0(i=1,2,\cdots,r)$，方程组（2-5）中的"$0=0$"是一些恒等式，可以去掉，而且去掉它们不会影响方程组（2-5）的解.

因为方程组（2-5）是由方程组（2-1）经过方程组的初等变换得来的，所以方程组（2-1）与方程组（2-5）同解. 根据上面的分析，方程组（2-5）是否有解取决于第 $r+1$ 个方程

$$0=d_{r+1}$$

是否有解. 换句话说，取决于它是不是恒等式. 这就给出了判别方程组（2-1）是否有解的一个方法.

用初等变换把方程组（2-1）化成阶梯形方程组（2-5），方程组（2-1）有解的充分必要条件为 $d_{r+1}=0$.

在方程组有解的情况下，即当 $d_{r+1}=0$ 时，分两种情况来讨论求解.

（1）当 $r=n$ 时，这时阶梯形方程组为

$$\begin{cases} c_{11}x_1+c_{12}x_2+\cdots+c_{1n}x_n=d_1 \\ \qquad\quad c_{22}x_2+\cdots+c_{2n}x_n=d_2 \\ \qquad\qquad\qquad \vdots \\ \qquad\qquad\qquad c_{nn}x_n=d_n \end{cases} \tag{2-6}$$

其中 $c_{ii} \neq 0(i=1,2,\cdots,n)$. 由最后一个方程开始，$x_n,x_{n-1},\cdots,x_1$ 的值就可以通过回代逐个唯一地确定. 这种情况下，方程组（2-6）有唯一解，也即方程组（2-1）有唯一解.

例如，例 2.1 讨论过的方程组

$$\begin{cases} 2x_1-x_2+3x_3=1 \\ 4x_1+2x_2+5x_3=4 \\ 2x_1\qquad+2x_3=6 \end{cases}$$

经过一系列初等变换后，变成了阶梯形方程组

$$\begin{cases} 2x_1-x_2+3x_3=1 \\ \qquad x_2-x_3=5 \\ \qquad\qquad x_3=-6 \end{cases}$$

把 $x_3=-6$ 代入第二个方程，得

$$x_2=-1$$

再把 $x_3=-6, x_2=-1$ 代入第一个方程，即得

$$x_1=9$$

这就是说，上述方程组有唯一的解 $x_1=9$, $x_2=-1$, $x_3=-6$,用向量的形式表示为 $(9,-1,-6)^{\mathrm{T}}$.

（2）当 $r<n$ 时，求得阶梯形方程组为

$$\begin{cases} c_{11}x_1+c_{12}x_2+\cdots+c_{1r}x_r+c_{1,r+1}x_{r+1}+\cdots+c_{1n}x_n=d_1 \\ \qquad c_{22}x_2+\cdots+c_{2r}x_r+c_{2,r+1}x_{r+1}+\cdots+c_{2n}x_n=d_2 \\ \qquad\qquad \vdots \\ \qquad\qquad c_{rr}x_r+c_{r,r+1}x_{r+1}+\cdots+c_{rn}x_n=d_r \end{cases}$$

其中 $c_{ii}\neq 0\left(i=1,2,\cdots,r\right)$．把它改写成

$$\begin{cases} c_{11}x_1+c_{12}x_2+\cdots c_{1r}x_r=d_1-c_{1,r+1}x_{r+1}-\cdots-c_{1n}x_n \\ \qquad c_{22}x_2+\cdots c_{2r}x_r=d_2-c_{2,r+1}x_{r+1}-\cdots-c_{2n}x_n \\ \qquad\qquad \vdots \\ \qquad\qquad c_{rr}x_r=d_r-c_{r,r+1}x_{r+1}-\cdots-c_{rn}x_n \end{cases} \tag{2-7}$$

由此可见，任给 $x_{r+1},\cdots,x_n$ 一组值，就可以唯一地定出 $x_1,\cdots,x_r$ 的值，也就是定出方程组（2–7）的一个解．一般地，由方程组（2–7）可以把 $x_1,\cdots,x_r$ 通过 $x_{r+1},\cdots,x_n$ 表示出来，这样一组表达式称为方程组（2–1）的**通解**（或**一般解**，general solution），$x_1,\cdots,x_r$ 称为**基本变量**（basic variables），而 $x_{r+1},\cdots,x_n$ 称为**自由变量**（free variable）或称为**自由未知量**（unknown free variable），即 $x_{r+1},\cdots,x_n$ 可以任意取值．此时方程组有无穷多解．值得注意的是，这里自由未知量的个数为 $n-r$ 个．

---

**【例 2.2】**求解线性方程组

$$\begin{cases} 2x_1-x_2+3x_3=1 \\ 4x_1-2x_2+5x_3=4 \\ 2x_1-x_2+4x_3=-1 \end{cases}$$

**解**　用初等变换消去 $x_1$，得

$$\begin{cases} 2x_1-x_2+3x_3=1 \\ \qquad\quad -x_3=2 \\ \qquad\quad x_3=-2 \end{cases}$$

再执行一次初等变换，得

$$\begin{cases} 2x_1-x_2+3x_3=1 \\ \qquad\quad x_3=-2 \end{cases}$$

方程组可改写为

$$\begin{cases} 2x_1+3x_3=1+x_2 \\ \qquad x_3=-2 \end{cases}$$

最后得

$$\begin{cases} x_1 = \frac{1}{2}(7 + x_2) \\ x_2 = x_2 \\ x_3 = -2 \end{cases}$$

此即原方程组的通解，其中 $x_2$ 为自由变量.

---

从这个例子可以看出，一般线性方程组化成阶梯形，不一定就是方程组（2–5）的样子，但是只要把方程组中的某些项调动一下，总可以化成方程组（2–5）的样子.

注意，$r > n$ 的情形是不可能出现的.

把以上结果归纳一下，有：用初等变换化非齐次线性方程组为阶梯形方程组，把最后的一些恒等式“$0 = 0$”（如果出现）去掉．如果剩下方程中的最后一个等式是零等于一非零的数，那么方程组无解（也称为**不相容**（inconsistent）），否则有解（也称为**相容**（consistent））．在有解的情况下，如果阶梯形方程组中方程的个数等于未知量的个数，那么方程组有唯一解（unique solution）；如果阶梯形方程组中方程的个数小于未知量的个数，那么方程组就有无穷多个解.

把以上结果应用到**齐次**（homogeneous）**线性方程组**（即常数项全为零的线性方程组），就有如下定理.

**定理 2.1** 在齐次线性方程组

$$\begin{cases} a_{11}x_1 + a_{12}x_2 + \cdots + a_{1n}x_n = 0 \\ a_{21}x_1 + a_{22}x_2 + \cdots + a_{2n}x_n = 0 \\ \quad\vdots \\ a_{m1}x_1 + a_{m2}x_2 + \cdots + a_{mn}x_n = 0 \end{cases} \tag{2-8}$$

中，如果方程的个数 $m$ 小于未知量的个数 $n$，那么它必有非零解.

**证明** 显然，方程组在化成阶梯形方程组之后，方程的个数不会超过原方程组中方程的个数，即

$$r \leqslant m < n$$

由 $r < n$ 得知，它的解不是唯一的，而是有无穷多解，因此必有非零解.

可以看出，在用消元法解线性方程组的过程中，只是对每个方程的系数和常数项进行运算，而未知量并没有参加运算．因此，可以略去未知量而把方程组的系数和常数项分离出来，排成一个表，用这个表代替方程组，直接对这个表进行初等变换．为此，下面引入矩阵的概念.

## 2.3 矩阵与行最简型矩阵

显然，如果知道了一个线性方程组的全部系数和常数项，那么这个线性方程组就确定了，确切地说，线性方程组（2-1）可以用数表

$$\begin{bmatrix} a_{11} & a_{12} & \cdots & a_{1n} & b_1 \\ a_{21} & a_{22} & \cdots & a_{2n} & b_2 \\ \vdots & \vdots & & \vdots & \vdots \\ a_{m1} & a_{m2} & \cdots & a_{mn} & b_m \end{bmatrix} \tag{2-9}$$

来表示. 实际上，有了数表（2-9）之后，除去代表未知量的符号之外，线性方程组（2-1）就唯一确定了，而采用什么符号代表未知量当然不是实质性的. 例如，例 2.2 的线性方程组可以用数表

$$\begin{bmatrix} 2 & -1 & 3 & 1 \\ 4 & -2 & 5 & 4 \\ 2 & -1 & 4 & -1 \end{bmatrix}$$

来表示，称它为一个 3 行 4 列的矩阵或$3\times 4$矩阵.

矩阵的一般定义如下.

**定义 2.2** 由$m\times n$个数$a_{ij}(i=1,2,\cdots,m;\ j=1,2,\cdots,n)$按给定次序排成的$m$行$n$列的数表

$$\begin{bmatrix} a_{11} & a_{12} & \cdots & a_{1n} \\ a_{21} & a_{22} & \cdots & a_{2n} \\ \vdots & \vdots & & \vdots \\ a_{m1} & a_{m2} & \cdots & a_{mn} \end{bmatrix}$$

称为一个$m$行$n$列的**矩阵**（matrix）或$m\times n$矩阵，其中$a_{ij}$叫作这个矩阵的第$i$行第$j$列的**元素**，简称$(i,j)$元.

与向量组类似，通常也用大写英文字母表示矩阵. 若记上述矩阵为$\boldsymbol{A}$，因为矩阵$\boldsymbol{A}$中第$i$行第$j$列元素为$a_{ij}$，则矩阵$\boldsymbol{A}$又通常简写为

$$\boldsymbol{A}=\left(a_{ij}\right)_{m\times n}$$

当$m=n$时，矩阵$\boldsymbol{A}=\left(a_{ij}\right)_{m\times n}$称为$n$阶矩阵或$n$阶方阵（square matrix）.

英国数学家凯莱（A. Cayley，1821—1895）被公认为是矩阵论的创立者，因为他首先把矩阵作为一个独立的数学概念提出来，并系统地阐述了有关矩阵的理论. 矩阵广泛

应用于自然科学各领域，如线性电路、自动控制、网络、编码、线性规划等．把线性方程组（2-1）的系数所组成的矩阵

$$\boldsymbol{A}=\begin{bmatrix} a_{11} & a_{12} & \cdots & a_{1n} \\ a_{21} & a_{22} & \cdots & a_{2n} \\ \vdots & \vdots & & \vdots \\ a_{m1} & a_{m2} & \cdots & a_{mn} \end{bmatrix}$$

称为线性方程组（2-1）的**系数矩阵**（matrix of coefficients），而线性方程组（2-1）的系数及常数项所组成的矩阵

$$\tilde{\boldsymbol{A}}=\begin{bmatrix} a_{11} & a_{12} & \cdots & a_{1n} & b_1 \\ a_{21} & a_{22} & \cdots & a_{2n} & b_2 \\ \vdots & \vdots & & \vdots & \vdots \\ a_{m1} & a_{m2} & \cdots & a_{mn} & b_m \end{bmatrix}$$

称为方程组（2-1）的**增广矩阵**（augmented matrix）．

如果知道了线性方程组的全部系数和常数项，那么这个线性方程组就完全确定了，也就是说，线性方程组（2-1）可由它的增广矩阵来表示．

对照线性方程组的初等变换，引入矩阵的初等变换．

**定义 2.3** 矩阵的**行初等变换**（elementary row operation）指的是对一个矩阵施行下列变换：

（1）交换矩阵的两行；

（2）以一个非零的数 $k$ 乘矩阵某一行的所有元素；

（3）把矩阵某一行的若干倍加到另一行上去．

类似于矩阵的行初等变换，可以定义矩阵的**列初等变换**（elementary column operation），即

（1）交换矩阵的两列；

（2）把矩阵的某一列的元素乘以一个非零的数 $k$；

（3）把矩阵某一列的若干倍加到另一列上去．

把矩阵的行初等变换、列初等变换统称为**矩阵的初等变换**．类似于方程组的同解变换，矩阵的这三种初等变换也分别称为交换变换、倍乘变换和倍加变换．

**定义 2.4**（1）若一个矩阵满足：①每一个非零行都在零行的上面；②非零行的首个非零元素所在列在上一行（如果存在）的首个非零元素所在列的右边，则称此矩阵为**行阶梯形**（row echelon form）**矩阵**；

（2）若一个行阶梯形矩阵满足：①非零行的首个非零元素为 1；②首个非零元素所在列的其他元素均为 0，则称此矩阵为**行最简型**（reduced row echelon form）**矩阵**．

例如下列矩阵

$$\begin{bmatrix}2&1\\0&2\end{bmatrix},\begin{bmatrix}-2&1&4\\0&3&2\\0&0&1\end{bmatrix},\begin{bmatrix}2&1&4\\0&0&-2\\0&0&0\end{bmatrix},\begin{bmatrix}1&3&1&0\\0&0&5&2\\0&0&0&0\end{bmatrix}$$

为行阶梯形矩阵，而下列矩阵

$$\begin{bmatrix}1&0\\0&1\end{bmatrix},\begin{bmatrix}1&0&0&3\\0&1&0&2\\0&0&1&1\end{bmatrix},\begin{bmatrix}0&1&2&0\\0&0&0&1\\0&0&0&0\end{bmatrix},\begin{bmatrix}1&2&0&1\\0&0&1&3\\0&0&0&0\end{bmatrix}$$

为行最简型矩阵.

这样，对线性方程组（2–1）施以初等变换就相当于对其增广矩阵 $\tilde{\boldsymbol{A}}$ 施以相应的行初等变换. 因此用初等变换化方程组（2–1）成阶梯形方程组相当于用行初等变换化增广矩阵成阶梯形矩阵，所以解线性方程组的工作可以通过简化其增广矩阵 $\tilde{\boldsymbol{A}}$ 成阶梯形来达到，从简化后的阶梯形矩阵就可以判别线性方程组是有解还是无解. 在有解的情况下，回到阶梯形方程组中可求得其解.

---

**【例 2.3】** 设线性方程组的增广矩阵 $\tilde{\boldsymbol{A}}=\begin{bmatrix}1&2&1&3\\2&4&3&1\\3&6&6&2\end{bmatrix}$，试用初等行变换解之.

**解** 把增广矩阵第 1 行的（−2）倍加到第 2 行，得

$$\begin{bmatrix}1&2&1&3\\0&0&1&-5\\3&6&6&2\end{bmatrix}$$

再将第 1 行的（−3）倍加到第 3 行

$$\begin{bmatrix}1&2&1&3\\0&0&1&-5\\0&0&3&-7\end{bmatrix}$$

最后，将矩阵的第 2 行的（−3）倍加到第 3 行，得行阶梯形矩阵

$$\begin{bmatrix}1&2&1&3\\0&0&1&-5\\0&0&0&8\end{bmatrix}$$

增广矩阵有 4 列，所以原方程组中有 3 个变量，经初等变换化简得到的方程组为

$$\begin{cases}x_1+2x_2+x_3=3\\ \qquad\qquad x_3=-5\\ \qquad\qquad\ 0=8\end{cases}$$

由此可以看出，原方程组是无解的.

【例 2.4】求线性方程组的通解，该方程组的增广矩阵为

$$\begin{bmatrix} 2 & -1 & -1 & 1 & 2 \\ 6 & 9 & 3 & -3 & 6 \\ 1 & 1 & -2 & 1 & 4 \\ 3 & 6 & -9 & 7 & 9 \end{bmatrix}$$

**解** 交换增广矩阵的第 1 行和第 3 行，同时第 2 行乘$\frac{1}{3}$，得

$$\begin{bmatrix} 1 & 1 & -2 & 1 & 4 \\ 2 & -3 & 1 & -1 & 2 \\ 2 & -1 & -1 & 1 & 2 \\ 3 & 6 & -9 & 7 & 9 \end{bmatrix}$$

把第 3 行的（$-1$）倍加到第 2 行，同时把第 1 行的（$-2$）倍加到第 3 行，第 1 行的（$-3$）倍加到第 4 行，得

$$\begin{bmatrix} 1 & 1 & -2 & 1 & 4 \\ 0 & -2 & 2 & -2 & 0 \\ 0 & -3 & 3 & -1 & -6 \\ 0 & 3 & -3 & 4 & -3 \end{bmatrix}$$

把第 2 行乘$-\frac{1}{2}$，同时把第 3 行加到第 4 行，得

$$\begin{bmatrix} 1 & 1 & -2 & 1 & 4 \\ 0 & 1 & -1 & 1 & 0 \\ 0 & -3 & 3 & -1 & -6 \\ 0 & 0 & 0 & 3 & -9 \end{bmatrix}$$

把第 2 行的 3 倍加到第 3 行，同时把第 2 行的（$-1$）倍加到第 1 行，第 4 行乘$\frac{1}{3}$，得

$$\begin{bmatrix} 1 & 0 & -1 & 0 & 4 \\ 0 & 1 & -1 & 1 & 0 \\ 0 & 0 & 0 & 2 & -6 \\ 0 & 0 & 0 & 1 & -3 \end{bmatrix}$$

把第 4 行的（$-1$）倍加到第 2 行，同时把第 4 行的（$-2$）倍加到第 3 行，然后再交换第 3 行和第 4 行，可变换为行最简型矩阵

$$\begin{bmatrix} 1 & 0 & -1 & 0 & 4 \\ 0 & 1 & -1 & 0 & 3 \\ 0 & 0 & 0 & 1 & -3 \\ 0 & 0 & 0 & 0 & 0 \end{bmatrix}$$

由此可知，与原方程同解的简单方程组为

$$\begin{cases} x_1 \quad\;\; - x_3 \quad = 4 \\ \quad\;\; x_2 - x_3 \quad = 3 \\ \qquad\qquad\quad x_4 = -3 \\ \qquad\qquad\quad\; 0 = 0 \end{cases}$$

该方程组含有三个有效方程，最后一个方程“0=0”可以不写出，说明原来的方程组中有一个多余的方程. 虽然不是必须，但一般会取行最简型矩阵中，与每一行首个非零元素对应的未知量作为基本变量（例如这里的 $x_1$，$x_2$ 和 $x_4$），其余变量（$x_3$）为自由变量. 把自由变量放在等号右边，得原方程组的通解为

$$\begin{cases} x_1 = x_3 + 4 \\ x_2 = x_3 + 3 \\ x_3 = x_3 \\ x_4 = -3 \end{cases}$$

---

## 2.4 线性方程组的解

前面已经讨论了线性方程组什么时候有解及如何求解的问题，本节将讨论解的形式和相关问题.

线性方程组（2−1）的系数矩阵 $\boldsymbol{A} = \left(a_{ij}\right)_{m\times n}$ 既可以看成是由 $m$ 个 $n$ 维行向量组成的行向量组，也可以看成是由 $n$ 个 $m$ 维列向量组成的列向量组，这样线性方程组（2−1）的解存在等价于方程组右端的常数向量 $\boldsymbol{b}$ 可以由系数矩阵 $\boldsymbol{A}$ 对应的列向量组线性表示，相应的解即为向量 $\boldsymbol{b}$ 由矩阵 $\boldsymbol{A}$ 对应的列向量组线性表示的系数. 对应的齐次线性方程组（2−8）的非零解存在等价于零向量可以由系数矩阵 $\boldsymbol{A}$ 对应的列向量组线性表示，即系数矩阵 $\boldsymbol{A}$ 对应的列向量组线性相关.

---

**【例 2.5】** 求解齐次线性方程组

$$\begin{cases} x_1 + 2x_2 + 2x_3 + x_4 = 0 \\ 2x_1 + x_2 - 2x_3 - 2x_4 = 0 \\ x_1 - x_2 - 4x_3 - 3x_4 = 0 \end{cases}$$

**解** 对方程组的系数矩阵施以行初等变换

$$\boldsymbol{A} = \begin{bmatrix} 1 & 2 & 2 & 1 \\ 2 & 1 & -2 & -2 \\ 1 & -1 & -4 & -3 \end{bmatrix} \to \begin{bmatrix} 1 & 2 & 2 & 1 \\ 0 & -3 & -6 & -4 \\ 0 & -3 & -6 & -4 \end{bmatrix} \to \begin{bmatrix} 1 & 2 & 2 & 1 \\ 0 & -3 & -6 & -4 \\ 0 & 0 & 0 & 0 \end{bmatrix} \to \begin{bmatrix} 1 & 0 & -2 & -\frac{5}{3} \\ 0 & 1 & 2 & \frac{4}{3} \\ 0 & 0 & 0 & 0 \end{bmatrix}$$

由此可以得到与原方程组同解的方程组

$$\begin{cases} x_1 \quad - 2x_3 - \dfrac{5}{3}x_4 = 0 \\ x_2 + 2x_3 + \dfrac{4}{3}x_4 = 0 \end{cases}$$

由此即得

$$\begin{cases} x_1 = 2x_3 + \dfrac{5}{3}x_4 \\ x_2 = -2x_3 - \dfrac{4}{3}x_4 \end{cases} (x_3, x_4 \text{为自由未知量})$$

令 $x_3 = c_1$， $x_4 = c_2$，把方程组的解写成通常的参数形式

$$\begin{cases} x_1 = \quad 2c_1 + \dfrac{5}{3}c_2 \\ x_2 = -2c_1 - \dfrac{4}{3}c_2 \\ x_3 = \quad c_1 \\ x_4 = \qquad c_2 \end{cases}$$

其中 $c_1, c_2$ 为任意实数. 当 $c_1, c_2$ 取所有可能的值时，上式给出方程组的全部解，也称其为方程组的通解（general solution）. 方程组的通解也可以写成向量的线性组合的形式

$$\begin{bmatrix} x_1 \\ x_2 \\ x_3 \\ x_4 \end{bmatrix} = \begin{bmatrix} 2c_1 + \frac{5}{3}c_2 \\ -2c_1 - \frac{4}{3}c_2 \\ c_1 \\ c_2 \end{bmatrix} = c_1 \begin{bmatrix} 2 \\ -2 \\ 1 \\ 0 \end{bmatrix} + c_2 \begin{bmatrix} \frac{5}{3} \\ -\frac{4}{3} \\ 0 \\ 1 \end{bmatrix} (c_1, c_2 \in \mathbf{R})$$

记 $\boldsymbol{\xi}=(2,-2,1,0)^{\mathrm{T}}$，$\boldsymbol{\eta}=\left(\frac{5}{3},-\frac{4}{3},0,1\right)^{\mathrm{T}}$，则 $\boldsymbol{\xi}$ 和 $\boldsymbol{\eta}$ 的任意线性组合均为原齐次线性方程组的解.

---

由向量空间的概念可知，齐次线性方程组的解构成一个向量空间，一般也称为齐次线性方程组的**解空间**（solution space）或系数矩阵 $\boldsymbol{A}$ 的**零空间**（null space）或**核**（kernel），零空间的维数称为**零度**（nullity）.

---

**【例 2.6】** 设 $\boldsymbol{v}_1=\begin{bmatrix}1\\2\\3\end{bmatrix},\boldsymbol{v}_2=\begin{bmatrix}4\\5\\6\end{bmatrix},\boldsymbol{v}_3=\begin{bmatrix}2\\1\\0\end{bmatrix}$，问向量组 $(\boldsymbol{v}_1,\boldsymbol{v}_2,\boldsymbol{v}_3)$ 是否线性相关？如果可能，求出向量组 $(\boldsymbol{v}_1,\boldsymbol{v}_2,\boldsymbol{v}_3)$ 的一个线性相关关系.

**解**　令向量组 $(\boldsymbol{v}_1,\boldsymbol{v}_2,\boldsymbol{v}_3)$ 的线性组合 $x_1\boldsymbol{v}_1+x_2\boldsymbol{v}_2+x_3\boldsymbol{v}_3=\boldsymbol{0}$，即

$$\begin{bmatrix}x_1+4x_2+2x_3\\2x_1+5x_2+\ \ x_3\\3x_1+6x_2\end{bmatrix}=\begin{bmatrix}0\\0\\0\end{bmatrix}$$

也即齐次方程组

$$\begin{cases}x_1+4x_2+2x_3=0\\2x_1+5x_2+x_3=0\\3x_1+6x_2\qquad\ =0\end{cases}$$

显然 $x_1=x_2=x_3=0$ 是此方程组的解. 为判断此齐次方程组是否有非零解，对此方程组的系数矩阵进行行初等变换

$$\boldsymbol{A}=\begin{bmatrix}1&4&2\\2&5&1\\3&6&0\end{bmatrix}\to\begin{bmatrix}1&4&2\\0&-3&-3\\0&-6&-6\end{bmatrix}\to\begin{bmatrix}1&4&2\\0&1&1\\0&0&0\end{bmatrix}$$

取 $x_1,x_2$ 为基本变量，$x_3$ 为自由变量，显然方程组有非零解，因此向量组 $(\boldsymbol{v}_1,\boldsymbol{v}_2,\boldsymbol{v}_3)$ 线性相关.

为了求出向量组 $(\boldsymbol{v}_1,\boldsymbol{v}_2,\boldsymbol{v}_3)$ 的线性相关关系，继续进行行化简，直到化为行最简型矩阵，并写出简化后的方程组.

系数矩阵 $\boldsymbol{A}$ 的行最简型矩阵为 $\begin{bmatrix}1&0&-2\\0&1&1\\0&0&0\end{bmatrix}$，其对应的线性方程组为

$$\begin{cases} x_1 - 2x_3 = 0 \\ x_2 + x_3 = 0 \\ 0 = 0 \end{cases}$$

解之得 $x_1 = 2x_3$， $x_2 = -x_3$， $x_3$ 为自由变量.

若选取 $x_3 = 1$，则 $x_1 = 2, x_2 = -1$，把这些值代入最初的线性组合，得

$$2\boldsymbol{v}_1 - \boldsymbol{v}_2 + \boldsymbol{v}_3 = \mathbf{0}$$

这就是向量组$(\boldsymbol{v}_1, \boldsymbol{v}_2, \boldsymbol{v}_3)$的一个可能线性相关关系.

其实 $2x_3\boldsymbol{v}_1 - x_3\boldsymbol{v}_2 + x_3\boldsymbol{v}_3 = \mathbf{0}$（$x_3$ 为任意非零常数）都是向量组的可能线性相关关系.

---

**【例 2.7】** 求解线性方程组

$$\begin{cases} 2x_1 - x_2 + 3x_3 = 1 \\ 4x_1 - 2x_2 + 5x_3 = 4 \\ 2x_1 - x_2 + 4x_3 = 0 \end{cases}$$

**解** 对此方程组的增广矩阵施行行初等变换：

$$\tilde{\boldsymbol{A}} = \begin{bmatrix} 2 & -1 & 3 & 1 \\ 4 & -2 & 5 & 4 \\ 2 & -1 & 4 & 0 \end{bmatrix} \to \begin{bmatrix} 2 & -1 & 3 & 1 \\ 0 & 0 & -1 & 2 \\ 0 & 0 & 1 & -1 \end{bmatrix} \to \begin{bmatrix} 2 & -1 & 3 & 1 \\ 0 & 0 & -1 & 2 \\ 0 & 0 & 0 & 1 \end{bmatrix}$$

这里第 1 个箭头表示将矩阵的第 1 行的$(-2)$倍加到了第 2 行上，同时把第 1 行的$(-1)$倍加到了第 3 行上所得到的新矩阵，这个新矩阵与原来的矩阵已不一样，所以不能用等号. 而第 2 个箭头表示把刚才所得到的新矩阵的第 2 行加到了第 3 行上得到一个阶梯形矩阵.

从阶梯形矩阵的最后一行可以看出，原方程组无解，因为此时的最后一行所代表的方程应为 $0 = 1$.

---

**【例 2.8】** 求解非齐次线性方程组

$$\begin{cases} 2x_1 + x_2 - 2x_3 + 3x_4 = 4 \\ 3x_1 + 2x_2 - x_3 + 2x_4 = 6 \\ 3x_1 + 3x_2 + 3x_3 - 3x_4 = 6 \end{cases}$$

**解** 对方程组的增广矩阵施行行初等变换

$$\tilde{\boldsymbol{A}} = \begin{bmatrix} 2 & 1 & -2 & 3 & 4 \\ 3 & 2 & -1 & 2 & 6 \\ 3 & 3 & 3 & -3 & 6 \end{bmatrix} \to \begin{bmatrix} 3 & 3 & 3 & -3 & 6 \\ 3 & 2 & -1 & 2 & 6 \\ 2 & 1 & -2 & 3 & 4 \end{bmatrix}$$

$$\rightarrow\begin{bmatrix}1&1&1&-1&2\\3&2&-1&2&6\\2&1&-2&3&4\end{bmatrix}\rightarrow\begin{bmatrix}1&1&1&-1&2\\0&-1&-4&5&0\\0&-1&-4&5&0\end{bmatrix}$$

$$\rightarrow\begin{bmatrix}1&1&1&-1&2\\0&-1&-4&5&0\\0&0&0&0&0\end{bmatrix}\rightarrow\begin{bmatrix}1&0&-3&4&2\\0&1&4&-5&0\\0&0&0&0&0\end{bmatrix}$$

此时，增广矩阵化为行最简型矩阵所对应的方程组为

$$\begin{cases}x_1 \quad -3x_3+4x_4=2\\ \quad x_2+4x_3-5x_4=0\end{cases}$$

即

$$\begin{cases}x_1=\ \ 3x_3-4x_4+2\\ x_2=-4x_3+5x_4\end{cases}$$

令 $x_3=c_1,x_4=c_2$，方程组的解可表示为

$$\begin{bmatrix}x_1\\x_2\\x_3\\x_4\end{bmatrix}=\begin{bmatrix}3c_1-4c_2+2\\-4c_1+5c_2\\c_1\\c_2\end{bmatrix}=c_1\begin{bmatrix}3\\-4\\1\\0\end{bmatrix}+c_2\begin{bmatrix}-4\\5\\0\\1\end{bmatrix}+\begin{bmatrix}2\\0\\0\\0\end{bmatrix}\quad(c_1,c_2\in\mathbf{R})$$

---

**【例 2.9】**设 3 维空间中的三个平面方程为

$$\Pi_1:\ x+2y+az=1$$
$$\Pi_2:\ x+y+2z=b$$
$$\Pi_3:\ 4x+5y+10z=-1$$

试讨论这三个平面在空间中的位置关系.

**解**　本例相当于讨论线性方程组

$$\begin{cases}x+2y+az=-1\\ x+y+2z=b\\ 4x+5y+10z=-1\end{cases}$$

的解的情况. 用行初等变换将方程组的增广矩阵化为行阶梯形矩阵

$$\tilde{\boldsymbol{A}}=\begin{bmatrix}1&2&a&-1\\1&1&2&b\\4&5&10&-1\end{bmatrix}\rightarrow\begin{bmatrix}1&2&a&-1\\0&-1&2-a&b+1\\0&-3&10-4a&3\end{bmatrix}\rightarrow\begin{bmatrix}1&2&a&-1\\0&-1&2-a&b+1\\0&0&4-a&-3b\end{bmatrix}$$

根据增广矩阵化简得到的阶梯形矩阵可知，

① 当 $a=4,b\neq 0$ 时，方程组无解，此时空间中的三个平面没有公共的交点；

② 当 $a\neq 4$ 时，方程组有唯一解，此时三个平面在空间中交于一点；

③ 当 $a=4,b=0$ 时，方程组中有一个自由变量，此时三个平面相交于一条直线.

---

**【例 2.10】** 给定向量组 $A:\boldsymbol{\alpha}_1=\begin{bmatrix}1\\2\\1\end{bmatrix},\boldsymbol{\alpha}_2=\begin{bmatrix}1\\3\\a\end{bmatrix},\boldsymbol{\alpha}_3=\begin{bmatrix}-1\\a\\3\end{bmatrix}$ 和向量 $\boldsymbol{\beta}=\begin{bmatrix}1\\3\\2\end{bmatrix}$，问 $a$ 为何值时：

（1）向量 $\boldsymbol{\beta}$ 不能由向量组 $A$ 线性表示；

（2）向量 $\boldsymbol{\beta}$ 能由向量组 $A$ 线性表示，且表示式唯一；

（3）向量 $\boldsymbol{\beta}$ 能由向量组 $A$ 表示，且表示式不唯一，并求一般表示式.

**解** 设 $x\boldsymbol{\alpha}_1+y\boldsymbol{\alpha}_2+z\boldsymbol{\alpha}_3=\boldsymbol{\beta}$，即

$$\begin{cases}x+y-z=1\\2x+3y+az=3\\x+ay+3z=2\end{cases}$$

因此，向量 $\boldsymbol{\beta}$ 能否由向量组 $A$ 线性表示的问题便转化为方程组是否有解的问题. 对方程组的增广矩阵施行行初等变换：

$$\tilde{\boldsymbol{A}}=\begin{bmatrix}1&1&-1&1\\2&3&a&3\\1&a&3&2\end{bmatrix}\to\begin{bmatrix}1&1&-1&1\\0&1&a+2&1\\0&0&(a+3)(2-a)&2-a\end{bmatrix}$$

由此可知：① 当 $a=-3$ 时（此时最后一行所代表的方程为“$0=5$”），方程组无解，这意味着向量 $\boldsymbol{\beta}$ 不能由向量组 $A$ 线性表示；

② 当 $a\neq -3$ 且 $a\neq 2$ 时，方程组有唯一解，则向量 $\boldsymbol{\beta}$ 能由向量组 $A$ 线性表示，且表示式唯一；

③ 当 $a=2$ 时，方程组存在自由变量，会有无穷多解，此时向量 $\boldsymbol{\beta}$ 能由向量组 $A$ 线性表示，且表示式不唯一.

当 $a=2$ 时：$\tilde{\boldsymbol{A}}=\begin{bmatrix}1&1&-1&1\\2&3&2&3\\1&2&3&2\end{bmatrix}\to\begin{bmatrix}1&1&-1&1\\0&1&4&1\\0&0&0&0\end{bmatrix}\to\begin{bmatrix}1&0&-5&0\\0&1&4&1\\0&0&0&0\end{bmatrix}$

方程组的通解为

$$\begin{cases}x=5c\\y=1-4c\\z=c\end{cases}(c\in\mathbf{R})\text{ 或 }\begin{bmatrix}x\\y\\z\end{bmatrix}=\begin{bmatrix}0\\1\\0\end{bmatrix}+c\begin{bmatrix}5\\-4\\1\end{bmatrix}(c\in\mathbf{R})$$

因此，向量 $\boldsymbol{\beta}$ 可由向量组 $A$ 线性表示为

$$\boldsymbol{\beta} = 5c\boldsymbol{\alpha}_1 + (1-4c)\boldsymbol{\alpha}_2 + c\boldsymbol{\alpha}_3$$

其中，$c$ 为任意的常数.

# 习　题　2

1. 用高斯消元法求解下列线性方程组.

（1）$\begin{cases} x_1 + 5x_2 = 7 \\ -2x_1 - 7x_2 = -5 \end{cases}$　　（2）$\begin{cases} 2x_1 + 4x_2 = -4 \\ 5x_1 + 7x_2 = 11 \end{cases}$

（3）$\begin{cases} x_1 - 3x_3 = 8 \\ 2x_1 + 2x_2 + 9x_3 = 7 \\ x_2 + 5x_3 = -2 \end{cases}$　　（4）$\begin{cases} x_1 - 3x_2 + 4x_3 = -4 \\ 3x_1 - 7x_2 + 7x_3 = -8 \\ -4x_1 + 6x_2 - x_3 = 7 \end{cases}$

2. 用行初等变换将下列矩阵化为行阶梯形矩阵.

（1）$\begin{bmatrix} 1 & 2 & 3 \\ 2 & 3 & -5 \\ 4 & 7 & 1 \end{bmatrix}$　　（2）$\begin{bmatrix} 1 & 0 & 2 & -1 \\ 2 & 0 & 3 & 1 \\ 3 & 0 & 4 & 3 \end{bmatrix}$

（3）$\begin{bmatrix} 3 & 1 & 0 & 2 \\ 1 & -1 & 2 & -1 \\ 1 & 3 & -4 & 4 \end{bmatrix}$　　（4）$\begin{bmatrix} 1 & 3 & 12 \\ 4 & 7 & 7 \\ 3 & 6 & 9 \\ 2 & -3 & 3 \end{bmatrix}$

3. 用初等变换将下列矩阵化为行最简型矩阵.

（1）$\begin{bmatrix} 3 & 2 & 1 \\ 3 & 1 & 5 \\ 3 & 2 & 3 \end{bmatrix}$　　（2）$\begin{bmatrix} 0 & -2 & 1 & 1 & 0 & 0 \\ 3 & 0 & -2 & 0 & 1 & 0 \\ -2 & 3 & 0 & 0 & 0 & 1 \end{bmatrix}$

（3）$\begin{bmatrix} 3 & -2 & 0 & -1 \\ 0 & 2 & 2 & 1 \\ 1 & -2 & -3 & -2 \\ 0 & 1 & 2 & 1 \end{bmatrix}$　　（4）$\begin{bmatrix} 2 & 3 & 1 & -3 & -7 \\ 1 & 2 & 0 & -2 & -4 \\ 3 & -2 & 8 & 3 & 0 \\ 2 & -3 & 7 & 4 & 3 \end{bmatrix}$

4. 不必解出方程组，判断下列方程组是否相容.

（1）$\begin{cases} x_1 + 3x_3 = 2 \\ 2x_2 - 3x_4 = 3 \\ -2x_2 + 3x_3 + 2x_4 = 1 \\ 3x_1 + 7x_4 = -5 \end{cases}$　　（2）$\begin{cases} x_1 - 2x_4 = -3 \\ 2x_2 + 2x_3 = 0 \\ x_3 + 3x_4 = 1 \\ -2x_1 + 3x_2 + 2x_3 + x_4 = 5 \end{cases}$

5. 确定$\lambda$的值，使齐次线性方程组

$$\begin{cases} x_1 - 3x_3 = 0 \\ x_1 + 2x_2 + \lambda x_3 = 0 \\ 2x_1 + \lambda x_2 - x_3 = 0 \end{cases}$$

（1）只有零解；（2）有非零解．

6. 三条直线$x-4y=1, 2x-y=-3, -x-3y=4$是否有一个交点？请解释．

7. 三个平面$x+2y+z=4, y-z=1, x+3y=0$是否至少有一个交点？为什么？请解释．

8. 已知平面上三条不同的直线方程分别为

$$l_1: x-2y=0,\quad l_2: x+2y=4,\quad l_3: x-y=a$$

问$a$为何值时三条直线交于一点？

9. 求解下列齐次线性方程组．

（1）$\begin{cases} x_1 + x_2 + 2x_3 - x_4 = 0 \\ 2x_1 + x_2 + x_3 - x_4 = 0 \\ 2x_1 + 2x_2 + x_3 + 2x_4 = 0 \end{cases}$

（2）$\begin{cases} x_1 + 2x_2 + x_3 - x_4 = 0 \\ 3x_1 + 6x_2 - x_3 - 3x_4 = 0 \\ 5x_1 + 10x_2 + x_3 - 5x_4 = 0 \end{cases}$

（3）$\begin{cases} 2x_1 + 3x_2 - x_3 - 7x_4 = 0 \\ 3x_1 + x_2 + 2x_3 - 7x_4 = 0 \\ 4x_1 + x_2 - 3x_3 + 6x_4 = 0 \\ x_1 - 2x_2 + 5x_3 - 5x_4 = 0 \end{cases}$

（4）$\begin{cases} x_1 + x_2 + x_3 + 4x_4 - 3x_5 = 0 \\ x_1 - x_2 + 3x_3 - 2x_4 - x_5 = 0 \\ 2x_1 + x_2 + 3x_3 + 5x_4 - 5x_5 = 0 \\ 3x_1 + x_2 + 5x_3 + 6x_4 - 7x_5 = 0 \end{cases}$

10. 求解下列非齐次线性方程组．

（1）$\begin{cases} x_1 - x_2 + x_3 = 1 \\ x_1 - x_2 - x_3 = 3 \\ 2x_1 - 2x_2 - x_3 = 5 \end{cases}$

（2）$\begin{cases} x_1 - 5x_2 - 2x_3 = 4 \\ 2x_1 - 3x_2 + x_3 = 7 \\ -x_1 + 12x_2 + 7x_3 = -5 \\ x_1 + 16x_2 + 13x_3 = -1 \end{cases}$

（3）$\begin{cases} 2x_1 - 3x_2 + x_3 + 5x_4 = 6 \\ -3x_1 + x_2 + 2x_3 - 4x_4 = 5 \\ -x_1 - 2x_2 + 3x_3 + x_4 = 11 \end{cases}$

（4）$\begin{cases} x_1 + x_2 - x_3 + 4x_4 = 1 \\ 2x_1 + x_2 + x_3 + 6x_4 = 1 \\ 4x_1 + 2x_2 + 2x_3 + 12x_4 = 2 \end{cases}$

（5）$\begin{cases} x_1 + 2x_2 + 5x_3 = 11 \\ 2x_1 - x_2 + 6x_3 = 19 \\ 3x_1 + 10x_2 + 2x_3 = 3 \\ -x_1 + 3x_2 - x_3 = -8 \end{cases}$

（6）$\begin{cases} 2x_1 + x_2 - x_3 + x_4 = 1 \\ x_1 - x_2 + 2x_3 - x_4 = 2 \\ x_1 + x_2 - x_3 + x_4 = 1 \\ 3x_1 + x_2 - x_3 + 2x_4 = 0 \end{cases}$

11. $a$为何值时，下列线性方程组有解？当有解时，求出它的所有解．

（1）$\begin{cases} x_1 - 4x_2 + 2x_3 = -1 \\ -x_1 + 11x_2 - x_3 = 3 \\ 3x_1 - 5x_2 + 7x_3 = a \end{cases}$

（2）$\begin{cases} x_1 + x_2 + x_3 = 3 \\ 2x_1 + x_2 - ax_3 = 9 \\ x_1 - 2x_2 - 3x_3 = -6 \end{cases}$

（3）$\begin{cases} 3x_1 + x_2 - x_3 - 2x_4 = 2 \\ x_1 - 5x_2 + 2x_3 + x_4 = -1 \\ 2x_1 + 6x_2 - 3x_3 - 3x_4 = a+1 \\ -x_1 - 11x_2 + 5x_3 + 4x_4 = -4 \end{cases}$

12. 确定 $\boldsymbol{b}$ 能否写成 $\boldsymbol{a}_1$ 和 $\boldsymbol{a}_2$ 的线性组合．

（1）$\boldsymbol{a}_1 = \begin{bmatrix} 1 \\ 1 \\ 1 \end{bmatrix}, \boldsymbol{a}_2 = \begin{bmatrix} 2 \\ 2 \\ 3 \end{bmatrix}, \boldsymbol{b} = \begin{bmatrix} 3 \\ 3 \\ 5 \end{bmatrix}$　　（2）$\boldsymbol{a}_1 = \begin{bmatrix} 1 \\ -2 \\ -5 \end{bmatrix}, \boldsymbol{a}_2 = \begin{bmatrix} 2 \\ 5 \\ 6 \end{bmatrix}, \boldsymbol{b} = \begin{bmatrix} 7 \\ 4 \\ -3 \end{bmatrix}$

13. 确定 $\boldsymbol{b}$ 是否是 $\boldsymbol{a}_1, \boldsymbol{a}_2, \boldsymbol{a}_3$ 的线性组合．

（1）$\boldsymbol{a}_1 = \begin{bmatrix} 1 \\ -2 \\ 0 \end{bmatrix}, \boldsymbol{a}_2 = \begin{bmatrix} 0 \\ 1 \\ 2 \end{bmatrix}, \boldsymbol{a}_3 = \begin{bmatrix} 5 \\ -6 \\ 8 \end{bmatrix}, \boldsymbol{b} = \begin{bmatrix} 2 \\ -1 \\ 6 \end{bmatrix}$

（2）$\boldsymbol{a}_1 = \begin{bmatrix} 1 \\ -2 \\ 2 \end{bmatrix}, \boldsymbol{a}_2 = \begin{bmatrix} 0 \\ 5 \\ 5 \end{bmatrix}, \boldsymbol{a}_3 = \begin{bmatrix} 2 \\ 0 \\ 8 \end{bmatrix}, \boldsymbol{b} = \begin{bmatrix} -5 \\ 11 \\ -7 \end{bmatrix}$

14. 设 $\boldsymbol{a}_1 = (1,1,1)^{\mathrm{T}}$， $\boldsymbol{a}_2 = (1,2,3)^{\mathrm{T}}$， $\boldsymbol{a}_3 = (1,3,t)^{\mathrm{T}}$，

（1）问当 $t$ 为何值时，向量组 $\boldsymbol{a}_1, \boldsymbol{a}_2, \boldsymbol{a}_3$ 线性无关？

（2）问当 $t$ 为何值时，向量组 $\boldsymbol{a}_1, \boldsymbol{a}_2, \boldsymbol{a}_3$ 线性相关？

15. 确定 $\boldsymbol{b}$ 是否是矩阵 $\boldsymbol{A}$ 的各列向量的线性组合．

（1）$\boldsymbol{A} = \begin{bmatrix} 1 & -4 & 2 \\ 0 & 3 & 5 \\ -2 & 8 & -4 \end{bmatrix}, \boldsymbol{b} = \begin{bmatrix} -3 \\ 7 \\ -3 \end{bmatrix}$　　（2）$\boldsymbol{A} = \begin{bmatrix} 1 & -2 & -6 \\ 0 & 3 & 7 \\ 1 & -2 & 5 \end{bmatrix}, \boldsymbol{b} = \begin{bmatrix} 11 \\ -5 \\ 9 \end{bmatrix}$

16.（1）求图 2.2 中高速公路网的交通流量的通解（流量以车辆数/min 计）；

（2）求 $x_4$ 的道路交通封闭时交通流量的通解；

（3）当 $x_4 = 0$ 时，$x_1$ 的最小值是多少？

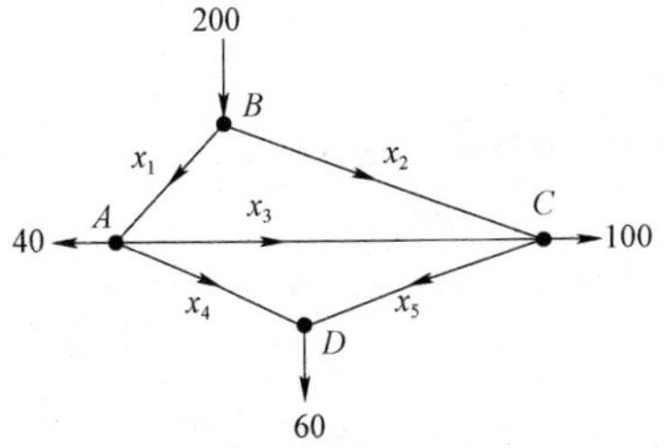


图 2.2　高速公路网

17. 一份脆燕麦片含有 160 卡路里热量、5 g 蛋白质、6 g 膳食纤维和 1 g 脂肪，另一份脆燕麦片含有 110 卡路里热量、2 g 蛋白质、0.1 g 膳食纤维和 0.4 脂肪．问能否混合两

种麦片，使它们含有 130 卡路里热量、3.2 g 蛋白质、2.46 g 膳食纤维、0.64 g 脂肪？如果可能，如何混合？

18. 某地区有三个重要企业，一个煤矿、一个发电厂和一条地方铁路.开采一元钱的煤,煤矿要支付 0.25 元的电费及 0.25 元的运输费. 生产一元钱的电力,发电厂要支付 0.65 元的煤费，0.05 元的电费及 0.05 元的运输费. 创收一元钱的运输费，铁路要支付 0.55 元的煤费及 0.10 元的电费. 在某一周内，煤矿接到外地金额为 50 000 元的订货，发电厂接到外地金额为 25 000 元的订货，外界对地方铁路没有需求.（1）试列出三个企业的价值平衡方程；（2）用高斯消元法求出三个企业在这一周内总产值为多少才能满足自身及外界的需求？

19. 根据基尔霍夫回路电路定律（各节点处流入和流出的电流强度的代数和为零，各回路中各支路的电压降之和为零），列出图 2.3 所示电路中电流 $I_1$，$I_2$，$I_3$ 所满足的线性方程组并求解.

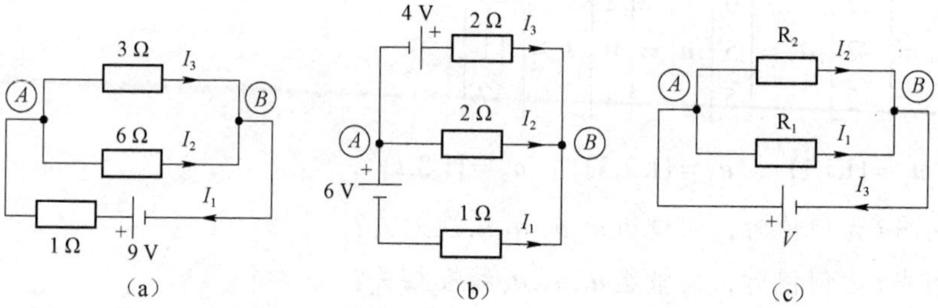


图 2.3　电路

# 第 3 章　矩阵及其运算

**引例**　1996 年，谷歌的创始人拉里 • 佩奇（Larry Page）和谢尔盖 • 布林（Sergey Brin）在斯坦福大学开发出 PageRank．"Page"一语双关，既有网页的意思，也是佩奇的名字．当时，佩奇和布林把整个互联网当做一个整体来看待，他们认为"整个互联网就像一张大的图，每个网站就像一个节点，而每个网页的链接就像一个弧"．于是，佩奇就想用一个图或者矩阵来描述互联网．而布林把无从下手的网页相连问题变成了一个二维矩阵相乘的问题，并通过迭代，算出了网页排名．

一个电网络是将端点连接起来的一些导线的集成，连接一个或多个导线的端点的结合点称为节点（node），在图论中导线可以看成边，节点可以看成顶点．一个理想化的框架结构是由一些弹性杆在接头处连接起来而构成的，弹性杆在一定范围内符合胡克定律．在电网络和框架结构等实际应用中，图可以用来表示导线或杆件之间的连接关系，因为不需要考虑边的长度，顶点的移动和导线的伸缩或弯曲，都不影响其中的连接关系，所以这是一个拓扑结构而不是一个几何结构．有向图（directed graph）是指定了边的方向的图，例如电网络中各导线上的电流方向，框架结构中各杆件所受外力和内力的方向等．图 3.1 是有向图示例．

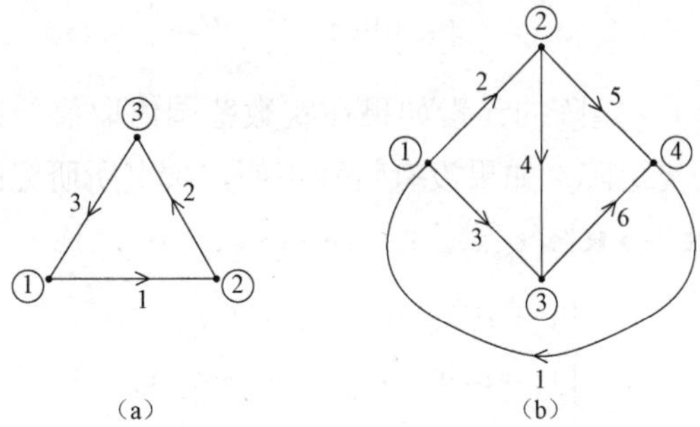


图 3.1　有向图示例

设有向图 $G$ 包含 $n$ 个顶点（vertex）、$m$ 条边（edge），令

$$a_{ij}=\begin{cases}-1, & 第\,i\,条边始于节点\,j\\ 1, & 第\,i\,条边终于节点\,j\\ 0, & 其他\end{cases}$$

则可以定义有向图的**关联矩阵**（incidence matrix）$\boldsymbol{A}=(a_{ij})_{m\times n}$．例如图 3.1 中的有向图对应的关联矩阵分别为

$$A=\begin{bmatrix}-1&1&0\\0&-1&1\\1&0&-1\end{bmatrix},\quad A'=\begin{bmatrix}1&0&0&-1\\-1&1&0&0\\-1&0&1&0\\0&-1&1&0\\0&-1&0&1\\0&0&-1&1\end{bmatrix}$$

在电网络等实际问题中，需要用关联矩阵来表述和分析网络对应的连通图的不同回路，这涉及对矩阵和向量的各种运算.

矩阵是数学中的一个重要的基本概念，是代数学的一个主要研究对象，也是数学研究和应用的一个重要工具．这一章主要介绍矩阵的线性运算、矩阵乘法、逆矩阵、矩阵的转置等基本内容.

## 3.1 矩阵的线性运算

第 2 章在讨论线性方程组的求解时给出了矩阵的定义，把 $m\times n$ 个数 $a_{ij}(i=1,2,\cdots,m;\ j=1,2,\cdots,n)$ 排成 $m$ 行 $n$ 列的数表称为一个 $m\times n$ 矩阵，通常表示为

$$A=\begin{bmatrix}a_{11}&a_{12}&\cdots&a_{1n}\\a_{21}&a_{22}&\cdots&a_{2n}\\\vdots&\vdots&&\vdots\\a_{m1}&a_{m2}&\cdots&a_{mn}\end{bmatrix}$$

简记为 $A=(a_{ij})_{m\times n}=(a_{ij})$．矩阵的元素如果在实数范围内取值，则称为实矩阵；如果在复数范围内取值就称为复矩阵．如果没有特别声明，本书所研究的矩阵限于实矩阵.

考虑如下映射 $f:\mathbf{R}^n\to\mathbf{R}^m,(x_1,x_2,\cdots,x_n)\mapsto(y_1,y_2,\cdots,y_m)$：

$$\begin{cases}y_1=a_{11}x_1+a_{12}x_2+\cdots+a_{1n}x_n\\y_2=a_{21}x_1+a_{22}x_2+\cdots+a_{2n}x_n\\\quad\vdots\\y_m=a_{m1}x_1+a_{m2}x_2+\cdots+a_{mn}x_n\end{cases}$$

上述映射中 $m$ 个变量 $y_1,y_2,\cdots,y_m$ 都是 $x_1,x_2,\cdots,x_n$ 的 $n$ 元线性函数，称之为一个**线性变换**（linear transformation），其中系数矩阵

$$A=\begin{bmatrix}a_{11}&a_{12}&\cdots&a_{1n}\\a_{21}&a_{22}&\cdots&a_{2n}\\\vdots&\vdots&&\vdots\\a_{m1}&a_{m2}&\cdots&a_{mn}\end{bmatrix}$$

称为该线性变换的矩阵．容易看出，线性变换和矩阵是一一对应的．线性变换是线性代数理论中的一个非常重要的概念，后面将给出它的详细介绍和应用．

下面先给出几个在实际应用中经常见到的特殊类型的矩阵．

矩阵 $\boldsymbol{A}=(a_1,a_2,\cdots,a_n)$ 是一个 $1\times n$ 矩阵，在这个矩阵中只有一行，称它为**行矩阵**（row matrix）或者行向量；矩阵 $\boldsymbol{B}=\begin{bmatrix} b_1 \\ b_2 \\ \vdots \\ b_m \end{bmatrix}$ 是一个 $m\times 1$ 矩阵，在这个矩阵中只有一列，称它为**列矩阵**（column matrix）或者列向量．行向量或列向量统称为向量，在第 1 章中已经介绍过，它们都可以看成是特殊的矩阵．实际上，$m\times n$ 矩阵也可以看成是 $m$ 个有序 $n$ 维行向量或 $n$ 个有序 $m$ 维列向量组成的向量组，反之亦然．

一个行数和列数相等的矩阵称为**方阵**（square matrix）．形如

$$\Lambda=\begin{bmatrix} \lambda_1 & 0 & \cdots & 0 \\ 0 & \lambda_2 & \cdots & 0 \\ \vdots & \vdots & \ddots & \vdots \\ 0 & 0 & \cdots & \lambda_n \end{bmatrix}$$

主对角线以外的元素全为零的 $n$ 阶方阵称为**对角矩阵**（diagonal matrix），记作 $\Lambda=\mathrm{diag}\{\lambda_1,\lambda_2,\cdots,\lambda_n\}$．主对角线下方元素全为零的 $n$ 阶方阵称为上三角矩阵（upper triangular matrix），主对角线上方元素全为零的 $n$ 阶方阵称为下三角矩阵（lower triangular matrix）．

形如

$$\boldsymbol{E}=\begin{bmatrix} 1 & 0 & \cdots & 0 \\ 0 & 1 & \cdots & 0 \\ \vdots & \vdots & \ddots & \vdots \\ 0 & 0 & \cdots & 1 \end{bmatrix}$$

的 $n$ 阶方阵称为 $n$ 阶**单位矩阵**（identity matrix），记作 $\boldsymbol{E}_n$ 或 $\boldsymbol{E}$．

所有元素都是 0 的矩阵称为零矩阵，记作 **0**．

矩阵在计算机里是一个数组，可以用这个数据结构储存诸如一张图片的像素、一个代数方程或方程组的系数、一个季度销售的列表或实验的数据等．因此几何图形的变换，如投影、镜像、旋转等，代数方程的运算、实验数据的处理等均可通过矩阵的不同运算来描述．

**定义 3.1** 两个矩阵**相等**（equal）是指矩阵的型号相同，且对应位置的元素也相等，即对于矩阵 $\boldsymbol{A}=(a_{ij})_{m\times n}$ 和 $\boldsymbol{B}=(b_{ij})_{m\times n}$，若

$$a_{ij}=b_{ij}\,(i=1,2,\cdots,m;j=1,2,\cdots,n)$$

则称矩阵 $\boldsymbol{A}$ 与 $\boldsymbol{B}$ 相等，记作 $\boldsymbol{A}=\boldsymbol{B}$.

**定义 3.2** 设 $\boldsymbol{A}=(a_{ij})_{m\times n}$ 和 $\boldsymbol{B}=(b_{ij})_{m\times n}$ 为同型号矩阵，定义它们的**和**（sum）为

$$\boldsymbol{A}+\boldsymbol{B}=(a_{ij}+b_{ij})_{m\times n}$$

即两个矩阵的和等于它们对应元素的和. 定义它们的**差**（difference）为

$$\boldsymbol{A}-\boldsymbol{B}=(a_{ij}-b_{ij})_{m\times n}$$

即两个矩阵的差等于它们对应元素的差.

设 $\boldsymbol{A}$，$\boldsymbol{B}$，$\boldsymbol{C}$ 均为 $m\times n$ 矩阵，则它们满足如下运算律：

（1）交换律：$\boldsymbol{A}+\boldsymbol{B}=\boldsymbol{B}+\boldsymbol{A}$;

（2）结合律：$(\boldsymbol{A}+\boldsymbol{B})+\boldsymbol{C}=\boldsymbol{A}+(\boldsymbol{B}+\boldsymbol{C})$.

**定义 3.3** 设矩阵 $\boldsymbol{A}=(a_{ij})_{m\times n}$，$\lambda$ 为任意数，定义**数与矩阵的乘法**为

$$\lambda\boldsymbol{A}=(\lambda a_{ij})_{m\times n}$$

即数与矩阵的乘法等于用数 $\lambda$ 去乘矩阵的每一个元素.

设 $\boldsymbol{A},\boldsymbol{B}$ 均为 $m\times n$ 矩阵，$\lambda$ 和 $\mu$ 为任意数，则数与矩阵的乘法满足如下运算律：

（1）结合律：$(\lambda\mu)\boldsymbol{A}=\lambda(\mu\boldsymbol{A})$；

（2）矩阵对数加法的分配律：$(\lambda+\mu)\boldsymbol{A}=\lambda\boldsymbol{A}+\mu\boldsymbol{A}$；

（3）数对矩阵加法的分配律：$\lambda(\boldsymbol{A}+\boldsymbol{B})=\lambda\boldsymbol{A}+\lambda\boldsymbol{B}$.

称以上矩阵的加减法及数乘运算为矩阵的线性运算，显然这些运算律与实数的加减法及乘法运算并无区别.

---

**【例 3.1】** 解矩阵方程组 $\begin{cases}2\boldsymbol{X}-3\boldsymbol{Y}=\boldsymbol{A}\\ \boldsymbol{X}+2\boldsymbol{Y}=\boldsymbol{B}\end{cases}$，其中 $\boldsymbol{A}=\begin{bmatrix}-8&3\\4&-12\\-13&10\end{bmatrix}$，$\boldsymbol{B}=\begin{bmatrix}10&-2\\-5&15\\11&5\end{bmatrix}$.

**解** 类似求解二元一次方程组，可以解得

$$\boldsymbol{X}=\frac{2}{7}\boldsymbol{A}+\frac{3}{7}\boldsymbol{B}=\begin{bmatrix}2&0\\-1&3\\1&5\end{bmatrix}，\boldsymbol{Y}=-\frac{1}{7}\boldsymbol{A}+\frac{2}{7}\boldsymbol{B}=\begin{bmatrix}4&-1\\-2&6\\5&0\end{bmatrix}$$

---

## 3.2 矩阵乘法

除了上述矩阵的线性运算，还有另一类重要的矩阵运算，也就是矩阵的乘法. 首先考虑如下两个线性变换

$$f_1:\begin{cases} z_1 = a_{11}y_1 + a_{12}y_2 \\ z_2 = a_{21}y_1 + a_{22}y_2 \\ z_3 = a_{31}y_1 + a_{32}y_2 \end{cases} \qquad f_2:\begin{cases} y_1 = b_{11}x_1 + b_{12}x_2 + b_{13}x_3 \\ y_2 = b_{21}x_1 + b_{22}x_2 + b_{23}x_3 \end{cases}$$

其中系数矩阵 $\boldsymbol{A}=\begin{bmatrix} a_{11} & a_{12} \\ a_{21} & a_{22} \\ a_{31} & a_{32} \end{bmatrix}$，$\boldsymbol{B}=\begin{bmatrix} b_{11} & b_{12} & b_{13} \\ b_{21} & b_{22} & b_{23} \end{bmatrix}$. 对于 $f_1$ 和 $f_2$ 的复合变换 $f_1 \circ f_2$，也称为这两个线性变换的乘积，即把变换 $f_2$ 代入 $f_1$，可得复合变换

$$f_1 \circ f_2:\begin{cases} z_1 = (a_{11}b_{11} + a_{12}b_{21})x_1 + (a_{11}b_{12} + a_{12}b_{22})x_2 + (a_{11}b_{13} + a_{12}b_{23})x_3 \\ z_2 = (a_{21}b_{11} + a_{22}b_{21})x_1 + (a_{21}b_{12} + a_{22}b_{22})x_2 + (a_{21}b_{13} + a_{22}b_{23})x_3 \\ z_3 = (a_{31}b_{11} + a_{32}b_{21})x_1 + (a_{31}b_{12} + a_{32}b_{22})x_2 + (a_{31}b_{13} + a_{32}b_{23})x_3 \end{cases}$$

其系数矩阵为

$$\boldsymbol{C}=\begin{bmatrix} a_{11}b_{11} + a_{12}b_{21} & a_{11}b_{12} + a_{12}b_{22} & a_{11}b_{13} + a_{12}b_{23} \\ a_{21}b_{11} + a_{22}b_{21} & a_{21}b_{12} + a_{22}b_{22} & a_{21}b_{13} + a_{22}b_{23} \\ a_{31}b_{11} + a_{32}b_{21} & a_{31}b_{12} + a_{32}b_{22} & a_{31}b_{13} + a_{32}b_{23} \end{bmatrix}$$

注意到矩阵 $\boldsymbol{A}$ 的列数与矩阵 $\boldsymbol{B}$ 的行数相等，且矩阵 $\boldsymbol{C}$ 的第一行第一列元素 $a_{11}b_{11} + a_{12}b_{21}$ 正好是矩阵 $\boldsymbol{A}$ 的第一行元素和矩阵 $\boldsymbol{B}$ 的第一列对应元素的乘积之和，矩阵 $\boldsymbol{C}$ 的第一行第二列元素 $a_{11}b_{12} + a_{12}b_{22}$ 正好是矩阵 $\boldsymbol{A}$ 的第一行元素和矩阵 $\boldsymbol{B}$ 的第二列对应元素的乘积之和.以此类推，矩阵 $\boldsymbol{C}$ 的每一个元素都具有类似性质，把以这种不同寻常的方式得到的矩阵 $\boldsymbol{C}$ 称为矩阵 $\boldsymbol{A}$ 与 $\boldsymbol{B}$ 的乘积，记作 $\boldsymbol{C}=\boldsymbol{AB}$. 下面按照这一思想给出一般的矩阵乘积的概念.

**定义 3.4**　设 $\boldsymbol{A}=\left(a_{ij}\right)_{m\times s},\boldsymbol{B}=\left(b_{ij}\right)_{s\times n}$，定义矩阵 $\boldsymbol{A}$ 和 $\boldsymbol{B}$ 的乘积（product）

$$\boldsymbol{AB}=\boldsymbol{C}=\left(c_{ij}\right)_{m\times n}$$

其中 $c_{ij}$ 等于矩阵 $\boldsymbol{A}$ 的第 $i$ 行 $\left(a_{i1},a_{i2},\cdots,a_{is}\right)$ 元素和矩阵 $\boldsymbol{B}$ 的第 $j$ 列 $\left(b_{1j},b_{2j},\cdots,b_{sj}\right)^{\mathrm{T}}$ 对应元素的乘积之和，即

$$c_{ij}=a_{i1}b_{1j}+a_{i2}b_{2j}+\cdots+a_{is}b_{sj}=\sum_{k=1}^{s}a_{ik}b_{kj}$$

从矩阵乘法的定义可以看出：

① 矩阵乘法与矩阵 $\boldsymbol{A}$ 和 $\boldsymbol{B}$ 的顺序有关；

② 并不是所有的矩阵都能相乘，只有在前一个矩阵的列数与后一个矩阵的行数相等的情况下才能相乘.

---

**【例 3.2】** 计算乘积 $\begin{bmatrix} 1 & 2 & 3 \end{bmatrix}\begin{bmatrix} 4 \\ 5 \\ 6 \end{bmatrix}$.

**解** $\begin{bmatrix}1 & 2 & 3\end{bmatrix}\begin{bmatrix}4\\5\\6\end{bmatrix}=1\times4+2\times5+3\times6=32$

从这个例子可以看出，元素数量相同的行向量与列向量的乘积是一个 1×1 的矩阵，也就是一个常数．这样一来，向量 $x=(x_1,x_2\cdots,x_n)$ 和 $y=(y_1,y_2\cdots,y_n)^{\mathrm T}$ 的内积为

$$\langle \boldsymbol{x},\boldsymbol{y}\rangle=\boldsymbol{x}\bullet\boldsymbol{y}=\boldsymbol{x}^{\mathrm T}\boldsymbol{y}=(x_1,x_2,\cdots,x_n)\begin{bmatrix}y_1\\y_2\\\vdots\\y_n\end{bmatrix}=x_1y_1+x_2y_2+\cdots+x_ny_n$$

**【例 3.3】** 计算乘积 $\begin{bmatrix}4\\5\\6\end{bmatrix}\begin{bmatrix}1 & 2 & 3\end{bmatrix}$.

**解** $\begin{bmatrix}4\\5\\6\end{bmatrix}\begin{bmatrix}1 & 2 & 3\end{bmatrix}=\begin{bmatrix}4 & 8 & 12\\5 & 10 & 15\\6 & 12 & 18\end{bmatrix}$

从这个例子可以看出，元素数量相同的列向量与行向量的乘积是一个方阵，它的阶数与行向量或列向量的元素的个数相等.

**【例 3.4】** 已知 $\boldsymbol{A}=\begin{bmatrix}2 & -3\\0 & 1\\-5 & 8\end{bmatrix}$，$\boldsymbol{B}=\begin{bmatrix}1 & 2 & -4\\-3 & 6 & 5\end{bmatrix}$，求 $\boldsymbol{AB}$ 和 $\boldsymbol{BA}$.

**解** $\boldsymbol{AB}=\begin{bmatrix}2 & -3\\0 & 1\\-5 & 8\end{bmatrix}\begin{bmatrix}1 & 2 & -4\\-3 & 6 & 5\end{bmatrix}=\begin{bmatrix}11 & -14 & -23\\-3 & 6 & 5\\-29 & 38 & 60\end{bmatrix}$

$\boldsymbol{BA}=\begin{bmatrix}1 & 2 & -4\\-3 & 6 & 5\end{bmatrix}\begin{bmatrix}2 & -3\\0 & 1\\-5 & 8\end{bmatrix}=\begin{bmatrix}22 & -33\\-31 & 55\end{bmatrix}$

上面的例子均表明，即便两个矩阵 $\boldsymbol{A}$ 与 $\boldsymbol{B}$ 和 $\boldsymbol{B}$ 与 $\boldsymbol{A}$ 都能相乘，也未必就有 $\boldsymbol{AB}=\boldsymbol{BA}$，也就是说一般情况下 $\boldsymbol{AB}\neq\boldsymbol{BA}$．这再一次说明了矩阵的乘法与顺序有关，即矩阵的乘法不满足交换律．对于两个可乘的矩阵 $\boldsymbol{AB}$，称 $\boldsymbol{A}$ 左乘 $\boldsymbol{B}$ 或 $\boldsymbol{B}$ 右乘 $\boldsymbol{A}$.

**定义 3.5** 对于两个同阶的方阵 $\boldsymbol{A}$ 和 $\boldsymbol{B}$，若 $\boldsymbol{AB}=\boldsymbol{BA}$，则称**矩阵 $\boldsymbol{A}$ 和 $\boldsymbol{B}$ 可交换**.

两个矩阵可交换在非常特殊的情况下才能出现，后面将会碰到这种情况.

**【例 3.5】** 计算 $\begin{bmatrix}2 & 4\\-3 & -6\end{bmatrix}\begin{bmatrix}-2 & 4\\1 & -2\end{bmatrix}$.

**解** $\begin{bmatrix} 2 & 4 \\ -3 & -6 \end{bmatrix}\begin{bmatrix} -2 & 4 \\ 1 & -2 \end{bmatrix}=\begin{bmatrix} 0 & 0 \\ 0 & 0 \end{bmatrix}$

---

这个例子说明两个非零矩阵的乘积有可能是零矩阵．反过来如果两个矩阵的乘积是零矩阵，并不能得出其中有一个必为零矩阵的结论．

综上所述，矩阵的乘法是一种乘法，数的乘法也是一种乘法，但这两种乘法在性质上有很大的不同．即便如此，对于矩阵的乘法这一线性代数中最基本的工具，仍然可以得出如下运算律，请读者自己证明．

① 矩阵乘法的结合律：设 $\boldsymbol{A},\boldsymbol{B},\boldsymbol{C}$ 为三个矩阵，且下列乘法都有意义，则

$$(\boldsymbol{AB})\boldsymbol{C}=\boldsymbol{A}(\boldsymbol{BC})$$

② 数对矩阵乘法的结合律：设 $\boldsymbol{A},\boldsymbol{B}$ 为两个矩阵，$\lambda$ 为数，则

$$\lambda(\boldsymbol{AB})=(\lambda\boldsymbol{A})\boldsymbol{B}=\boldsymbol{A}(\lambda\boldsymbol{B})$$

③ 矩阵乘法对加法的分配律：设 $\boldsymbol{A},\boldsymbol{B},\boldsymbol{C}$ 为三个矩阵，则

$$\boldsymbol{A}(\boldsymbol{B}+\boldsymbol{C})=\boldsymbol{AB}+\boldsymbol{AC},\quad (\boldsymbol{B}+\boldsymbol{C})\boldsymbol{A}=\boldsymbol{BA}+\boldsymbol{CA}$$

注意下面的简单事实：设 $\boldsymbol{A},\boldsymbol{B}$ 是两个矩阵，$\boldsymbol{E}$ 为单位矩阵，则 $\boldsymbol{EA}=\boldsymbol{A},\boldsymbol{BE}=\boldsymbol{B}$（这里所涉及的乘法是有意义的）．特别地，如果 $\boldsymbol{A}$ 是与 $\boldsymbol{E}$ 同阶的方阵，有 $\boldsymbol{AE}=\boldsymbol{EA}=\boldsymbol{A}$，也就是说，单位矩阵与任何对应同阶方阵都可交换．

对于线性变换

$$\begin{cases} y_1=a_{11}x_1+a_{12}x_2+\cdots+a_{1n}x_n \\ y_2=a_{21}x_1+a_{22}x_2+\cdots+a_{2n}x_n \\ \quad\vdots \\ y_m=a_{m1}x_1+a_{m2}x_2+\cdots+a_{mn}x_n \end{cases}$$

令 $\boldsymbol{x}=\begin{bmatrix} x_1 \\ x_2 \\ \vdots \\ x_n \end{bmatrix}$，$\boldsymbol{y}=\begin{bmatrix} y_1 \\ y_2 \\ \vdots \\ y_m \end{bmatrix}$，系数矩阵 $\boldsymbol{A}=\begin{bmatrix} a_{11} & a_{12} & \cdots & a_{1n} \\ a_{21} & a_{22} & \cdots & a_{2n} \\ \vdots & \vdots & & \vdots \\ a_{m1} & a_{m2} & \cdots & a_{mn} \end{bmatrix}$，利用矩阵的乘法可以得到 $\boldsymbol{y}=\boldsymbol{Ax}$，这就是线性变换的矩阵表示式．另外对于两个线性变换 $\boldsymbol{z}=\boldsymbol{Ay},\boldsymbol{y}=\boldsymbol{Bx}$，代入 $\boldsymbol{y}$ 就得到这两个变换的复合变换或乘积 $\boldsymbol{z}=(\boldsymbol{AB})\boldsymbol{x}$，因此两个线性变换乘积的矩阵就等于这两个线性变换矩阵的乘积．

对于矩阵乘法 $\boldsymbol{C}=\boldsymbol{AB}$，主要是考察一个矩阵 $\boldsymbol{A}$（或 $\boldsymbol{B}$）对另一个矩阵 $\boldsymbol{B}$（或 $\boldsymbol{A}$）所起的变换作用．起作用的矩阵看作是动作矩阵，被作用的矩阵可以看作是由行向量或列向量构成的几何图形．同样，如果一连串的矩阵相乘，就是多次变换的叠加．而矩阵

左乘无非是把一个向量或一组向量（即另一个矩阵）进行伸缩或旋转，乘积的效果就是多个伸缩和旋转的叠加．对于简单的变换矩阵这一点最容易感性体会到．例如变换矩阵 $\begin{bmatrix}1&0&0\\0&1&0\\0&0&0\end{bmatrix}$ 会把原三维图形向 $xOy$ 面投影，变换矩阵 $\begin{bmatrix}-1&0&0\\0&1&0\\0&0&1\end{bmatrix}$ 会把原图形对 $x$ 轴镜像，变换矩阵 $\begin{bmatrix}\cos\theta&-\sin\theta\\\sin\theta&\cos\theta\end{bmatrix}$ 会把原二维图形相对原点逆时针旋转 $\theta$ .

$\mathbf{R}^2$ 中的每个点 $(x,y)$ 可以对应 $\mathbf{R}^3$ 中的 $(x,y,1)$，它在 $xOy$ 平面上方 1 单位的平面上，称 $(x,y,1)$ 是 $(x,y)$ 的齐次坐标.在齐次坐标下，平移变换 $(x,y)\to(x+a,y+b)$ 可以用齐次坐标写成 $(x,y,1)\to(x+a,y+b,1)$，于是可以用矩阵乘积

$$\begin{bmatrix}1&0&a\\0&1&b\\0&0&1\end{bmatrix}\begin{bmatrix}x\\y\\1\end{bmatrix}=\begin{bmatrix}x+a\\y+b\\1\end{bmatrix}$$

实现.

由于一些变换在复合作用时顺序会影响变换结果，所以在这种情况下矩阵乘法是不可以左右交换的（因为靠近被变换对象的矩阵总是优先作用）.

回忆第 2 章介绍的 $n$ 元一次线性方程组

$$\begin{cases}a_{11}x_1+a_{12}x_2+\cdots+a_{1n}x_n=b_1\\a_{21}x_1+a_{22}x_2+\cdots+a_{2n}x_n=b_2\\\qquad\vdots\\a_{m1}x_1+a_{m2}x_2+\cdots+a_{mn}x_n=b_m\end{cases}$$

其系数矩阵 $\boldsymbol{A}$ 对应的列向量组为 $A=(\boldsymbol{a}_1,\boldsymbol{a}_2,\cdots,\boldsymbol{a}_n)$，常数向量（vector of constants）$\boldsymbol{b}=\begin{bmatrix}b_1\\b_2\\\vdots\\b_m\end{bmatrix}$，未知数向量（vector of unknowns）$\boldsymbol{x}=\begin{bmatrix}x_1\\x_2\\\vdots\\x_n\end{bmatrix}$，应用矩阵的乘法，上述 $n$ 元一次线性方程组可以表示为矩阵形式

$$\boldsymbol{Ax}=\boldsymbol{b}$$

或向量组的线性组合形式

$$\boldsymbol{b}=x_1\boldsymbol{a}_1+x_2\boldsymbol{a}_2+\cdots+x_n\boldsymbol{a}_n$$

有了矩阵的乘法，就可以定义方阵的方幂（power）. 设 $\boldsymbol{A}$ 是 $n$ 阶方阵，$m(\geqslant 2)$ 为自然数，定义

$$A^m = \underbrace{AA\cdots A}_{m个A}$$

即 $A^m$ 表示 $m$ 个 $A$ 相乘. 特别地，约定 $A^1 = A, A^0 = E$ . 与数的方幂的性质类似，假设 $k,l$ 为自然数，则由矩阵方幂的定义有

$$A^k A^l = A^{k+l},\quad \left(A^k\right)^l = A^{kl}$$

---

【例 3.6】证明：若矩阵 $A$，$B$ 可交换，则 $(AB)^2 = A^2B^2, (A+B)(A-B) = A^2 - B^2$ .

**证明** $(AB)^2 = (AB)(AB) = A(BA)B = A(AB)B = (AA)(BB) = A^2B^2$

$$(A+B)(A-B) = AA - AB + BA - BB = A^2 - AB + AB - B^2 = A^2 - B^2$$

---

由例 3.6 可以看出，在可交换条件下平方差公式是成立的. 实际上，用类似的方法可以证明：对于矩阵，一些常用初等公式在可交换的条件下也是成立的，例如完全平方公式

$$(A+B)^2 = A^2 + 2AB + B^2$$

甚至二项式定理

$$(A+B)^n = C_n^0 A^0 B^n + C_n^1 A^1 B^{n-1} + C_n^2 A^2 B^{n-2} + \cdots + C_n^n A^n B^0$$

这些公式的成立都是建立在矩阵 $A, B$ 可交换的条件上，如果没有可交换的条件上述等式一般都不成立.

---

【例 3.7】设矩阵 $A = \begin{bmatrix} \lambda & 1 & 0 \\ 0 & \lambda & 1 \\ 0 & 0 & \lambda \end{bmatrix}$，计算 $A^n$，其中 $n$ 为自然数.

**解** 显然有

$$A = \lambda\begin{bmatrix} 1 & 0 & 0 \\ 0 & 1 & 0 \\ 0 & 0 & 1 \end{bmatrix} + \begin{bmatrix} 0 & 1 & 0 \\ 0 & 0 & 1 \\ 0 & 0 & 0 \end{bmatrix}$$

注意到

$$\begin{bmatrix} 0 & 1 & 0 \\ 0 & 0 & 1 \\ 0 & 0 & 0 \end{bmatrix}^2 = \begin{bmatrix} 0 & 0 & 1 \\ 0 & 0 & 0 \\ 0 & 0 & 0 \end{bmatrix},\quad \begin{bmatrix} 0 & 1 & 0 \\ 0 & 0 & 1 \\ 0 & 0 & 0 \end{bmatrix}^3 = \begin{bmatrix} 0 & 0 & 0 \\ 0 & 0 & 0 \\ 0 & 0 & 0 \end{bmatrix}$$

因此由二项式定理，

$$A^n=(\lambda E)^n+C_n^1\begin{bmatrix}0&1&0\\0&0&1\\0&0&0\end{bmatrix}(\lambda E)^{n-1}+C_n^2\begin{bmatrix}0&1&0\\0&0&1\\0&0&0\end{bmatrix}^2(\lambda E)^{n-2}$$

$$=\begin{bmatrix}\lambda^n & n\lambda^{n-1} & \frac{1}{2}n(n\quad 1)\lambda^{n-2}\\0&\lambda^n&n\lambda^{n-1}\\0&0&\lambda^n\end{bmatrix}$$

---

这里给出的是矩阵的$n$次方的一个初等算法，它只适合于这种特殊类型的矩阵，对于更一般的矩阵的$n$次方的计算方法，将在最后一章给出.

下面给出转置矩阵的概念.

**定义 3.6** 设矩阵$\boldsymbol{A}=\left(a_{ij}\right)_{m\times n}$，称矩阵$\boldsymbol{A}^{\mathrm{T}}=\left(a_{ji}\right)_{n\times m}$为矩阵$\boldsymbol{A}$的**转置**（transpose），即转置矩阵$\boldsymbol{A}^{\mathrm{T}}$ $(i,j)$位置的元素换成矩阵$\boldsymbol{A}$ $(j,i)$位置的元素，也就是说把矩阵$\boldsymbol{A}$的第$i$行写作新矩阵的第$i$列所得的新矩阵就是$\boldsymbol{A}$的转置矩阵$\boldsymbol{A}^{\mathrm{T}}$. 更为形象地说，把矩阵$\boldsymbol{A}$沿对角线翻转（或对称）一下，所得的新矩阵即为$\boldsymbol{A}$的转置矩阵. 特别注意矩阵和转置矩阵之间型号的变化.

例如，设$\boldsymbol{A}=\begin{bmatrix}a_{11}&a_{12}&a_{13}\\a_{21}&a_{22}&a_{23}\end{bmatrix}$，则$\boldsymbol{A}$的转置$\boldsymbol{A}^{\mathrm{T}}=\begin{bmatrix}a_{11}&a_{21}\\a_{12}&a_{22}\\a_{13}&a_{23}\end{bmatrix}$.

对于矩阵的转置运算，有如下的运算律.

（1）$\left(\boldsymbol{A}^{\mathrm{T}}\right)^{\mathrm{T}}=\boldsymbol{A}$；

（2）$(\lambda\boldsymbol{A}+\mu\boldsymbol{B})^{\mathrm{T}}=\lambda\boldsymbol{A}^{\mathrm{T}}+\mu\boldsymbol{B}^{\mathrm{T}}$,这里$\lambda,\mu$为数；

（3）$(\boldsymbol{AB})^{\mathrm{T}}=\boldsymbol{B}^{\mathrm{T}}\boldsymbol{A}^{\mathrm{T}}$.

下面只就（3）给出证明.

设$\boldsymbol{A}$是$m\times s$矩阵，$\boldsymbol{B}$是$s\times n$矩阵，则$\boldsymbol{AB}$是$m\times n$矩阵，从而$(\boldsymbol{AB})^{\mathrm{T}}$是$n\times m$矩阵；又$\boldsymbol{B}^{\mathrm{T}}$是$n\times s$矩阵，$\boldsymbol{A}^{\mathrm{T}}$是$s\times m$矩阵，因此$\boldsymbol{B}^{\mathrm{T}}\boldsymbol{A}^{\mathrm{T}}$也是$n\times m$矩阵. 因此$(\boldsymbol{AB})^{\mathrm{T}}$与$\boldsymbol{B}^{\mathrm{T}}\boldsymbol{A}^{\mathrm{T}}$是同型号矩阵.

从元素看，$\boldsymbol{A}$的第$i$行乘以$\boldsymbol{B}$的第$j$列是$\boldsymbol{AB}$的$(i,j)$位置的元素，从而是$(\boldsymbol{AB})^{\mathrm{T}}$的$(j,i)$位置的元素.另外，$\boldsymbol{B}$的第$j$列是$\boldsymbol{B}^{\mathrm{T}}$的第$j$行，$\boldsymbol{A}$的第$i$行是$\boldsymbol{A}^{\mathrm{T}}$的第$i$列，由此$\boldsymbol{B}$的第$j$列乘以$\boldsymbol{A}$的第$i$行也是$\boldsymbol{B}^{\mathrm{T}}\boldsymbol{A}^{\mathrm{T}}$的$(j,i)$位置的元素，因此$(\boldsymbol{AB})^{\mathrm{T}}$与$\boldsymbol{B}^{\mathrm{T}}\boldsymbol{A}^{\mathrm{T}}$对应位置的元素相同，从而有$(\boldsymbol{AB})^{\mathrm{T}}=\boldsymbol{B}^{\mathrm{T}}\boldsymbol{A}^{\mathrm{T}}$.

下面介绍一种重要的矩阵类型.

**定义 3.7**　设 $\boldsymbol{A}$ 是一个方阵，若 $\boldsymbol{A}^{\mathrm{T}}=\boldsymbol{A}$，即 $a_{ij}=a_{ji}$，则称 $\boldsymbol{A}$ 是**对称矩阵**（symmetric matrix）. 若 $\boldsymbol{A}^{\mathrm{T}}=-\boldsymbol{A}$，即 $a_{ij}=-a_{ji}$，则称 $\boldsymbol{A}$ 是反对称矩阵或**斜对称矩阵**（skew−symmetric matrix）.

更形象地说，对称矩阵就是关于对角线对称的位置的元素都相等的矩阵. 关于对称矩阵更深入的研究将在第 5 章中给出，下面给出一些具体的例子.

---

**【例 3.8】**设 $\boldsymbol{A},\boldsymbol{B}$ 均为对称矩阵，证明 $\boldsymbol{AB}$ 是对称矩阵的充分必要条件是 $\boldsymbol{AB}=\boldsymbol{BA}$.

**证明**　先证充分性. 若 $\boldsymbol{AB}=\boldsymbol{BA}$，则

$$(\boldsymbol{AB})^{\mathrm{T}}=\boldsymbol{B}^{\mathrm{T}}\boldsymbol{A}^{\mathrm{T}}=\boldsymbol{BA}=\boldsymbol{AB}$$

因此 $\boldsymbol{AB}$ 是对称矩阵.

再证必要性. 若 $\boldsymbol{AB}$ 是对称矩阵，则

$$(\boldsymbol{AB})^{\mathrm{T}}=\boldsymbol{AB}\Rightarrow\boldsymbol{B}^{\mathrm{T}}\boldsymbol{A}^{\mathrm{T}}=\boldsymbol{AB}\Rightarrow\boldsymbol{BA}=\boldsymbol{AB}$$

即 $\boldsymbol{AB}=\boldsymbol{BA}$.

---

**【例 3.9】**设 $\boldsymbol{\alpha}$ 为 $n$ 维列向量，矩阵 $\boldsymbol{A}=\boldsymbol{E}-\boldsymbol{\alpha\alpha}^{\mathrm{T}},\boldsymbol{B}=\boldsymbol{E}-2\boldsymbol{\alpha\alpha}^{\mathrm{T}}$，且 $\boldsymbol{\alpha}^{\mathrm{T}}\boldsymbol{\alpha}=\boldsymbol{E}$，其中 $\boldsymbol{E}$ 为 $n$ 阶单位矩阵. 证明 $\boldsymbol{AB}=\boldsymbol{A}$.

**证明**

$$\begin{aligned}\boldsymbol{AB}&=\left(\boldsymbol{E}-\boldsymbol{\alpha\alpha}^{\mathrm{T}}\right)\left(\boldsymbol{E}-2\boldsymbol{\alpha\alpha}^{\mathrm{T}}\right)=\boldsymbol{E}-2\boldsymbol{\alpha\alpha}^{\mathrm{T}}-\boldsymbol{\alpha\alpha}^{\mathrm{T}}+2\left(\boldsymbol{\alpha\alpha}^{\mathrm{T}}\right)\left(\boldsymbol{\alpha\alpha}^{\mathrm{T}}\right)=\boldsymbol{E}-3\boldsymbol{\alpha\alpha}^{\mathrm{T}}+2\boldsymbol{\alpha}\left(\boldsymbol{\alpha}^{\mathrm{T}}\boldsymbol{\alpha}\right)\boldsymbol{\alpha}^{\mathrm{T}}\\&=\boldsymbol{E}-3\boldsymbol{\alpha\alpha}^{\mathrm{T}}+2\boldsymbol{\alpha\alpha}^{\mathrm{T}}=\boldsymbol{E}-\boldsymbol{\alpha\alpha}^{\mathrm{T}}=\boldsymbol{A}\end{aligned}$$

---

## 3.3　逆　矩　阵

**定义 3.8**　对于 $n$ 阶矩阵 $\boldsymbol{A}$，如果存在 $n$ 阶矩阵 $\boldsymbol{B}$，使

$$\boldsymbol{AB}=\boldsymbol{BA}=\boldsymbol{E}$$

这里 $\boldsymbol{E}$ 表示 $n$ 阶单位矩阵，则称 $n$ 阶矩阵 $\boldsymbol{A}$ 是非奇异的（nonsingular）或可逆的（invertible），且称矩阵 $\boldsymbol{B}$ 为矩阵 $\boldsymbol{A}$ 的**逆**（inverse）**矩阵**，记作 $\boldsymbol{A}^{-1}=\boldsymbol{B}$. 否则称矩阵 $\boldsymbol{A}$ 是奇异的（singular）或矩阵 $\boldsymbol{A}$ 的逆矩阵不存在.

那么，一个问题自然就出现了：如果一个矩阵可逆，那么其逆矩阵是否唯一?答案是肯定的. 下面将证明如果矩阵 $\boldsymbol{A}$ 可逆，那么它的逆矩阵必唯一.

假设矩阵 $\boldsymbol{A}$ 可逆，$\boldsymbol{B},\boldsymbol{C}$ 都是 $\boldsymbol{A}$ 的逆矩阵，即 $\boldsymbol{AB}=\boldsymbol{BA}=\boldsymbol{E},\boldsymbol{AC}=\boldsymbol{CA}=\boldsymbol{E}$，因此

$$\boldsymbol{B}=\boldsymbol{BE}=\boldsymbol{B}(\boldsymbol{AC})=(\boldsymbol{BA})\boldsymbol{C}=\boldsymbol{EC}=\boldsymbol{C}$$

由此可得$\boldsymbol{A}$的逆矩阵是唯一的.

一个$n$阶方阵何时可逆及可逆的充分必要条件将在后续章节给出，这里不加证明地给出如下命题.

**引理** 若$\boldsymbol{AB}=\boldsymbol{E}$（或$\boldsymbol{BA}=\boldsymbol{E}$），则$\boldsymbol{A}$可逆，且$\boldsymbol{A}^{-1}=\boldsymbol{B}$.

下面是可逆矩阵的一些简单性质.

（1）若矩阵$\boldsymbol{A}$可逆，则$\boldsymbol{A}^{-1}$也可逆，且$\left(\boldsymbol{A}^{-1}\right)^{-1}=\boldsymbol{A}$.

**证明** 因为$\boldsymbol{A}$可逆，则$\boldsymbol{AA}^{-1}=\boldsymbol{A}^{-1}\boldsymbol{A}=\boldsymbol{E}$，即$\boldsymbol{A}^{-1}\boldsymbol{A}=\boldsymbol{AA}^{-1}=\boldsymbol{E}$，则$\boldsymbol{A}^{-1}$也可逆，且$\left(\boldsymbol{A}^{-1}\right)^{-1}=\boldsymbol{A}$.

（2）若矩阵$\boldsymbol{A}$可逆，$\lambda(\neq 0)$为一实数，则$\lambda\boldsymbol{A}$也可逆，且$(\lambda\boldsymbol{A})^{-1}=\dfrac{1}{\lambda}\boldsymbol{A}^{-1}$.

**证明** 因为$\boldsymbol{A}$可逆，则$\boldsymbol{AA}^{-1}=\boldsymbol{A}^{-1}\boldsymbol{A}=\boldsymbol{E}$，可得$(\lambda\boldsymbol{A})\left(\dfrac{1}{\lambda}\boldsymbol{A}^{-1}\right)=\left(\dfrac{1}{\lambda}\boldsymbol{A}^{-1}\right)(\lambda\boldsymbol{A})=\boldsymbol{E}$，则$\lambda\boldsymbol{A}$也可逆，且$(\lambda\boldsymbol{A})^{-1}=\dfrac{1}{\lambda}\boldsymbol{A}^{-1}$.

（3）设$\boldsymbol{A},\boldsymbol{B}$为同阶可逆矩阵，则$\boldsymbol{AB}$也可逆，且$(\boldsymbol{AB})^{-1}=\boldsymbol{B}^{-1}\boldsymbol{A}^{-1}$.

**证明** 因为$(\boldsymbol{AB})\left(\boldsymbol{B}^{-1}\boldsymbol{A}^{-1}\right)=\boldsymbol{A}\left(\boldsymbol{BB}^{-1}\right)\boldsymbol{A}^{-1}=\boldsymbol{AEA}^{-1}=\boldsymbol{E}$. 同理$\left(\boldsymbol{B}^{-1}\boldsymbol{A}^{-1}\right)(\boldsymbol{AB})=\boldsymbol{E}$，所以$(\boldsymbol{AB})\left(\boldsymbol{B}^{-1}\boldsymbol{A}^{-1}\right)=\left(\boldsymbol{B}^{-1}\boldsymbol{A}^{-1}\right)(\boldsymbol{AB})=\boldsymbol{E}$，则$\boldsymbol{AB}$也可逆，且$(\boldsymbol{AB})^{-1}=\boldsymbol{B}^{-1}\boldsymbol{A}^{-1}$.

（4）设矩阵$\boldsymbol{A}$可逆，则$\boldsymbol{A}^{\mathrm{T}}$也可逆，且$\left(\boldsymbol{A}^{\mathrm{T}}\right)^{-1}=\left(\boldsymbol{A}^{-1}\right)^{\mathrm{T}}$.

**证明** 因为$\boldsymbol{A}$可逆，则$\boldsymbol{AA}^{-1}=\boldsymbol{A}^{-1}\boldsymbol{A}=\boldsymbol{E}$，两边取转置可得

$$\boldsymbol{A}^{\mathrm{T}}\left(\boldsymbol{A}^{-1}\right)^{\mathrm{T}}=\left(\boldsymbol{A}^{-1}\right)^{\mathrm{T}}\boldsymbol{A}^{\mathrm{T}}=\boldsymbol{E}$$

则$\boldsymbol{A}^{\mathrm{T}}$也可逆，且$\left(\boldsymbol{A}^{\mathrm{T}}\right)^{-1}=\left(\boldsymbol{A}^{-1}\right)^{\mathrm{T}}$.

---

【例 3.10】证明：如果$ad-bc\neq 0$，则二阶矩阵$\boldsymbol{A}=\begin{bmatrix} a & b \\ c & d \end{bmatrix}$可逆，且

$$\boldsymbol{A}^{-1}=\frac{1}{ad-bc}\begin{bmatrix} d & -b \\ -c & a \end{bmatrix}$$

**证明** 因为$\begin{bmatrix} a & b \\ c & d \end{bmatrix}\dfrac{1}{ad-bc}\begin{bmatrix} d & -b \\ -c & a \end{bmatrix}=\dfrac{1}{ad-bc}\begin{bmatrix} a & b \\ c & d \end{bmatrix}\begin{bmatrix} d & -b \\ -c & a \end{bmatrix}$

$$=\frac{1}{ad-bc}\begin{bmatrix} ad-bc & 0 \\ 0 & ad-bc \end{bmatrix}=\boldsymbol{E}$$

所以由引理可知二阶矩阵

$A=\begin{bmatrix} a & b \\ c & d \end{bmatrix}$ 可逆，且 $A^{-1}=\dfrac{1}{ad-bc}\begin{bmatrix} d & -b \\ -c & a \end{bmatrix}$

---

【例 3.11】证明：若 $\boldsymbol{B}$ 为 $n$ 阶矩阵且 $\boldsymbol{B}^k=\boldsymbol{0}$，$k(\geqslant 1)$ 为某一自然数，则 $\boldsymbol{E}+\boldsymbol{B}$ 可逆，且

$$(\boldsymbol{E}+\boldsymbol{B})^{-1}=\boldsymbol{E}-\boldsymbol{B}+\boldsymbol{B}^2-\cdots+(-1)^{k-1}\boldsymbol{B}^{k-1}$$

**证明**　这是因为 $(\boldsymbol{E}+\boldsymbol{B})\left[\boldsymbol{E}-\boldsymbol{B}+\boldsymbol{B}^2-\cdots+(-1)^{k-1}\boldsymbol{B}^{k-1}\right]$

$$=\left[\boldsymbol{E}-\boldsymbol{B}+\boldsymbol{B}^2-\cdots+(-1)^{k-1}\boldsymbol{B}^{k-1}\right]+\left[\boldsymbol{B}-\boldsymbol{B}^2+\boldsymbol{B}^3-\cdots+(-1)^{k-1}\boldsymbol{B}^{k}\right]$$
$$=\boldsymbol{E}+(-1)^{k-1}\boldsymbol{B}^k=\boldsymbol{E}$$

---

设 $\boldsymbol{A}$ 是 $n$ 阶矩阵，$f(x)=a_m x^m+a_{m-1}x^{m-1}+\cdots+a_1x+a_0$ 为 $m$ 次多项式，把 $\boldsymbol{A}$ 作为变量代入 $f(x)$，得

$$f(\boldsymbol{A})=a_m\boldsymbol{A}^m+a_{m-1}\boldsymbol{A}^{m-1}+\cdots+a_1\boldsymbol{A}+a_0\boldsymbol{E}$$

称 $f(\boldsymbol{A})$ 为矩阵 $\boldsymbol{A}$ 的 $m$ 次多项式. 由此可以看出，矩阵 $\boldsymbol{A}$ 的任意两个多项式是可换的，因此可以与普通多项式一样进行因式分解和代数式的展开.

---

【例 3.12】设 $\boldsymbol{A}$ 为 $n$ 阶矩阵，且 $\boldsymbol{A}^2-\boldsymbol{A}-2\boldsymbol{E}=\boldsymbol{0}$，证明 $\boldsymbol{A}+2\boldsymbol{E}$ 和 $\boldsymbol{A}$ 均可逆，并求相应的逆矩阵.

**证明** 分解因式得 $(\boldsymbol{A}+2\boldsymbol{E})(\boldsymbol{A}-3\boldsymbol{E})=-4\boldsymbol{E}$，两边除以 $-4$，得 $(\boldsymbol{A}+2\boldsymbol{E})\left[-\dfrac{1}{4}(\boldsymbol{A}-3\boldsymbol{E})\right]=\boldsymbol{E}$，因此 $\boldsymbol{A}+2\boldsymbol{E}$ 可逆，且

$$(\boldsymbol{A}+2\boldsymbol{E})^{-1}=-\frac{1}{4}(\boldsymbol{A}-3\boldsymbol{E})$$

另外

$$\boldsymbol{A}^2-\boldsymbol{A}=2\boldsymbol{E}\Rightarrow \boldsymbol{A}(\boldsymbol{A}-\boldsymbol{E})=2\boldsymbol{E}\Rightarrow \boldsymbol{A}\left[\frac{1}{2}(\boldsymbol{A}-\boldsymbol{E})\right]=\boldsymbol{E}$$

因此 $\boldsymbol{A}$ 也可逆，且 $\boldsymbol{A}^{-1}=\dfrac{1}{2}(\boldsymbol{A}-\boldsymbol{E})$.

---

对角矩阵 $\boldsymbol{\Lambda}=\mathrm{diag}\{\lambda_1,\lambda_2,\cdots,\lambda_n\}$ 有一个明显的性质

$$\boldsymbol{\Lambda}^k=\mathrm{diag}\{\lambda_1^k,\lambda_2^k,\cdots,\lambda_n^k\}$$

其中，$k$ 为自然数.

对于 $n$ 阶矩阵 $\boldsymbol{A}$，如果存在可逆矩阵 $\boldsymbol{P}$，使得 $\boldsymbol{A}=\boldsymbol{P\Lambda P}^{-1}$，则

$$A^k = \underbrace{\left(P\Lambda P^{-1}\right)\left(P\Lambda P^{-1}\right)\cdots\left(P\Lambda P^{-1}\right)}_{k\text{个}} = P\Lambda^k P$$

$f(A)$是矩阵$A$的$m$次多项式，因此$f(A) = Pf(\Lambda)P^{-1}$，其中

$$\begin{aligned} f(\Lambda) &= a_m\Lambda^m + a_{m-1}\Lambda^{m-1} + \cdots + a_1\Lambda + a_0E \\ &= a_m\begin{bmatrix} \lambda_1^m & & & \\ & \lambda_2^m & & \\ & & \ddots & \\ & & & \lambda_n^m \end{bmatrix} + \cdots + a_1\begin{bmatrix} \lambda_1 & & & \\ & \lambda_2 & & \\ & & \ddots & \\ & & & \lambda_n \end{bmatrix} + a_0\begin{bmatrix} 1 & & & \\ & 1 & & \\ & & \ddots & \\ & & & 1 \end{bmatrix} \\ &= \begin{bmatrix} f(\lambda_1) & & & \\ & f(\lambda_2) & & \\ & & \ddots & \\ & & & f(\lambda_n) \end{bmatrix} \end{aligned}$$

用这种方法就可以求出矩阵多项式的值.

---

**【例 3.13】** 已知$P = \begin{bmatrix} 1 & 1 \\ 1 & -1 \end{bmatrix}$，$\Lambda = \begin{bmatrix} 1 & 0 \\ 0 & 3 \end{bmatrix}$且$A = P\Lambda P^{-1}$，求$f(A) = A^3 + 2A^2 - 3A$.

**解** 由例 3.10 可得$P^{-1} = \dfrac{1}{2}\begin{bmatrix} 1 & 1 \\ 1 & -1 \end{bmatrix}$，由此

$$f(A) = Pf(\Lambda)P^{-1} = \begin{bmatrix} 1 & 1 \\ 1 & -1 \end{bmatrix}\begin{bmatrix} 0 & 0 \\ 0 & 36 \end{bmatrix}\frac{1}{2}\begin{bmatrix} 1 & 1 \\ 1 & -1 \end{bmatrix} = \begin{bmatrix} 18 & -18 \\ -18 & 18 \end{bmatrix}$$

---

## 3.4 初等变换与初等矩阵

在第 2 章中介绍过关于矩阵的三种初等变换，它们是

（1）交换（interchange）变换：对换矩阵的两行（列）；

（2）倍乘（scaling）变换：用一个非零常数去乘矩阵某一行（列）的所有元素；

（3）倍加（scaling and addition）变换：用一个非零常数乘某一行（列）的所有元素后加到另外一行（列）的对应元素上去.

显然矩阵的初等变换都是可逆的，因为：① 对换矩阵的两行，再对换这两行就回到原矩阵了；② 用非零常数去乘矩阵某一行的所有元素，再用同一数的倒数去乘该行就恢复到了原矩阵；③ 用某一非零常数乘某一行的所有元素后加到另外一行的对应元素上，用该数的相反数乘这行加到同样的一行也得到了原矩阵.

**定义 3.9** （1）如果矩阵 $\boldsymbol{A}$ 经过有限次的行（列）初等变换变为矩阵 $\boldsymbol{B}$，则称**矩阵 $\boldsymbol{A}$ 与矩阵 $\boldsymbol{B}$ 行（列）等价**（row or column equivalent），记作 $\boldsymbol{A}\overset{r}{\sim}\boldsymbol{B}$（$\boldsymbol{A}\overset{c}{\sim}\boldsymbol{B}$）.（2）如果矩阵 $\boldsymbol{A}$ 经过有限次的初等变换变为矩阵 $\boldsymbol{B}$，则称矩阵 $\boldsymbol{A}$ 与矩阵 $\boldsymbol{B}$ 等价，记作 $\boldsymbol{A}\sim\boldsymbol{B}$.

根据该定义，若把矩阵 $\boldsymbol{A}$ 和矩阵 $\boldsymbol{B}$ 分别看作两个行（列）向量组，由行初等变换的定义可知这两个向量组一定是等价的.

关于矩阵的等价，有下面简单的性质.

（1）反身性：$\boldsymbol{A}\sim\boldsymbol{A}$；

（2）对称性：如果 $\boldsymbol{A}\sim\boldsymbol{B}$，则 $\boldsymbol{B}\sim\boldsymbol{A}$；

（3）传递性：如果 $\boldsymbol{A}\sim\boldsymbol{B},\boldsymbol{B}\sim\boldsymbol{C}$，则 $\boldsymbol{A}\sim\boldsymbol{C}$.

上述矩阵的**等价关系**（equivalence relation）换成行等价或列等价也是成立的.

下面用矩阵的初等变换来研究矩阵的性质.

首先令

$$\boldsymbol{A}=\begin{bmatrix}1 & -1 & 1 & 1 & -1 & -2\\ 1 & 2 & 0 & 1 & -3 & -1\\ 0 & -3 & 1 & 2 & 2 & -1\\ 2 & 1 & 1 & 0 & -4 & -3\end{bmatrix}$$

用矩阵的行初等变换把第 2，3，4 行的第一个元素都消成 0，得

$$\boldsymbol{A}_1=\begin{bmatrix}1 & -1 & 1 & 1 & -1 & -2\\ 0 & 3 & -1 & 0 & -2 & 1\\ 0 & -3 & 1 & 2 & 2 & -1\\ 0 & 3 & -1 & -2 & -2 & 1\end{bmatrix}$$

再用第 2 行第一个非零元，这里是 3，把第 3 行和第 4 行的两个非零元消成 0，得

$$\boldsymbol{A}_2=\begin{bmatrix}1 & -1 & 1 & 1 & -1 & -2\\ 0 & 3 & -1 & 0 & -2 & 1\\ 0 & 0 & 0 & 2 & 0 & 0\\ 0 & 0 & 0 & -2 & 0 & 0\end{bmatrix}$$

最后用第 3 行的第一个非零元，这里是 2，把第 4 行的第一个非零元消成 0，得

$$\boldsymbol{A}_3=\begin{bmatrix}1 & -1 & 1 & 1 & -1 & -2\\ 0 & 3 & -1 & 0 & -2 & 1\\ 0 & 0 & 0 & 2 & 0 & 0\\ 0 & 0 & 0 & 0 & 0 & 0\end{bmatrix}$$

这种用上面的元素把底下的元素消成 0 的算法称为**“下消法”**（forward elimination），这种“下消法”，到矩阵 $\boldsymbol{A}_3$ 之后就不能再消了，从而算法终止．对于最后的矩阵 $\boldsymbol{A}_3$，称

为行阶梯形（row echelon form）矩阵，它具有如下特点：

（1）所有的非零行都排在矩阵的上面，而所有的零行都排在矩阵的下面；

（2）每一非零行**首个非零元素**（leading nonzero element）前面零的个数从上到下依次增加.

进一步对矩阵 $\boldsymbol{A}_3$ 进行行变换：把每一行第一个非零元素变成 1，然后把这个 1 上面的元素都消成 0，得

$$\boldsymbol{A}_4=\begin{bmatrix}1 & 0 & \frac{2}{3} & 0 & -\frac{5}{3} & -\frac{5}{3}\\ 0 & 1 & -\frac{1}{3} & 0 & -\frac{2}{3} & \frac{1}{3}\\ 0 & 0 & 0 & 1 & 0 & 0\\ 0 & 0 & 0 & 0 & 0 & 0\end{bmatrix}$$

把这种算法称为“**上消法**”（backward elimination）. 利用“上消法”最终得到的矩阵 $\boldsymbol{A}_4$ 具有以下特点：

（1）首先是一个行阶梯形矩阵；

（2）每一非零行的首个非零元素一定是 1；

（3）这个 1 上面的所有元素都是 0.

这样的矩阵称为行最简型（reduced row echelon form）矩阵.

经过上面的分析，不难得到：任给一个非零矩阵都可以利用“下消法”得到一个行阶梯形矩阵，再利用“上消法”得到一个行最简型矩阵.

这种只利用行变换把矩阵化为行阶梯形矩阵和行最简型矩阵的方法非常重要，而且不难发现这就是解方程组的方法，这种方法在后面将反复用到.

如果对 $\boldsymbol{A}_4$ 再进行列变换，把每一非零行的第一个非零元素 1 后面的元素都消成 0，然后适当交换一下列，就得到

$$\boldsymbol{A}_5=\begin{bmatrix}1 & 0 & 0 & 0 & 0 & 0\\ 0 & 1 & 0 & 0 & 0 & 0\\ 0 & 0 & 1 & 0 & 0 & 0\\ 0 & 0 & 0 & 0 & 0 & 0\end{bmatrix}$$

这个矩阵的特点是左上角是一个单位矩阵，其他元素均为 0.

经过上面的分析可以得到，任何矩阵利用行变换和列变换都可以化为一个左上角是单位矩阵，其他元素均为零的矩阵，这个矩阵称为该矩阵的**标准型**（canonical form）. 标准型的一般形式为

$$\boldsymbol{F}=\begin{bmatrix}\boldsymbol{E}_r & \boldsymbol{0}\\ \boldsymbol{0} & \boldsymbol{0}\end{bmatrix}$$

下面给出初等矩阵的概念，从而进一步研究矩阵的性质.

**定义 3.10**　单位矩阵 $\boldsymbol{E}$ 经过一次初等变换所得到的矩阵称为**初等矩阵**（elementary matrix）.

根据初等变换，可以把初等矩阵分为以下 3 种类型.

（1）把单位矩阵 $\boldsymbol{E}$ 中的 $i, j$ 两行（列）互换得到第一种类型的初等矩阵，即为

$$\boldsymbol{E}_{ij}=\begin{bmatrix} 1 & & & & & & & & \\ & \ddots & & & & & & & \\ & & 1 & & & & & & \\ & & & 0 & \cdots & 1 & & & \\ & & & & 1 & & & & \\ & & & \vdots & \ddots & \vdots & & & \\ & & & & 1 & & & & \\ & & & 1 & \cdots & 0 & & & \\ & & & & & & 1 & & \\ & & & & & & & \ddots & \\ & & & & & & & & 1 \end{bmatrix}\begin{matrix} \\ \\ \\ i\text{行} \\ \\ \\ \\ j\text{行} \\ \\ \\ \\ \end{matrix}$$

（上方标注：$i$列、$j$列）

其中不在主对角线上的两个 1 分别对应 $i, j$ 两行（列）. 下面通过例子来说明初等矩阵的作用.

$$\begin{bmatrix} 1 & 0 & 0 & 0 \\ 0 & 0 & 1 & 0 \\ 0 & 1 & 0 & 0 \\ 0 & 0 & 0 & 1 \end{bmatrix}\begin{bmatrix} a_{11} & a_{12} & a_{13} & a_{14} & a_{15} \\ a_{21} & a_{22} & a_{23} & a_{24} & a_{25} \\ a_{31} & a_{32} & a_{33} & a_{34} & a_{35} \\ a_{41} & a_{42} & a_{43} & a_{44} & a_{45} \end{bmatrix}=\begin{bmatrix} a_{11} & a_{12} & a_{13} & a_{14} & a_{15} \\ a_{31} & a_{32} & a_{33} & a_{34} & a_{35} \\ a_{21} & a_{22} & a_{23} & a_{24} & a_{25} \\ a_{41} & a_{42} & a_{43} & a_{44} & a_{45} \end{bmatrix}$$

$$\begin{bmatrix} a_{11} & a_{12} & a_{13} & a_{14} & a_{15} \\ a_{21} & a_{22} & a_{23} & a_{24} & a_{25} \\ a_{31} & a_{32} & a_{33} & a_{34} & a_{35} \\ a_{41} & a_{42} & a_{43} & a_{44} & a_{45} \end{bmatrix}\begin{bmatrix} 0 & 0 & 0 & 1 & 0 \\ 0 & 1 & 0 & 0 & 0 \\ 0 & 0 & 1 & 0 & 0 \\ 1 & 0 & 0 & 0 & 0 \\ 0 & 0 & 0 & 0 & 1 \end{bmatrix}=\begin{bmatrix} a_{14} & a_{12} & a_{13} & a_{11} & a_{15} \\ a_{24} & a_{22} & a_{23} & a_{21} & a_{25} \\ a_{34} & a_{32} & a_{33} & a_{31} & a_{35} \\ a_{44} & a_{42} & a_{43} & a_{41} & a_{45} \end{bmatrix}$$

通过上面的计算可以发现，用 $\boldsymbol{E}_{ij}$ 左乘一个矩阵相当于交换该矩阵的第 $i$ 行和第 $j$ 行；用 $\boldsymbol{E}_{ij}$ 右乘一个矩阵相当于交换该矩阵的第 $i$ 列和第 $j$ 列.

（2）用不等于 0 的数 $k$ 去乘单位矩阵的第 $i$ 行（列），就得到第二种类型的初等矩阵，即为

$$\boldsymbol{E}_i(k)=\begin{bmatrix} 1 & & & & & & \\ & \ddots & & & & & \\ & & 1 & & & & \\ & & & k & & & \\ & & & & 1 & & \\ & & & & & \ddots & \\ & & & & & & 1 \end{bmatrix}\begin{matrix} \\ \\ \\ i\text{行} \\ \\ \\ \\ \end{matrix}$$

可以验证：用矩阵 $\boldsymbol{E}_i(k)$ 左乘一个矩阵相当于用数 $k$ 去乘该矩阵的第 $i$ 行；用矩阵 $\boldsymbol{E}_i(k)$ 右乘一个矩阵相当于用数 $k$ 去乘该矩阵的第 $i$ 列.

（3）把单位矩阵的第 $j$ 行乘以数 $k$ 加到第 $i$ 行上去（或者以数 $k$ 乘单位矩阵的第 $i$ 列加到第 $j$ 列上去），就得到第三种类型的初等矩阵，即为

$$
\begin{array}{rcl}
 & \begin{array}{ccccccc} \phantom{1} & \phantom{\ddots} & i\text{列} & \phantom{\cdots} & j\text{列} & \phantom{\ddots} & \phantom{1} \end{array} & \\
\boldsymbol{E}_{ij}(k)= & \left[\begin{array}{ccccccc}
1 & & & & & & \\
 & \ddots & & & & & \\
 & & 1 & \cdots & k & & \\
 & & & \ddots & \vdots & & \\
 & & & & 1 & & \\
 & & & & & \ddots & \\
 & & & & & & 1
\end{array}\right] & \begin{array}{l} \\ \\ i\text{行} \\ \\ j\text{行} \\ \\ \\ \end{array}
\end{array}
$$

同样可以得到：用初等矩阵 $\boldsymbol{E}_{ij}(k)$ 左乘一个矩阵相当于把该矩阵的第 $j$ 行乘以数 $k$ 加到第 $i$ 行上去；用初等矩阵 $\boldsymbol{E}_{ij}(k)$ 右乘一个矩阵相当于把该矩阵的第 $i$ 列乘以数 $k$ 加到第 $j$ 列上去.

由上面三种类型的初等矩阵的定义可知，初等矩阵都是可逆的，而且其逆矩阵也是初等矩阵. 即有

$$\boldsymbol{E}_{ij}^{-1}=\boldsymbol{E}_{ij},\ \boldsymbol{E}_i(k)^{-1}=\boldsymbol{E}_i\left(\frac{1}{k}\right),\ \boldsymbol{E}_{ij}(k)^{-1}=\boldsymbol{E}_{ij}(-k)$$

对于矩阵的初等变换与初等矩阵的关系，可以总结成如下性质.

**性质 1** 对一个矩阵 $\boldsymbol{A}$ 进行一次行初等变换，相当于对该矩阵左乘某一初等矩阵；对一个矩阵 $\boldsymbol{A}$ 进行一次列初等变换，相当于对该矩阵右乘某一初等矩阵，反之亦成立.

对于可逆矩阵有如下性质.

**性质 2** 一个 $n$ 阶矩阵 $\boldsymbol{A}$ 可逆的充分必要条件是存在一系列初等矩阵 $\boldsymbol{F}_1,\boldsymbol{F}_2,\cdots,\boldsymbol{F}_k$，使得

$$\boldsymbol{A}=\boldsymbol{F}_1\boldsymbol{F}_2\cdots\boldsymbol{F}_k$$

**证明** 充分性. 若 $\boldsymbol{A}=\boldsymbol{F}_1\boldsymbol{F}_2\cdots\boldsymbol{F}_k$，因为每一初等矩阵都可逆，因此 $\boldsymbol{A}$ 可逆.

必要性. 由前面可知，任一矩阵 $\boldsymbol{A}$ 经过行初等变换都可以化成行最简型矩阵 $\boldsymbol{B}$，即存在初等矩阵 $\boldsymbol{M}_1,\boldsymbol{M}_2,\cdots,\boldsymbol{M}_k$，使 $\boldsymbol{M}_1\boldsymbol{M}_2\cdots\boldsymbol{M}_k\boldsymbol{A}=\boldsymbol{B}$，由于 $\boldsymbol{M}_1,\boldsymbol{M}_2,\cdots,\boldsymbol{M}_k$ 及 $\boldsymbol{A}$ 都可逆，而且 $\boldsymbol{B}$ 是行最简型矩阵，从而必有 $\boldsymbol{B}=\boldsymbol{E}$，因此

$$\boldsymbol{M}_1\boldsymbol{M}_2\cdots\boldsymbol{M}_k\boldsymbol{A}=\boldsymbol{E}\Rightarrow\boldsymbol{A}=\boldsymbol{M}_k^{-1}\cdots\boldsymbol{M}_2^{-1}\boldsymbol{M}_1^{-1}$$

令 $\boldsymbol{F}_1=\boldsymbol{M}_k^{-1},\cdots,\boldsymbol{F}_{k-1}=\boldsymbol{M}_2^{-1},\boldsymbol{F}_k=\boldsymbol{M}_1^{-1}$，即有 $\boldsymbol{A}=\boldsymbol{F}_1\boldsymbol{F}_2\cdots\boldsymbol{F}_k$.

由性质 1 和性质 2，可以得到如下重要定理.

**定理 3.1**　设矩阵 $A$ 与 $B$ 均为 $m\times n$ 矩阵，则

（1）$A\overset{r}{\sim}B \Leftrightarrow$ 存在 $m$ 阶可逆矩阵 $P$，使 $PA=B$；

（2）$A\overset{c}{\sim}B \Leftrightarrow$ 存在 $n$ 阶可逆矩阵 $Q$，使 $AQ=B$；

（3）$A\sim B \Leftrightarrow$ 存在 $m$ 阶可逆矩阵 $P$ 和 $n$ 阶可逆矩阵 $Q$，使 $PAQ=B$.

由该定理和性质 2 可得如下推论.

**推论**　$n$ 阶方阵 $A$ 可逆的充分必要条件是 $A\overset{r}{\sim}E$.

下面通过这个推论给出求逆矩阵的初等变换法.

设方阵 $A$ 可逆，则存在可逆矩阵 $P$，使 $PA=E$，即 $P=A^{-1}$，从而

$$P(A,E)=(PA,P)=\left(E,A^{-1}\right)$$

也就是说 $(A,E)\overset{r}{\sim}\left(E,A^{-1}\right)$.

求逆矩阵的初等变换法：在矩阵 $A$ 右侧配一个同阶单位矩阵 $E$ 得增广矩阵 $(A\,|\,E)$ 或 $(A,E)$，对矩阵 $(A\,|\,E)$ 或 $(A,E)$ 进行行变换，化为行最简型矩阵，即把矩阵 $A$ 化为单位矩阵的同时也把单位矩阵 $E$ 化为 $A$ 的逆矩阵 $A^{-1}$.

---

**【例 3.14】** 已知矩阵 $A=\begin{bmatrix}0&2&-1\\1&1&2\\-1&-1&-1\end{bmatrix}$，利用初等变换法求 $A$ 的逆矩阵.

**解**　因为

$$(A|E)=\left[\begin{array}{ccc|ccc}0&2&-1&1&0&0\\1&1&2&0&1&0\\-1&-1&-1&0&0&1\end{array}\right]\sim\left[\begin{array}{ccc|ccc}1&1&2&0&1&0\\0&2&-1&1&0&0\\-1&-1&-1&0&0&1\end{array}\right]\sim\left[\begin{array}{ccc|ccc}1&1&2&0&1&0\\0&2&-1&1&0&0\\0&0&1&0&1&1\end{array}\right]$$

$$\sim\left[\begin{array}{ccc|ccc}1&1&0&0&-1&-2\\0&2&0&1&1&1\\0&0&1&0&1&1\end{array}\right]\sim\left[\begin{array}{ccc|ccc}1&0&0&-\frac{1}{2}&-\frac{3}{2}&-\frac{5}{2}\\0&1&0&\frac{1}{2}&\frac{1}{2}&\frac{1}{2}\\0&0&1&0&1&1\end{array}\right]$$

所以

$$A^{-1}=\begin{bmatrix}-\frac{1}{2}&-\frac{3}{2}&-\frac{5}{2}\\\frac{1}{2}&\frac{1}{2}&\frac{1}{2}\\0&1&1\end{bmatrix}$$

---

下面给出矩阵方程 $AX=B$ 的初等变换解法，其中 $A$ 为可逆方阵，$B$ 为已知矩阵，$X$ 为待求未知矩阵.

因为 $X=A^{-1}B$ 为矩阵方程的解，设 $PA=E$，从而 $P=A^{-1}$，所以

$$P(A,B)=(PA,PB)=\left(E,A^{-1}B\right)=(E,X)$$

由此 $(A,B)\overset{r}{\sim}(E,X)$.

解矩阵方程的初等变换法：首先把矩阵 $A$ 和 $B$ 拼在一起得矩阵 $(A,B)$，然后把矩阵 $(A,B)$ 化为行最简型矩阵，这样把 $A$ 化为单位阵 $E$ 的同时，矩阵 $B$ 就化为矩阵方程的解 $X$.

---

【例 3.15】已知矩阵 $A=\begin{bmatrix}4&2&3\\1&1&0\\-1&2&3\end{bmatrix}$ 和矩阵 $B$ 满足 $AB=A+2B$，求矩阵 $B$.

**解** 由已知得 $(A-2E)B=A$，因此

$$(A-2E,A)=\begin{bmatrix}2&2&3&4&2&3\\1&-1&0&1&1&0\\-1&2&1&-1&2&3\end{bmatrix}\sim\begin{bmatrix}1&-1&0&1&1&0\\2&2&3&4&2&3\\-1&2&1&-1&2&3\end{bmatrix}$$

$$\sim\begin{bmatrix}1&-1&0&1&1&0\\0&4&3&2&0&3\\0&1&1&0&3&3\end{bmatrix}\sim\begin{bmatrix}1&-1&0&1&1&0\\0&1&1&0&3&3\\0&4&3&2&0&3\end{bmatrix}$$

$$\sim\begin{bmatrix}1&-1&0&1&1&0\\0&1&0&0&3&3\\0&0&-1&2&-12&-9\end{bmatrix}\sim\begin{bmatrix}1&-1&0&1&1&0\\0&1&1&0&3&3\\0&0&1&-2&12&9\end{bmatrix}$$

$$\sim\begin{bmatrix}1&-1&0&1&1&0\\0&1&0&2&-9&-6\\0&0&1&-2&12&9\end{bmatrix}\sim\begin{bmatrix}1&0&0&3&-8&-6\\0&1&0&2&-9&-6\\0&0&1&-2&12&9\end{bmatrix}$$

所以

$$B=\begin{bmatrix}3&-8&-6\\2&-9&-6\\-2&12&9\end{bmatrix}$$

---

当然这种矩阵方程的求解也可以先求 $A^{-1}$，再与 $B$ 相乘而得到未知矩阵 $X$. 另外也可以只通过矩阵的列初等变换求矩阵 $A$ 的逆矩阵 $A^{-1}$ 或求解矩阵方程 $AX=B$ 和 $XA=B$.

下面介绍向量在不同基下的坐标变换公式.

第 1 章介绍过，$\mathbf{R}^n=\left\{(x_1,x_2,\cdots,x_n)^{\mathrm{T}} \mid x_i\in\mathbf{R}, i=1,2,\cdots,n\right\}$是一个 $n$ 维向量空间．假设 $\boldsymbol{a}_1,\boldsymbol{a}_2,\cdots,\boldsymbol{a}_n$ 是 $\mathbf{R}^n$ 的一个基，称为旧基，$\boldsymbol{b}_1,\boldsymbol{b}_2,\cdots,\boldsymbol{b}_n$ 是 $\mathbf{R}^n$ 的另外一个基，称为新基．用 $\boldsymbol{A}=(\boldsymbol{a}_1,\boldsymbol{a}_2,\cdots,\boldsymbol{a}_n)$ 表示由基 $\boldsymbol{a}_1,\boldsymbol{a}_2,\cdots,\boldsymbol{a}_n$ 构成的矩阵，用 $\boldsymbol{B}=(\boldsymbol{b}_1,\boldsymbol{b}_2,\cdots,\boldsymbol{b}_n)$ 表示由基 $\boldsymbol{b}_1,\boldsymbol{b}_2,\cdots,\boldsymbol{b}_n$ 构成的矩阵，显然 $\boldsymbol{A},\boldsymbol{B}$ 均是可逆矩阵，且

$$(\boldsymbol{b}_1,\boldsymbol{b}_2,\cdots,\boldsymbol{b}_n)=(\boldsymbol{a}_1,\boldsymbol{a}_2,\cdots,\boldsymbol{a}_n)(\boldsymbol{A}^{-1}\boldsymbol{B})$$

令 $\boldsymbol{P}=\boldsymbol{A}^{-1}\boldsymbol{B}$，则

$$(\boldsymbol{b}_1,\boldsymbol{b}_2,\cdots,\boldsymbol{b}_n)=(\boldsymbol{a}_1,\boldsymbol{a}_2,\cdots,\boldsymbol{a}_n)\boldsymbol{P}$$

称可逆矩阵 $\boldsymbol{P}$ 为从旧基到新基的**过渡矩阵**（change-of-basis matrix，transition matrix）．显然，矩阵 $\boldsymbol{P}$ 的列向量正好是新基在旧基下的坐标．

对任意 $\boldsymbol{v}\in\mathbf{R}^n$，它在旧基下的坐标为$\begin{bmatrix}\lambda_1\\\lambda_2\\\vdots\\\lambda_n\end{bmatrix}$，在新基下的坐标为$\begin{bmatrix}\mu_1\\\mu_2\\\vdots\\\mu_n\end{bmatrix}$，即

$$\boldsymbol{v}=(\boldsymbol{a}_1,\boldsymbol{a}_2,\cdots,\boldsymbol{a}_n)\begin{bmatrix}\lambda_1\\\lambda_2\\\vdots\\\lambda_n\end{bmatrix}=\boldsymbol{A}\begin{bmatrix}\lambda_1\\\lambda_2\\\vdots\\\lambda_n\end{bmatrix},\quad \boldsymbol{v}=(\boldsymbol{b}_1,\boldsymbol{b}_2,\cdots,\boldsymbol{b}_n)\begin{bmatrix}\mu_1\\\mu_2\\\vdots\\\mu_n\end{bmatrix}=\boldsymbol{B}\begin{bmatrix}\mu_1\\\mu_2\\\vdots\\\mu_n\end{bmatrix}$$

从而有

$$\boldsymbol{B}\begin{bmatrix}\mu_1\\\mu_2\\\vdots\\\mu_n\end{bmatrix}=\boldsymbol{A}\begin{bmatrix}\lambda_1\\\lambda_2\\\vdots\\\lambda_n\end{bmatrix}$$

即

$$\begin{bmatrix}\mu_1\\\mu_2\\\vdots\\\mu_n\end{bmatrix}=\boldsymbol{B}^{-1}\boldsymbol{A}\begin{bmatrix}\lambda_1\\\lambda_2\\\vdots\\\lambda_n\end{bmatrix}$$

注意到 $\boldsymbol{P}^{-1}=\boldsymbol{B}^{-1}\boldsymbol{A}$，从而有

$$\begin{bmatrix}\mu_1\\\mu_2\\\vdots\\\mu_n\end{bmatrix}=\boldsymbol{P}^{-1}\begin{bmatrix}\lambda_1\\\lambda_2\\\vdots\\\lambda_n\end{bmatrix}$$

这就得到从旧基的坐标到新基的坐标的**坐标变换**（change-of-coordinates）公式．

【例 3.16】设 $A=(\boldsymbol{a}_1,\boldsymbol{a}_2,\boldsymbol{a}_3)=\begin{bmatrix}2&2&-1\\2&-1&2\\-1&2&2\end{bmatrix}$，$B=(\boldsymbol{b}_1,\boldsymbol{b}_2)=\begin{bmatrix}1&4\\0&3\\-4&2\end{bmatrix}$，验证 $\boldsymbol{a}_1,\boldsymbol{a}_2,\boldsymbol{a}_3$ 是 $\mathbf{R}^3$ 的一个基，并用这个基线性表示 $\boldsymbol{b}_1,\boldsymbol{b}_2$ .

**证明** 要证 $\boldsymbol{a}_1,\boldsymbol{a}_2,\boldsymbol{a}_3$ 是 $\mathbf{R}^3$ 的一个基，只需证 $\boldsymbol{a}_1,\boldsymbol{a}_2,\boldsymbol{a}_3$ 线性无关，即只要证 $A\sim E$ . 另外设

$$\boldsymbol{b}_1=x_{11}\boldsymbol{a}_1+x_{21}\boldsymbol{a}_2+x_{31}\boldsymbol{a}_3,\ \boldsymbol{b}_2=x_{12}\boldsymbol{a}_1+x_{22}\boldsymbol{a}_2+x_{32}\boldsymbol{a}_3$$

即

$$(\boldsymbol{b}_1,\boldsymbol{b}_2)=(\boldsymbol{a}_1,\boldsymbol{a}_2,\boldsymbol{a}_3)\begin{bmatrix}x_{11}&x_{12}\\x_{21}&x_{22}\\x_{31}&x_{32}\end{bmatrix}$$

记为

$$B=AX$$

因此，对矩阵 $(A,B)$ 施行行初等变换，若 $A$ 能变为 $E$ ，则 $\boldsymbol{a}_1,\boldsymbol{a}_2,\boldsymbol{a}_3$ 是 $\mathbf{R}^3$ 的一个基，且当 $A$ 变为 $E$ 时，$X=A^{-1}B$ .

$$(A,B)=\begin{bmatrix}2&2&-1&1&4\\2&-1&2&0&3\\-1&2&2&-4&2\end{bmatrix}\xrightarrow[\substack{r_2-2r_1\\r_3+r_1}]{\frac{1}{3}(r_1+r_2+r_3)}\begin{bmatrix}1&1&1&-1&3\\0&-3&0&2&-3\\0&3&3&-5&5\end{bmatrix}$$

$$\xrightarrow[r_3\div 3]{r_2\div(-3)}\begin{bmatrix}1&1&1&-1&3\\0&1&0&-2/3&1\\0&1&1&-5/3&5/3\end{bmatrix}\xrightarrow[r_3-r_2]{r_1-r_3}\begin{bmatrix}1&0&0&2/3&4/3\\0&1&0&-2/3&1\\0&0&1&-1&2/3\end{bmatrix}$$

因为有 $A\sim E$ ，故 $\boldsymbol{a}_1,\boldsymbol{a}_2,\boldsymbol{a}_3$ 是 $\mathbf{R}^3$ 的一个基，且

$$(\boldsymbol{b}_1,\boldsymbol{b}_2)=(\boldsymbol{a}_1,\boldsymbol{a}_2,\boldsymbol{a}_3)\begin{bmatrix}2/3&4/3\\-2/3&1\\-1&2/3\end{bmatrix}$$

---

【例 3.17】已知 $\mathbf{R}^3$ 的两个基为

$$\boldsymbol{a}_1=\begin{bmatrix}1\\1\\1\end{bmatrix},\boldsymbol{a}_2=\begin{bmatrix}1\\0\\-1\end{bmatrix},\boldsymbol{a}_3=\begin{bmatrix}1\\0\\1\end{bmatrix}$$

$$\boldsymbol{b}_1=\begin{bmatrix}1\\2\\1\end{bmatrix},\boldsymbol{b}_2=\begin{bmatrix}2\\3\\4\end{bmatrix},\boldsymbol{b}_3=\begin{bmatrix}3\\4\\3\end{bmatrix}$$

（1）求由基 $\boldsymbol{a}_1,\boldsymbol{a}_2,\boldsymbol{a}_3$ 到基 $\boldsymbol{b}_1,\boldsymbol{b}_2,\boldsymbol{b}_3$ 的过渡矩阵 $\boldsymbol{P}$；

（2）设向量 $\boldsymbol{x}$ 在基 $\boldsymbol{a}_1,\boldsymbol{a}_2,\boldsymbol{a}_3$ 中的坐标为 $\begin{bmatrix}1\\1\\3\end{bmatrix}$，求它在基 $\boldsymbol{b}_1,\boldsymbol{b}_2,\boldsymbol{b}_3$ 中的坐标.

**解**　（1）由 $\boldsymbol{A}=(\boldsymbol{a}_1,\boldsymbol{a}_2,\boldsymbol{a}_3)=\begin{bmatrix}1&1&1\\1&0&0\\1&-1&1\end{bmatrix}$，可求得

$$\boldsymbol{A}^{-1}=\frac{1}{2}\begin{bmatrix}0&2&0\\1&0&-1\\1&-2&1\end{bmatrix}$$

又因为 $\boldsymbol{B}=(\boldsymbol{b}_1,\boldsymbol{b}_2,\boldsymbol{b}_3)=\begin{bmatrix}1&2&3\\2&3&4\\1&4&3\end{bmatrix}$，所以 $\boldsymbol{a}_1,\boldsymbol{a}_2,\boldsymbol{a}_3$ 到 $\boldsymbol{b}_1,\boldsymbol{b}_2,\boldsymbol{b}_3$ 的过渡矩阵为

$$\boldsymbol{P}=\boldsymbol{A}^{-1}\boldsymbol{B}=\frac{1}{2}\begin{bmatrix}0&2&0\\1&0&-1\\1&-2&1\end{bmatrix}\begin{bmatrix}1&2&3\\2&3&4\\1&4&3\end{bmatrix}=\begin{bmatrix}2&3&4\\0&-1&0\\-1&0&-1\end{bmatrix}$$

（2）由（1）可求出 $\boldsymbol{P}^{-1}=-\frac{1}{2}\begin{bmatrix}1&3&4\\0&2&0\\-1&-3&-2\end{bmatrix}$，则向量 $\boldsymbol{x}$ 在基 $\boldsymbol{b}_1,\boldsymbol{b}_2,\boldsymbol{b}_3$ 下的坐标为

$$-\frac{1}{2}\begin{bmatrix}1&3&4\\0&2&0\\-1&-3&-2\end{bmatrix}\begin{bmatrix}1\\1\\3\end{bmatrix}=\begin{bmatrix}-8\\-1\\5\end{bmatrix}$$

---

## 3.5　矩阵的秩

在第 1 章中定义了向量组的秩，下面给出研究矩阵的一个重要指标，即矩阵的秩.

**定义 3.11**　设 $\boldsymbol{A}$ 为一个矩阵，定义矩阵 $\boldsymbol{A}$ 对应的行向量组的秩为**矩阵 $\boldsymbol{A}$ 的秩**，记作 $R(\boldsymbol{A})$.

矩阵 $\boldsymbol{A}$ 的秩定义为它对应的行向量组的秩，也称为**矩阵 $\boldsymbol{A}$ 的行秩**，矩阵 $\boldsymbol{A}$ 对应的列向量组的秩称为**矩阵 $\boldsymbol{A}$ 的列秩**. 若矩阵 $\boldsymbol{A}$ 的秩与矩阵 $\boldsymbol{A}$ 的行（列）数相等，则称矩阵 $\boldsymbol{A}$ 为行（列）满秩.

**定理 3.2** 矩阵 $\boldsymbol{A}$ 的行秩与列秩相等.

**证明** 首先考虑 $m\times n$ 矩阵 $\boldsymbol{A}$ 为行满秩且列满秩的情况. 因为行满秩矩阵 $\boldsymbol{A}$ 的行向量都是 $n$ 维向量，而线性无关的 $n$ 维向量组至多包含 $n$ 个 $n$ 维向量，所以矩阵 $\boldsymbol{A}$ 的行秩 $m\leqslant n$. 同理，矩阵 $\boldsymbol{A}$ 的列秩 $n\leqslant m$，因此 $m=n$.

设 $m\times n$ 矩阵 $\boldsymbol{A}$ 的行秩为 $r$ 且 $r<m$，则矩阵 $\boldsymbol{A}$ 的行向量组线性相关. 下面证明保留 $\boldsymbol{A}$ 的行向量组的一个极大无关组，从其他 $m-r$ 个行向量中删除一个行向量后所得矩阵的列秩不发生变化.

设 $\boldsymbol{A}$ 的列向量组为 $(\boldsymbol{a}_1,\boldsymbol{a}_2,\cdots,\boldsymbol{a}_n)$，删除第 $k$ 行后的列向量组为 $(\tilde{\boldsymbol{a}}_1,\tilde{\boldsymbol{a}}_2,\cdots,\tilde{\boldsymbol{a}}_n)$，显然它们具有相同的行秩. 另外，由 $\lambda_1\boldsymbol{a}_1+\lambda_2\boldsymbol{a}_2+\cdots+\lambda_n\boldsymbol{a}_n=\boldsymbol{0}$ 可得 $\lambda_1\tilde{\boldsymbol{a}}_1+\lambda_2\tilde{\boldsymbol{a}}_2+\cdots+\lambda_n\tilde{\boldsymbol{a}}_n=\boldsymbol{0}$. 反之若 $\lambda_1\tilde{\boldsymbol{a}}_1+\lambda_2\tilde{\boldsymbol{a}}_2+\cdots+\lambda_n\tilde{\boldsymbol{a}}_n=\boldsymbol{0}$，即 $\sum\limits_{i\neq k,\,j=1}^{n}\lambda_j a_{ij}=0$. 由 $\boldsymbol{a}_k=(a_{k1},a_{k2},\cdots,a_{kn})=\sum\limits_{i\neq k}\eta_i\boldsymbol{a}_i$ 可得

$$\sum_{j=1}^{n}\lambda_j a_{kj}=\sum_{j=1}^{n}\sum_{i\neq k}\lambda_j\eta_i a_{ij}=\sum_{i\neq k}\eta_i\sum_{j=1}^{n}\lambda_j a_{ij}=0$$

因此 $\lambda_1\boldsymbol{a}_1+\lambda_2\boldsymbol{a}_2+\cdots+\lambda_n\boldsymbol{a}_n=\boldsymbol{0}$，说明这两个列向量组有相同的线性关系，即 $\boldsymbol{A}$ 的列向量组的部分组线性相（无）关，则删除第 $k$ 行后的列向量组为 $(\tilde{\boldsymbol{a}}_1,\tilde{\boldsymbol{a}}_2,\cdots,\tilde{\boldsymbol{a}}_n)$ 的部分组线性相（无）关，从而这两个向量组对应的矩阵具有相同的列秩.

类似地，若 $\boldsymbol{A}$ 的列秩为 $c$，可以证明保留 $\boldsymbol{A}$ 的列向量组的一个极大无关组，从其他 $n-c$ 个列向量中删除一个列向量后所得矩阵的行秩、列秩也不发生变化.

如此将矩阵 $\boldsymbol{A}$ 删除极大无关组外的行和列后得到的是一个行满秩且列满秩的矩阵 $\boldsymbol{B}$，矩阵 $\boldsymbol{B}$ 的行秩等于列秩，因此矩阵 $\boldsymbol{A}$ 的行秩等于矩阵 $\boldsymbol{A}$ 的列秩.

因为矩阵 $\boldsymbol{A}$ 的行秩与列秩相等且均等于对应的向量组的秩，所以后面不再加以区分，统称为矩阵的秩或向量组的秩. 由矩阵的初等变换的定义和定理 3.2 的证明过程容易得到矩阵的初等变换不改变矩阵的秩，因此有如下重要定理.

**定理 3.3** 若矩阵 $\boldsymbol{A}\sim\boldsymbol{B}$，则 $R(\boldsymbol{A})=R(\boldsymbol{B})$.

根据上一节的内容易得到如下推论：

**推论** 如果存在可逆矩阵 $\boldsymbol{P},\boldsymbol{Q}$ 使得 $\boldsymbol{PAQ}=\boldsymbol{B}$，则 $R(\boldsymbol{A})=R(\boldsymbol{B})$.

特别地，对 $n$ 阶方阵 $\boldsymbol{A}$，若 $R(\boldsymbol{A})=\boldsymbol{n}$，则方阵 $\boldsymbol{A}$ 可逆，反之亦成立. 因此方阵 $\boldsymbol{A}$ 可逆的充要条件是方阵 $\boldsymbol{A}$ 为满秩矩阵.

---

**【例 3.18】** 已知矩阵 $\boldsymbol{A}=\begin{bmatrix}1&-1&3&5&2\\0&1&7&4&5\\0&0&0&2&1\\0&0&0&0&0\end{bmatrix}$，求矩阵 $\boldsymbol{A}$ 的秩.

**解** 矩阵 $\boldsymbol{A}$ 是阶梯形矩阵且只有三个非零行，而且显然三个非零行对应的向量线性

无关，因此 $R(A)=3$.

上面例子中阶梯形矩阵的秩等于它的非零行的行数，实际上这个规律对任意一个阶梯形矩阵都成立．由此根据定理 3.3 可得求矩阵秩的一种方法，即只需要把矩阵 $\boldsymbol{A}$ 通过初等变换化为行阶梯形矩阵，然后数一下非零行的行数即为所求矩阵 $\boldsymbol{A}$ 的秩．

**【例 3.19】** 已知矩阵 $\boldsymbol{A}=\begin{bmatrix}0 & 16 & -7 & -5 & 5\\ 1 & -5 & 2 & 1 & -1\\ -1 & -11 & 5 & 4 & -4\\ 2 & 6 & -3 & -3 & 7\end{bmatrix}$，求矩阵 $\boldsymbol{A}$ 的秩.

**解**　因为

$$\boldsymbol{A}\sim\begin{bmatrix}1 & -5 & 2 & 1 & -1\\ 0 & 16 & -7 & -5 & 5\\ -1 & -11 & 5 & 4 & -4\\ 2 & 6 & -3 & -3 & 7\end{bmatrix}\sim\begin{bmatrix}1 & -5 & 2 & 1 & -1\\ 0 & 16 & -7 & -5 & 5\\ 0 & -16 & 7 & 5 & -5\\ 0 & 16 & -7 & -5 & 9\end{bmatrix}\sim\begin{bmatrix}1 & -5 & 2 & 1 & -1\\ 0 & 16 & -7 & -5 & 5\\ 0 & 0 & 0 & 0 & 4\\ 0 & 0 & 0 & 0 & 0\end{bmatrix}$$

所以 $R(\boldsymbol{A})=3$.

因为有序向量组与矩阵是一一对应的，为了求一个给定向量组的秩与极大线性无关组，可以把这个向量组对应的矩阵用行初等变换化为阶梯形矩阵，则阶梯形矩阵中非零行的数目即为向量组的秩，各行首个非零元素所在列所对应的原来的向量组成的向量组即为所求极大线性无关组．对于 $n$ 阶方阵 $\boldsymbol{A}$，其可逆的充要条件是 $\boldsymbol{A}$ 与单位矩阵等价，根据定理 3.3 可以得到矩阵 $\boldsymbol{A}$ 非奇异的充要条件为 $\boldsymbol{A}$ 对应的行（列）向量组的秩等于 $n$ 或行（列）向量组线性无关．

**【例 3.20】** 已知向量组 $\boldsymbol{a}_1=\begin{bmatrix}3\\1\\2\\5\end{bmatrix},\boldsymbol{a}_2=\begin{bmatrix}1\\1\\1\\2\end{bmatrix},\boldsymbol{a}_3=\begin{bmatrix}2\\0\\1\\3\end{bmatrix},\boldsymbol{a}_4=\begin{bmatrix}1\\-1\\0\\1\end{bmatrix},\boldsymbol{a}_5=\begin{bmatrix}4\\2\\3\\7\end{bmatrix}$，求该向量组的秩和一个最大线性无关组.

**解**　设矩阵

$$\boldsymbol{A}=(\boldsymbol{a}_1,\boldsymbol{a}_2,\boldsymbol{a}_3,\boldsymbol{a}_4,\boldsymbol{a}_5)=\begin{bmatrix}3 & 1 & 2 & 1 & 4\\ 1 & 1 & 0 & -1 & 2\\ 2 & 1 & 1 & 0 & 3\\ 5 & 2 & 3 & 1 & 7\end{bmatrix}$$

化成行阶梯形矩阵为

$$\begin{bmatrix}1&1&0&-1&2\\0&-1&1&2&-1\\0&0&0&0&0\\0&0&0&0&0\end{bmatrix}$$

因此 $R(A)=2$，即所求向量组的秩为 2．显然行阶梯阵中第 1 列和第 3 列线性无关，故向量组 $(\boldsymbol{a}_1,\boldsymbol{a}_3)$ 为 $\boldsymbol{A}$ 的一个最大线性无关组．

---

由矩阵的初等变换可知，若 $\boldsymbol{A}\overset{r}{\sim}\boldsymbol{B}$，则齐次线性方程 $\boldsymbol{Ax}=\boldsymbol{0}$ 和 $\boldsymbol{Bx}=\boldsymbol{0}$ 同解．利用这一简单性质，可以解决如下重要问题．

---

**【例 3.21】**设有向量组 $\boldsymbol{a}_1=\begin{bmatrix}2\\1\\4\\3\end{bmatrix},\boldsymbol{a}_2=\begin{bmatrix}-1\\1\\-6\\6\end{bmatrix},\boldsymbol{a}_3=\begin{bmatrix}-1\\-2\\2\\-9\end{bmatrix},\boldsymbol{a}_4=\begin{bmatrix}1\\1\\-2\\7\end{bmatrix},\boldsymbol{a}_5=\begin{bmatrix}2\\4\\4\\9\end{bmatrix}$，求向量组的秩及一个最大线性无关组，并将其余向量用这个最大线性无关组线性表示．

**解** $\boldsymbol{A}=(\boldsymbol{a}_1,\boldsymbol{a}_2,\boldsymbol{a}_3,\boldsymbol{a}_4,\boldsymbol{a}_5)=\begin{bmatrix}2&-1&-1&1&2\\1&1&-2&1&4\\4&-6&2&-2&4\\3&6&-9&7&9\end{bmatrix}$，化成行阶梯形矩阵为

$$\begin{bmatrix}1&1&-2&1&4\\0&1&-1&0&3\\0&0&0&1&-3\\0&0&0&0&0\end{bmatrix}=(\boldsymbol{b}_1,\boldsymbol{b}_2,\boldsymbol{b}_3,\boldsymbol{b}_4,\boldsymbol{b}_5)$$

因此 $R(\boldsymbol{a}_1,\boldsymbol{a}_2,\boldsymbol{a}_3,\boldsymbol{a}_4,\boldsymbol{a}_5)=3$，显然 $\boldsymbol{a}_1,\boldsymbol{a}_2,\boldsymbol{a}_4$ 行等价于 $\boldsymbol{b}_1,\boldsymbol{b}_2,\boldsymbol{b}_4$，且 $\boldsymbol{b}_1,\boldsymbol{b}_2,\boldsymbol{b}_4$ 线性无关，从而 $\boldsymbol{a}_1,\boldsymbol{a}_2,\boldsymbol{a}_4$ 也线性无关，即 $\boldsymbol{a}_1,\boldsymbol{a}_2,\boldsymbol{a}_4$ 就是所求的一个最大线性无关组．

进一步把矩阵 $\boldsymbol{A}$ 化为行最简型矩阵为

$$\begin{bmatrix}1&0&-1&0&4\\0&1&-1&0&3\\0&0&0&1&-3\\0&0&0&0&0\end{bmatrix}=(\boldsymbol{\gamma}_1,\boldsymbol{\gamma}_2,\boldsymbol{\gamma}_3,\boldsymbol{\gamma}_4,\boldsymbol{\gamma}_5)$$

显然有 $\boldsymbol{\gamma}_3=(-1)\boldsymbol{\gamma}_1+(-1)\boldsymbol{\gamma}_2+0\boldsymbol{\gamma}_3,\boldsymbol{\gamma}_5=4\boldsymbol{\gamma}_1+3\boldsymbol{\gamma}_2+(-3)\boldsymbol{\gamma}_3$，由此可得

$$\boldsymbol{a}_3=-\boldsymbol{a}_1-\boldsymbol{a}_2,\boldsymbol{a}_5=4\boldsymbol{a}_1+3\boldsymbol{a}_2-3\boldsymbol{a}_3$$

---

下面给出矩阵秩的一些常用性质.

（1）$0 \leqslant R(A_{m\times n}) \leqslant \min\{m,n\}$；

（2）$R(A^{\mathrm{T}}) = R(A)$；

（3）设 $\boldsymbol{b}$ 为非零列向量，则

$$R(\boldsymbol{A}) \leqslant R(\boldsymbol{A},\boldsymbol{b}) \leqslant R(\boldsymbol{A}) + 1$$

对一般的矩阵 $\boldsymbol{B}$，有

$$\max\{R(\boldsymbol{A}),R(\boldsymbol{B})\} \leqslant R(\boldsymbol{A},\boldsymbol{B}) \leqslant R(\boldsymbol{A}) + R(\boldsymbol{B})$$

（4）$R(\boldsymbol{A}+\boldsymbol{B}) \leqslant R(\boldsymbol{A}) + R(\boldsymbol{B})$；

（5）$R(\boldsymbol{AB}) \leqslant \min\{R(\boldsymbol{A}),R(\boldsymbol{B})\}$；

（6）设矩阵 $\boldsymbol{A}$ 有 $n$ 列，矩阵 $\boldsymbol{B}$ 有 $n$ 行，且 $\boldsymbol{AB}=\boldsymbol{0}$，则 $R(\boldsymbol{A})+R(\boldsymbol{B}) \leqslant n$.

---

**【例 3.22】** 设 $\boldsymbol{A}$ 为 $n$ 阶矩阵，且 $\boldsymbol{A}^2=\boldsymbol{E}$. 证明：$R(\boldsymbol{A}+\boldsymbol{E})+R(\boldsymbol{A}-\boldsymbol{E})=n$.

**证明**　由 $\boldsymbol{A}^2=\boldsymbol{E}$ 可得 $(\boldsymbol{A}+\boldsymbol{E})(\boldsymbol{A}-\boldsymbol{E})=\boldsymbol{0}$，由上述性质（6）可得 $R(\boldsymbol{A}+\boldsymbol{E})+R(\boldsymbol{A}-\boldsymbol{E}) \leqslant n$.

又由上述性质（4）可得 $R(\boldsymbol{A}+\boldsymbol{E})+R(\boldsymbol{E}-\boldsymbol{A}) \geqslant R[(\boldsymbol{A}+\boldsymbol{E})+(\boldsymbol{E}-\boldsymbol{A})]=R(2\boldsymbol{E})=n$，又注意到 $R(\boldsymbol{E}-\boldsymbol{A})=R(\boldsymbol{A}-\boldsymbol{E})$，因此 $R(\boldsymbol{A}+\boldsymbol{E})+R(\boldsymbol{A}-\boldsymbol{E}) \geqslant n$. 由此可得 $R(\boldsymbol{A}+\boldsymbol{E})+R(\boldsymbol{A}-\boldsymbol{E})=n$.

---

## 3.6　分块矩阵

在矩阵的行和列之间加入一些横线和竖线，从而把矩阵分成若干个子矩阵，也叫子块，保持子块之间的相对位置不变，以这些子块为元素的矩阵就称为**分块矩阵**（partitioned matrix）. 例如

$$\boldsymbol{A}=\left[\begin{array}{cc:ccc} a_{11} & a_{12} & a_{13} & a_{14} & a_{15} \\ \hdashline a_{21} & a_{22} & a_{23} & a_{24} & a_{25} \\ a_{31} & a_{32} & a_{33} & a_{34} & a_{35} \\ \hdashline a_{41} & a_{42} & a_{43} & a_{44} & a_{45} \end{array}\right]$$

令

$$\boldsymbol{A}_{11}=(a_{11},a_{12}),\boldsymbol{A}_{12}=(a_{13},a_{14},a_{15}),\boldsymbol{A}_{21}=\begin{bmatrix} a_{21} & a_{22} \\ a_{31} & a_{32} \end{bmatrix},\boldsymbol{A}_{22}=\begin{bmatrix} a_{23} & a_{24} & a_{25} \\ a_{33} & a_{34} & a_{35} \end{bmatrix}$$

$$A_{31}=(a_{41},a_{42}),A_{32}=(a_{43},a_{44},a_{45})$$

则矩阵 $\boldsymbol{A}$ 可以表示为分块矩阵

$$\boldsymbol{A}=\begin{bmatrix}\boldsymbol{A}_{11} & \boldsymbol{A}_{12}\\ \boldsymbol{A}_{21} & \boldsymbol{A}_{22}\\ \boldsymbol{A}_{31} & \boldsymbol{A}_{32}\end{bmatrix}$$

假设矩阵 $\boldsymbol{A}$ 是一个 $m\times n$ 矩阵，如下两种特殊的分块方法具有重要的应用：

（1）按列分块法，即每一列都是一个子块，则矩阵 $\boldsymbol{A}$ 可以表示为

$$\boldsymbol{A}=(\boldsymbol{\alpha}_1,\boldsymbol{\alpha}_2,\cdots,\boldsymbol{\alpha}_n)$$

其中 $\boldsymbol{\alpha}_1$ 是第 1 列，$\boldsymbol{\alpha}_2$ 是第 2 列，…，$\boldsymbol{\alpha}_n$ 是第 $n$ 列，也就是 $n$ 个列向量.

（2）按行分块法，即每一行都是一个子块，则矩阵 $\boldsymbol{A}$ 可以表示为

$$\boldsymbol{A}=\begin{bmatrix}\boldsymbol{\beta}_1\\ \boldsymbol{\beta}_2\\ \vdots\\ \boldsymbol{\beta}_m\end{bmatrix}$$

其中 $\boldsymbol{\beta}_1$ 是矩阵 $\boldsymbol{A}$ 的第 1 行，$\boldsymbol{\beta}_2$ 是矩阵 $\boldsymbol{A}$ 的第 2 行，…，$\boldsymbol{\beta}_m$ 是矩阵 $\boldsymbol{A}$ 的第 $m$ 行，即 $m$ 个行向量. 这两种分块方法分别是矩阵 $\boldsymbol{A}$ 与有序列向量组和有序行向量组的对应.

分块矩阵仅仅是一种形式，它本质上仍然是矩阵，因此需要对分块矩阵给出一些运算规律.

（1）假设矩阵 $\boldsymbol{A}$ 与矩阵 $\boldsymbol{B}$ 为同型矩阵，而且分块方法完全相同，则 $\boldsymbol{A}+\boldsymbol{B}$ 等于对应的子块相加.

（2）矩阵 $\boldsymbol{A}$ 为一分块矩阵，$\lambda$ 为一个常数，则 $\lambda\boldsymbol{A}$ 等于用 $\lambda$ 去乘矩阵 $\boldsymbol{A}$ 的每一子块.

（3）设矩阵 $\boldsymbol{A}$ 的列数与矩阵 $\boldsymbol{B}$ 的行数相等，而且 $\boldsymbol{A}$ 的每一行的子块的列数分别等于 $\boldsymbol{B}$ 的每一列的子块的行数，也就是说，$\boldsymbol{A}$ 的每一行的子块与 $\boldsymbol{B}$ 的每一列的对应的子块都可以相乘，则 $\boldsymbol{AB}$ 就等于 $\boldsymbol{A}$ 的每一行的子块与 $\boldsymbol{B}$ 的每一列的对应的子块相乘再相加所得的分块矩阵.

（4）设 $\boldsymbol{A}=\begin{bmatrix}\boldsymbol{A}_{11} & \cdots & \boldsymbol{A}_{1n}\\ \vdots & & \vdots\\ \boldsymbol{A}_{m1} & \cdots & \boldsymbol{A}_{mn}\end{bmatrix}$，则 $\boldsymbol{A}^{\mathrm{T}}=\begin{bmatrix}\boldsymbol{A}_{11}^{\mathrm{T}} & \cdots & \boldsymbol{A}_{m1}^{\mathrm{T}}\\ \vdots & & \vdots\\ \boldsymbol{A}_{1n}^{\mathrm{T}} & \cdots & \boldsymbol{A}_{mn}^{\mathrm{T}}\end{bmatrix}$.

（5）形如 $\boldsymbol{A}=\begin{bmatrix}\boldsymbol{A}_1 & & & \boldsymbol{0}\\ & \boldsymbol{A}_2 & & \\ & & \ddots & \\ \boldsymbol{0} & & & \boldsymbol{A}_s\end{bmatrix}$ 的矩阵称为**分块对角矩阵**（block diagonal matrix），其中 $\boldsymbol{A}_1,\boldsymbol{A}_2,\cdots,\boldsymbol{A}_s$ 为方阵子块，其余子块都是零矩阵. 对于分块对角矩阵，如果 $\boldsymbol{A}_1,\boldsymbol{A}_2,\cdots,\boldsymbol{A}_s$

均是可逆方阵，则矩阵 $\boldsymbol{A}$ 也可逆，且

$$\boldsymbol{A}^{-1}=\begin{bmatrix}\boldsymbol{A}_1^{-1} & & & \boldsymbol{0}\\ & \boldsymbol{A}_2^{-1} & & \\ & & \ddots & \\ \boldsymbol{0} & & & \boldsymbol{A}_s^{-1}\end{bmatrix}$$

---

**【例 3.23】** 已知矩阵 $\boldsymbol{A}=\begin{bmatrix}1&2&0&0\\2&1&0&0\\0&0&3&0\\0&0&2&1\end{bmatrix}$，求 $\boldsymbol{A}^{-1}$.

**解**　把矩阵 $\boldsymbol{A}$ 进行如下分块

$$\boldsymbol{A}=\left[\begin{array}{cc|cc}1&2&0&0\\2&1&0&0\\\hline 0&0&3&0\\0&0&2&1\end{array}\right]=\begin{bmatrix}\boldsymbol{A}_{11}&\boldsymbol{0}\\\boldsymbol{0}&\boldsymbol{A}_{22}\end{bmatrix}$$

由于

$$\boldsymbol{A}_{11}^{-1}=\begin{bmatrix}-\frac{1}{3}&\frac{2}{3}\\\frac{2}{3}&-\frac{1}{3}\end{bmatrix},\quad \boldsymbol{A}_{22}^{-1}=\begin{bmatrix}\frac{1}{3}&0\\-\frac{2}{3}&1\end{bmatrix}$$

所以

$$\boldsymbol{A}^{-1}=\begin{bmatrix}-\frac{1}{3}&\frac{2}{3}&0&0\\\frac{2}{3}&-\frac{1}{3}&0&0\\0&0&\frac{1}{3}&0\\0&0&-\frac{2}{3}&1\end{bmatrix}$$

---

**【例 3.24】** 设 $\boldsymbol{A},\boldsymbol{B}$ 均为 $n$ 阶矩阵，证明：

$$R\begin{bmatrix}\boldsymbol{A}&\boldsymbol{0}\\\boldsymbol{0}&\boldsymbol{B}\end{bmatrix}=R(\boldsymbol{A})+R(\boldsymbol{B})$$

**证明**　设 $R(\boldsymbol{A})=r,R(\boldsymbol{B})=s$，则存在可逆矩阵 $\boldsymbol{P}_1,\boldsymbol{Q}_1,\boldsymbol{P}_2,\boldsymbol{Q}_2$，使得

$$\boldsymbol{P}_1\boldsymbol{A}\boldsymbol{Q}_1=\begin{bmatrix}\boldsymbol{E}_r&\boldsymbol{0}\\\boldsymbol{0}&\boldsymbol{0}\end{bmatrix},\quad \boldsymbol{P}_2\boldsymbol{B}\boldsymbol{Q}_2=\begin{bmatrix}\boldsymbol{E}_s&\boldsymbol{0}\\\boldsymbol{0}&\boldsymbol{0}\end{bmatrix}$$

这里 $\boldsymbol{E}_r$，$\boldsymbol{E}_s$ 分别为 $r$ 阶单位矩阵和 $s$ 阶单位矩阵. 因此

$$\begin{bmatrix} \boldsymbol{P}_1 & \boldsymbol{0} \\ \boldsymbol{0} & \boldsymbol{P}_2 \end{bmatrix}\begin{bmatrix} \boldsymbol{A} & \boldsymbol{0} \\ \boldsymbol{0} & \boldsymbol{B} \end{bmatrix}\begin{bmatrix} \boldsymbol{Q}_1 & \boldsymbol{0} \\ \boldsymbol{0} & \boldsymbol{Q}_2 \end{bmatrix}=\begin{bmatrix} \boldsymbol{E}_r & \boldsymbol{0} & \boldsymbol{0} & \boldsymbol{0} \\ \boldsymbol{0} & \boldsymbol{0} & \boldsymbol{0} & \boldsymbol{0} \\ \boldsymbol{0} & \boldsymbol{0} & \boldsymbol{E}_s & \boldsymbol{0} \\ \boldsymbol{0} & \boldsymbol{0} & \boldsymbol{0} & \boldsymbol{0} \end{bmatrix}$$

故

$$R\begin{bmatrix} \boldsymbol{A} & \boldsymbol{0} \\ \boldsymbol{0} & \boldsymbol{B} \end{bmatrix}=r+s=R(\boldsymbol{A})+R(\boldsymbol{B})$$

---

【例 3.25】设 $\boldsymbol{A},\boldsymbol{B}$ 分别为 $m$ 阶可逆矩阵和 $n$ 阶可逆矩阵，$\boldsymbol{C}$ 为 $m\times n$ 矩阵，求 $\begin{bmatrix} \boldsymbol{A} & \boldsymbol{C} \\ \boldsymbol{0} & \boldsymbol{B} \end{bmatrix}^{-1}$.

解：设 $\begin{bmatrix} \boldsymbol{A} & \boldsymbol{C} \\ \boldsymbol{0} & \boldsymbol{B} \end{bmatrix}\begin{bmatrix} \boldsymbol{M}_{11} & \boldsymbol{M}_{12} \\ \boldsymbol{M}_{21} & \boldsymbol{M}_{22} \end{bmatrix}=\boldsymbol{E}$，由分块矩阵乘法可得

$$\begin{cases} \boldsymbol{A}\boldsymbol{M}_{11}+\boldsymbol{C}\boldsymbol{M}_{21}=\boldsymbol{E} \\ \boldsymbol{A}\boldsymbol{M}_{12}+\boldsymbol{C}\boldsymbol{M}_{22}=\boldsymbol{0} \\ \boldsymbol{B}\boldsymbol{M}_{21}=\boldsymbol{0} \\ \boldsymbol{B}\boldsymbol{M}_{22}=\boldsymbol{E} \end{cases}$$

解得

$$\boldsymbol{M}_{11}=\boldsymbol{A}^{-1},\boldsymbol{M}_{12}=-\boldsymbol{A}^{-1}\boldsymbol{C}\boldsymbol{B}^{-1},\boldsymbol{M}_{21}=\boldsymbol{0},\boldsymbol{M}_{22}=\boldsymbol{B}^{-1}$$

由此得

$$\begin{bmatrix} \boldsymbol{M}_{11} & \boldsymbol{M}_{12} \\ \boldsymbol{M}_{21} & \boldsymbol{M}_{22} \end{bmatrix}=\begin{bmatrix} \boldsymbol{A}^{-1} & -\boldsymbol{A}^{-1}\boldsymbol{C}\boldsymbol{B}^{-1} \\ \boldsymbol{0} & \boldsymbol{B}^{-1} \end{bmatrix}$$

经验证确实有

$$\begin{bmatrix} \boldsymbol{A} & \boldsymbol{C} \\ \boldsymbol{0} & \boldsymbol{B} \end{bmatrix}^{-1}=\begin{bmatrix} \boldsymbol{A}^{-1} & -\boldsymbol{A}^{-1}\boldsymbol{C}\boldsymbol{B}^{-1} \\ \boldsymbol{0} & \boldsymbol{B}^{-1} \end{bmatrix}$$

---

# 3.7 线性方程组的解续论

## 3.7.1 线性方程组解的判定

对于 $n$ 元线性方程组 $\boldsymbol{Ax}=\boldsymbol{b}$，其系数矩阵

$$\boldsymbol{A}=\begin{bmatrix} a_{11} & a_{12} & \cdots & a_{1n} \\ a_{21} & a_{22} & \cdots & a_{2n} \\ \vdots & \vdots & & \vdots \\ a_{m1} & a_{m2} & \cdots & a_{mn} \end{bmatrix}=(\boldsymbol{a}_1,\boldsymbol{a}_2,\cdots,\boldsymbol{a}_n)$$

则该方程组可以写作

$$(\boldsymbol{a}_1,\boldsymbol{a}_2,\cdots,\boldsymbol{a}_n)\begin{bmatrix}x_1\\x_2\\\vdots\\x_n\end{bmatrix}=\begin{bmatrix}b_1\\b_2\\\vdots\\b_m\end{bmatrix}$$

利用分块矩阵乘法，可得

$$x_1\boldsymbol{a}_1+x_2\boldsymbol{a}_2+\cdots+x_n\boldsymbol{a}_n=\boldsymbol{b}$$

因此线性方程组 $\boldsymbol{Ax}=\boldsymbol{b}$ 的解存在意味着常数列向量 $\boldsymbol{b}$ 可以用系数矩阵对应的列向量组 $(\boldsymbol{a}_1,\boldsymbol{a}_2,\cdots,\boldsymbol{a}_n)$ 线性表示，而且方程组的解向量即为向量 $\boldsymbol{b}$ 用系数列向量组 $(\boldsymbol{a}_1,\boldsymbol{a}_2,\cdots,\boldsymbol{a}_n)$ 线性表示的系数.

利用矩阵秩的概念，可以给出线性方程组 $\boldsymbol{Ax}=\boldsymbol{b}$ 无解、有唯一解和有无穷多解的充分必要条件.

**定理 3.4**　设有 $m$ 个方程 $n$ 个未知数的线性方程组 $\boldsymbol{Ax}=\boldsymbol{b}$，则

（1）原方程组无解 $\Leftrightarrow R(\boldsymbol{A})<R(\boldsymbol{A},\boldsymbol{b})$；

（2）原方程组有唯一解 $\Leftrightarrow R(\boldsymbol{A})=R(\boldsymbol{A},\boldsymbol{b})=n$；

（3）原方程组有无穷多解 $\Leftrightarrow R(\boldsymbol{A})=R(\boldsymbol{A},\boldsymbol{b})<n$.

该定理的证明过程其实就是求解线性方程组的过程，可以参考第 2 章初等变换法求解线性方程组的讨论. 下面再通过几个方程组求解的例子来体会一下该定理的应用.

---

**【例 3.26】** 讨论线性方程组 $\begin{cases}2x_1+x_2-x_3+x_4=1\\3x_1-2x_2+2x_3-3x_4=2\\5x_1+x_2-x_3+2x_4=-1\\2x_1-x_2+x_3-3x_4=4\end{cases}$ 的解.

**解**　线性方程组的增广矩阵为

$$\begin{bmatrix}2&1&-1&1&1\\3&-2&2&-3&2\\5&1&-1&2&-1\\2&-1&1&-3&4\end{bmatrix}$$

化成行阶梯形矩阵为

$$\begin{bmatrix}-1&3&-3&4&-1\\0&1&-1&7&-12\\0&0&0&-10&21\\0&0&0&0&-1\end{bmatrix}$$

由此可以看出系数矩阵的秩为 3，增广矩阵的秩为 4，而 3<4，所以此方程组无解．这是因为与增广矩阵的最后一行等价的方程为$0=-1$，明显矛盾，因此该方程组无解．

【例 3.27】求解线性方程组$\begin{cases} x_1-2x_2+3x_3-4x_4=4 \\ x_2-x_3+x_4=-3 \\ x_1+3x_2+x_4=1 \\ -7x_2+3x_3+x_4=-3 \end{cases}$．

**解** 线性方程组的增广矩阵为

$$\begin{bmatrix} 1 & -2 & 3 & -4 & 4 \\ 0 & 1 & -1 & 1 & -3 \\ 1 & 3 & 0 & 1 & 1 \\ 0 & -7 & 3 & 1 & -3 \end{bmatrix}$$

化成行阶梯形矩阵为

$$\begin{bmatrix} 1 & -2 & 3 & -4 & 4 \\ 0 & 1 & -1 & 1 & -3 \\ 0 & 0 & 1 & 0 & 6 \\ 0 & 0 & 0 & 1 & 0 \end{bmatrix}$$

系数矩阵的秩是 4，增广矩阵的秩也是 4，二者都与未知数的个数相等，因此方程组有唯一解，进一步化为行最简型矩阵

$$\begin{bmatrix} 1 & 0 & 0 & 0 & -8 \\ 0 & 1 & 0 & 0 & 3 \\ 0 & 0 & 1 & 0 & 6 \\ 0 & 0 & 0 & 1 & 0 \end{bmatrix}$$

代入可得线性方程组的唯一解为

$$\begin{bmatrix} x_1 \\ x_2 \\ x_3 \\ x_4 \end{bmatrix}=\begin{bmatrix} -8 \\ 3 \\ 6 \\ 0 \end{bmatrix}$$

【例 3.28】求解线性方程组$\begin{cases} 2x_1-x_2+x_4=-1 \\ x_1+3x_2-7x_3+4x_4=3 \\ 3x_1-2x_2+x_3+x_4=-2 \end{cases}$．

**解** 线性方程组的增广矩阵为

$$\begin{bmatrix}2&-1&0&1&-1\\1&3&-7&4&3\\3&-2&1&1&-2\end{bmatrix}\sim\begin{bmatrix}1&3&-7&4&3\\0&-7&14&-7&-7\\0&-11&22&-11&-11\end{bmatrix}$$

$$\sim\begin{bmatrix}1&3&-7&4&3\\0&1&-2&1&1\\0&0&0&0&0\end{bmatrix}\sim\begin{bmatrix}1&0&-1&1&0\\0&1&-2&1&1\\0&0&0&0&0\end{bmatrix}$$

它等价于线性方程组$\begin{cases}x_1-x_3+x_4=0\\x_2-2x_3+x_4=1\end{cases}$，取$x_1,x_2$为非自由变量，$x_3,x_4$为自由变量. 令$x_3=c_1,x_4=c_2$，可得线性方程组的通解为

$$\begin{cases}x_1=c_1-c_2\\x_2=2c_1-c_2+1\\x_3=c_1\\x_4=c_2\end{cases}$$

写成向量的形式为

$$\boldsymbol{x}=c_1\begin{bmatrix}1\\2\\1\\0\end{bmatrix}+c_2\begin{bmatrix}-1\\-1\\0\\1\end{bmatrix}+\begin{bmatrix}0\\1\\0\\0\end{bmatrix}\quad(c_1,c_2\in\mathbf{R})$$

---

【例 3.29】考虑非齐次线性方程组$\begin{cases}x_1+x_2+2x_3+3x_4=1\\x_1+3x_2+6x_3+x_4=3\\3x_1-x_2+\lambda x_3+15x_4=3\\x_1-5x_2-10x_3+12x_4=\mu\end{cases}$，试求$\lambda,\mu$为何值时，原方程组无解、有唯一解、有无穷多解，并在有无穷多解时求其通解.

**解**　线性方程组的增广矩阵为

$$\begin{bmatrix}1&1&2&3&1\\1&3&6&1&3\\3&-1&\lambda&15&3\\1&-5&-10&12&\mu\end{bmatrix}$$

化成行阶梯形矩阵（因为有未知数未必能化成标准的行阶梯形矩阵）：

$$\begin{bmatrix}1&1&2&0&-\mu-4\\0&1&2&0&\frac{1}{3}(\mu+8)\\0&0&2+\lambda&0&\frac{2}{3}(1-\mu)\\0&0&0&1&\frac{1}{3}(\mu+5)\end{bmatrix}$$

当 $\lambda=-2$ 且 $\mu\neq1$ 时方程组无解；当 $\lambda\neq-2$ 时方程组有唯一解；当 $\lambda=-2$，$\mu=1$ 时方程组有无穷多解，此时解方程组可以求得通解为

$$x=c\begin{bmatrix}0\\-2\\1\\0\end{bmatrix}+\begin{bmatrix}-8\\3\\0\\2\end{bmatrix}$$

根据定理 3.4 可得如下推论.

**推论 1** 线性方程组 $\boldsymbol{Ax}=\boldsymbol{b}$ 有解的充分必要条件为 $R(\boldsymbol{A})=R(\boldsymbol{A},\boldsymbol{b})$.

**推论 2** 齐次线性方程组 $\boldsymbol{Ax}=\boldsymbol{0}$ 有非零解的充分必要条件为 $R(\boldsymbol{A})<n$.

若 $\boldsymbol{A}=(\boldsymbol{a}_1,\boldsymbol{a}_2,\cdots,\boldsymbol{a}_n)$ 线性无关，而 $\boldsymbol{B}=(\boldsymbol{a}_1,\boldsymbol{a}_2,\cdots,\boldsymbol{a}_n,\boldsymbol{b})$ 线性相关，则 $R(\boldsymbol{A})=R(\boldsymbol{B})=n$，根据定理 3.4 可得线性方程组 $\boldsymbol{Ax}=\boldsymbol{b}$ 有唯一解，因此向量 $\boldsymbol{b}$ 可由向量组 $\boldsymbol{A}$ 线性表示且表法唯一.

对于推论 1，我们可以把它推广到更一般的矩阵方程的情形，下面不加证明地给出这一结论.

**定理 3.5** 矩阵方程 $\boldsymbol{AX}=\boldsymbol{B}$ 有解的充分必要条件为 $R(\boldsymbol{A})=R(\boldsymbol{A},\boldsymbol{B})$，其中 $\boldsymbol{A},\boldsymbol{B}$ 为已知矩阵，$\boldsymbol{X}$ 为未知矩阵.

因为 $m$ 个 $n$ 维向量组线性相关的充分必要条件是齐次线性方程组 $\boldsymbol{Ax}=\boldsymbol{0}$ 有非零解，根据推论 2，$m$ 个 $n$ 维向量组线性相关的充分必要条件是 $R(\boldsymbol{A})<n$.

### 3.7.2 线性方程组解的结构

上节解决了线性方程组的解的判定问题，接下来讨论解的结构问题. 当方程组有解时，解的情况只有两种可能：有唯一解或有无穷多个解. 在有唯一解的情况下，当然没有什么结构问题. 在有无穷多个解的情况下，需要讨论解与解的关系，是否可将全部的解由有限多个解表示出来，这就是解的结构问题.

容易证明线性方程组的解具有以下性质.

**性质 1** 齐次线性方程组 $\boldsymbol{Ax}=\boldsymbol{0}$ 的任意两个解的和还是它的解.

**性质 2** 齐次线性方程组 $\boldsymbol{Ax}=\boldsymbol{0}$ 的一个解的倍数还是它的解.

**性质 3** 齐次线性方程组 $\boldsymbol{Ax}=\boldsymbol{0}$ 的解的任意线性组合还是它的解.

由此可知，若齐次线性方程组 $\boldsymbol{Ax}=\boldsymbol{0}$ 有非零解，则它就有无穷多个解，那么如何把这无穷多个解表示出来呢？也就是方程组的全部解能否通过它的有限个解的线性组合表示出来. 线性方程组 $\boldsymbol{Ax}=\boldsymbol{0}$ 的每个解写成向量形式称为它的一个解向量，这无穷多个解就构成一个 $n$ 维向量组. 若能求出这个向量组的一个最大线性无关组，就能用它的线性组合来表示它的全部解. 这个最大线性无关组在线性方程组的解的理论中，称为齐次线性方程组 $\boldsymbol{Ax}=\boldsymbol{0}$ 的**基础解系**.

与最大线性无关组类似，基础解系一般也是不唯一的，但不同的基础解系所含向量的个数都是相同的.

**定理 3.6**　若齐次线性方程组 $\boldsymbol{Ax}=\boldsymbol{0}$ 的系数矩阵 $\boldsymbol{A}$ 的秩 $R(\boldsymbol{A})=r<n$，则方程组 $\boldsymbol{Ax}=\boldsymbol{0}$ 的基础解系存在，且每个基础解系中包含 $n-r$ 个解向量.

**证明**　因为 $R(\boldsymbol{A})=r<n$，对方程组 $\boldsymbol{Ax}=\boldsymbol{0}$ 的系数矩阵施行行初等变换（需要时可对 $\boldsymbol{A}$ 进行第一种列变换），可将其转化为

$$\boldsymbol{A}_1=\begin{bmatrix} 1 & 0 & \cdots & 0 & k_{1,r+1} & k_{1,r+2} & \cdots & k_{1n} \\ 0 & 1 & \cdots & \vdots & k_{2,r+1} & k_{2,r+2} & \cdots & k_{2n} \\ \vdots & & & 0 & \vdots & \vdots & & \vdots \\ 0 & \cdots & 0 & 1 & k_{r,r+1} & k_{r,r+2} & \cdots & k_{rn} \\ 0 & 0 & \cdots & 0 & 0 & 0 & \cdots & 0 \\ \vdots & \vdots & & \vdots & \vdots & \vdots & & \vdots \\ 0 & 0 & \cdots & 0 & 0 & 0 & \cdots & 0 \end{bmatrix}$$

则方程组 $\boldsymbol{Ax}=\boldsymbol{0}$ 与下列方程组同解：

$$\begin{cases} x_1=-k_{1,r+1}x_{r+1}-k_{1,r+2}x_{r+2}-\cdots-k_{1n}x_n \\ x_2=-k_{2,r+1}x_{r+1}-k_{2,r+2}x_{r+2}-\cdots-k_{2n}x_n \\ \quad\vdots \\ x_r=-k_{r,r+1}x_{r+1}-k_{r,r+2}x_{r+2}-\cdots-k_{rn}x_n \end{cases}$$

其中，$x_{r+1},x_{r+2},\cdots,x_n$ 为自由变量. 对 $n-r$ 个自由变量分别取

$$\begin{bmatrix}1\\0\\0\\\vdots\\0\end{bmatrix},\quad \begin{bmatrix}0\\1\\0\\\vdots\\0\end{bmatrix},\quad \cdots,\quad \begin{bmatrix}0\\0\\\vdots\\0\\1\end{bmatrix}$$

可得到方程组 $\boldsymbol{Ax}=\boldsymbol{0}$ 的 $n-r$ 个解向量

$$\boldsymbol{\xi}_1=\begin{bmatrix}-k_{1,r+1}\\-k_{2,r+1}\\\vdots\\-k_{r,r+1}\\1\\0\\0\\\vdots\\0\end{bmatrix},\quad \boldsymbol{\xi}_2=\begin{bmatrix}-k_{1,r+2}\\-k_{2,r+2}\\\vdots\\-k_{r,r+2}\\0\\1\\0\\\vdots\\0\end{bmatrix},\quad \cdots,\quad \boldsymbol{\xi}_{n-r}=\begin{bmatrix}-k_{1n}\\-k_{2n}\\\vdots\\-k_{rn}\\0\\0\\\vdots\\0\\1\end{bmatrix}$$

令

$$\boldsymbol{K}=(\boldsymbol{\xi}_1,\boldsymbol{\xi}_2,\cdots,\boldsymbol{\xi}_{n-r})=\begin{bmatrix} -k_{1,r+1} & -k_{1,r+2} & \cdots & -k_{1n} \\ -k_{2,r+1} & -k_{2,r+2} & \cdots & -k_{2n} \\ \vdots & \vdots & & \vdots \\ -k_{r,r+1} & -k_{r,r+2} & \cdots & -k_{rn} \\ 1 & 0 & \cdots & 0 \\ 0 & 1 & & \vdots \\ \vdots & & \ddots & 0 \\ 0 & \cdots & 0 & 1 \end{bmatrix}$$

显然 $R(\boldsymbol{K})=n-r$，即 $\boldsymbol{\xi}_1,\boldsymbol{\xi}_2,\cdots,\boldsymbol{\xi}_{n-r}$ 线性无关.

设 $\boldsymbol{\xi}=\begin{bmatrix} x_1 \\ x_2 \\ \vdots \\ x_n \end{bmatrix}$ 是齐次线性方程组 $\boldsymbol{Ax}=\boldsymbol{0}$ 的任一解. 因为

$$\begin{cases} x_1=-k_{1,r+1}x_{r+1}-k_{1,r+2}x_{r+2}-\cdots-k_{1n}x_n \\ x_2=-k_{2,r+1}x_{r+1}-k_{2,r+2}x_{r+2}-\cdots-k_{2n}x_n \\ \quad\vdots \\ x_r=-k_{r,r+1}x_{r+1}-k_{r,r+2}x_{r+2}-\cdots-k_{rn}x_n \end{cases}$$

所以

$$\boldsymbol{\xi}=\begin{bmatrix} -k_{1,r+1}x_{r+1}-k_{1,r+2}x_{r+2}-\cdots-k_{1n}x_n \\ -k_{2,r+1}x_{r+1}-k_{2,r+2}x_{r+2}-\cdots-k_{2n}x_n \\ \vdots \\ -k_{r,r+1}x_{r+1}-k_{r,r+2}x_{r+2}-\cdots-k_{rn}x_n \\ x_{r+1}+0+\cdots+0 \\ 0+x_{r+2}+\cdots+0 \\ \vdots \\ 0+0+\cdots+x_n \end{bmatrix}$$

$$=x_{r+1}\begin{bmatrix} -k_{1,r+1} \\ -k_{2,r+1} \\ \vdots \\ -k_{r,r+1} \\ 1 \\ 0 \\ 0 \\ \vdots \\ 0 \end{bmatrix}+x_{r+2}\begin{bmatrix} -k_{1,r+2} \\ -k_{2,r+2} \\ \vdots \\ -k_{r,r+2} \\ 0 \\ 1 \\ 0 \\ \vdots \\ 0 \end{bmatrix}+\cdots+x_n\begin{bmatrix} -k_{1n} \\ -k_{2n} \\ \vdots \\ -k_{rn} \\ 0 \\ 0 \\ \vdots \\ 0 \\ 1 \end{bmatrix}$$

$$=x_{r+1}\boldsymbol{\xi}_1+x_{r+2}\boldsymbol{\xi}_2+\cdots+x_n\boldsymbol{\xi}_{n-r}$$

说明 $\boldsymbol{\xi}$ 是 $\boldsymbol{\xi}_1,\boldsymbol{\xi}_2,\cdots,\boldsymbol{\xi}_{n-r}$ 的线性组合.

综上所述，$\boldsymbol{\xi}_1,\boldsymbol{\xi}_2,\cdots,\boldsymbol{\xi}_{n-r}$ 是齐次线性方程组 $\boldsymbol{Ax}=\boldsymbol{0}$ 的一个基础解系，方程组 $\boldsymbol{Ax}=\boldsymbol{0}$ 的全部解为

$$\boldsymbol{x}=c_1\boldsymbol{\xi}_1+c_2\boldsymbol{\xi}_2+\cdots+c_{n-r}\boldsymbol{\xi}_{n-r}$$

其中，$c_1,c_2,\cdots,c_{n-r}$ 为任意实数. 上式称为方程组 $\boldsymbol{Ax}=\boldsymbol{0}$ 的通解.

**性质 4**　非齐次线性方程组 $\boldsymbol{Ax}=\boldsymbol{b}$ 的任意两个解的差是它对应的齐次线性方程组 $\boldsymbol{Ax}=\boldsymbol{0}$ 的一个解.

**性质 5**　非齐次线性方程组 $\boldsymbol{Ax}=\boldsymbol{b}$ 的一个解与它对应的齐次线性方程组 $\boldsymbol{Ax}=\boldsymbol{0}$ 的一个解的和是非齐次线性方程组 $\boldsymbol{Ax}=\boldsymbol{b}$ 的一个解.

**定理 3.7**　设 $\boldsymbol{x}^*$ 是非齐次线性方程组 $\boldsymbol{Ax}=\boldsymbol{b}$ 的一个解，对应的齐次线性方程组 $\boldsymbol{Ax}=\boldsymbol{0}$ 的通解为 $c\boldsymbol{x}_0$，则非齐次线性方程组 $\boldsymbol{Ax}=\boldsymbol{b}$ 的通解为 $c\boldsymbol{x}_0+\boldsymbol{x}^*$.

根据这个定理，如果齐次线性方程组 $\boldsymbol{Ax}=\boldsymbol{0}$ 仅有零解，则非齐次线性方程组 $\boldsymbol{Ax}=\boldsymbol{b}$ 只有唯一解，如果齐次线性方程组 $\boldsymbol{Ax}=\boldsymbol{0}$ 有无穷多解，则 $\boldsymbol{Ax}=\boldsymbol{b}$ 也有无穷多解.

---

**【例 3.30】** 判断矩阵 $\boldsymbol{A}=\begin{bmatrix}1 & 1 & 1 & 4 & -3\\2 & 1 & 3 & 5 & -5\\1 & -1 & 3 & -2 & -1\\3 & 1 & 5 & 6 & -7\end{bmatrix}$ 的列向量组的线性相关性，并求齐次线性方程组 $\boldsymbol{Ax}=\boldsymbol{0}$ 的通解.

**解**　矩阵 $\boldsymbol{A}$ 化成行最简型矩阵为

$$\begin{bmatrix}1 & 0 & 2 & 1 & -2\\0 & 1 & -1 & 3 & -1\\0 & 0 & 0 & 0 & 0\\0 & 0 & 0 & 0 & 0\end{bmatrix}$$

显然 $R(\boldsymbol{A})=2<5$，因此矩阵 $\boldsymbol{A}$ 对应的列向量组线性相关.

与行最简型矩阵等价的方程组为

$$\begin{cases}x_1+2x_3+x_4-2x_5=0\\x_2-x_3+3x_4-x_5=0\end{cases}$$

其中，$x_3,x_4,x_5$ 为自由变量，$x_1,x_2$ 为非自由变量. 设 $x_3=c_1,x_4=c_2,x_5=c_3$，则方程组 $\boldsymbol{Ax}=\boldsymbol{0}$ 的通解为

$$\begin{cases}x_1=-2c_1-c_2+2c_3\\x_2=c_1-3c_2+c_3\\x_3=c_1\\x_4=c_2\\x_5=c_3\end{cases}$$

或

$$x = c_1\begin{bmatrix}-2\\1\\1\\0\\0\end{bmatrix}+c_2\begin{bmatrix}-1\\-3\\0\\1\\0\end{bmatrix}+c_3\begin{bmatrix}2\\1\\0\\0\\1\end{bmatrix}$$

---

根据这一例题，设 $S$ 表示齐次线性方程组 $\boldsymbol{Ax}=\boldsymbol{0}$ 的所有解向量的集合，即 $S=\{\boldsymbol{x}|\boldsymbol{Ax}=\boldsymbol{0}\}$，由例 3.30 可知解集 $S$ 对应的向量组的秩 $R(S)=3$，正好是任意常数 $c_1,c_2,c_3$ 的个数，也就是自由变量的个数．另外，$R(\boldsymbol{A})=2$ 正好是非自由变量的个数，因此 $R(S)+R(\boldsymbol{A})$ 正好是所有未知数的个数 5．这一结论对其他齐次线性方程组也是成立的，因此有如下重要定理．

**定理 3.8** 设 $n$ 元齐次线性方程组 $\boldsymbol{Ax}=\boldsymbol{0}$ 的所有解的集合为 $S$，即 $S=\{\boldsymbol{x}|\boldsymbol{Ax}=\boldsymbol{0}\}$，$R(\boldsymbol{A})$ 表示系数矩阵 $\boldsymbol{A}$ 的秩，$R(S)$ 表示 $S$ 对应的向量组的秩，则 $R(S)+R(\boldsymbol{A})=n$．

根据第 1 章，$n$ 元齐次线性方程组 $\boldsymbol{Ax}=\boldsymbol{0}$ 的解集 $S$ 构成一个向量空间，即齐次线性方程组的**解空间**（solution space）或矩阵 $\boldsymbol{A}$ 的**零空间**（null space）或**核**（kernel），相应的解集 $S$ 的最大线性无关组对应齐次线性方程组的基础解系，也对应于零空间的基底，根据定理 3.8，$\boldsymbol{A}$ 的零空间的维数，即**零度**（nullity）等于 $n-R(\boldsymbol{A})$．

---

**【例 3.31】** 设 $\boldsymbol{A}_{m\times n}\boldsymbol{B}_{n\times l}=\boldsymbol{0}$，证明 $R(\boldsymbol{A})+R(\boldsymbol{B})\leqslant n$．

**证明** 设 $\boldsymbol{B}=(\boldsymbol{b}_1,\boldsymbol{b}_2\cdots,\boldsymbol{b}_l)$，由于 $\boldsymbol{A}_{m\times n}\boldsymbol{B}_{n\times l}=\boldsymbol{0}$，可得

$$\boldsymbol{Ab}_1=\boldsymbol{0},\ \boldsymbol{Ab}_2=\boldsymbol{0},\cdots,\ \boldsymbol{Ab}_l=\boldsymbol{0}$$

即 $\boldsymbol{b}_1,\boldsymbol{b}_2\cdots,\boldsymbol{b}_l$ 是齐次线性方程组 $\boldsymbol{Ax}=\boldsymbol{0}$ 的解，用 $S$ 表示它的解集，则

$$R(\boldsymbol{B})=R(\boldsymbol{b}_1,\boldsymbol{b}_2\cdots,\boldsymbol{b}_l)\leqslant R(S)$$

又由定理 3.8 可知 $R(S)=n-R(\boldsymbol{A})$，因此

$$R(\boldsymbol{B})\leqslant R(S)=n-R(\boldsymbol{A})\Rightarrow R(\boldsymbol{A})+R(\boldsymbol{B})\leqslant n$$

注意这正是前面所讲的矩阵的秩的性质之一．

---

**【例 3.32】** 对任何矩阵 $\boldsymbol{A}$，证明：$R(\boldsymbol{A}^{\mathrm{T}}\boldsymbol{A})=R(\boldsymbol{A})$．

**证明** 设矩阵 $\boldsymbol{A}$ 有 $n$ 列，考虑两个齐次线性方程组 $\boldsymbol{Ax}=\boldsymbol{0}$ 和 $\boldsymbol{A}^{\mathrm{T}}\boldsymbol{Ax}=\boldsymbol{0}$ 的解的情况，设 $\boldsymbol{Ax}=\boldsymbol{0}$ 的解集为 $S$，$\boldsymbol{A}^{\mathrm{T}}\boldsymbol{Ax}=\boldsymbol{0}$ 的解集为 $T$．

（1）$\forall\boldsymbol{v}\in S$，则 $\boldsymbol{Av}=\boldsymbol{0}$，从而 $\boldsymbol{A}^{\mathrm{T}}\boldsymbol{Av}=\boldsymbol{0}$，即 $\boldsymbol{v}\in T$．因此有 $S\subset T$．

（2）$\forall \boldsymbol{v}\in T$，则 $\boldsymbol{A}^{\mathrm{T}}\boldsymbol{A}\boldsymbol{v}=\boldsymbol{0}$，即 $\boldsymbol{v}^{\mathrm{T}}\boldsymbol{A}^{\mathrm{T}}\boldsymbol{A}\boldsymbol{v}=\boldsymbol{0}\Rightarrow(\boldsymbol{A}\boldsymbol{v})^{\mathrm{T}}(\boldsymbol{A}\boldsymbol{v})=\boldsymbol{0}\Rightarrow\boldsymbol{A}\boldsymbol{v}=\boldsymbol{0}$，即 $\boldsymbol{v}\in S$. 因此 $T\subset S$.

由（1）（2）可得 $S=T$，从而 $R(S)=R(T)$，又由定理 3.8 可知 $R(S)=n-R(\boldsymbol{A})$ 且 $R(T)=n-R(\boldsymbol{A}^{\mathrm{T}}\boldsymbol{A})$，因此有 $R(\boldsymbol{A}^{\mathrm{T}}\boldsymbol{A})=R(\boldsymbol{A})$.

# 习　题　3

1. 已知矩阵

$$\boldsymbol{A}=\begin{bmatrix}1&2&1\\2&-1&0\\1&1&0\end{bmatrix},\quad \boldsymbol{B}=\begin{bmatrix}0&1&0\\2&1&0\\0&2&1\end{bmatrix}$$

求 $\boldsymbol{AB}-\boldsymbol{BA}$ .

2. 已知矩阵

$$\boldsymbol{A}=\begin{bmatrix}1&2&3\\0&3&1\end{bmatrix},\quad \boldsymbol{B}=\begin{bmatrix}1&3&0\\2&1&0\\0&2&1\end{bmatrix}$$

求 $\boldsymbol{AB},\boldsymbol{AB}-\boldsymbol{AB}^{\mathrm{T}}$ .

3. $\mathbf{R}^2$ 中的点（$x$，$y$）可以对应于 $\mathbf{R}^3$ 中的点 $(x,y,1)$，即它在 $xOy$ 平面上方 1 单位的平面上，称 $(x,y,1)$ 是 $(x,y)$ 的齐次坐标. 设矩阵 $\boldsymbol{A}=\begin{bmatrix}\cos\theta&-\sin\theta&0\\\sin\theta&\cos\theta&0\\0&0&1\end{bmatrix}$，试说明矩阵 $\boldsymbol{A}$ 对应的线性变换的作用.

4. 设 $\boldsymbol{A}=\boldsymbol{\alpha}^{\mathrm{T}}\boldsymbol{\beta}$，其中 $\boldsymbol{\alpha}=(1,2,3)$, $\boldsymbol{\beta}=\left(1,\dfrac{1}{2},\dfrac{1}{3}\right)$，求 $\boldsymbol{A}^2,\boldsymbol{A}^n$（$n$ 为正整数）.

5. 计算

$$(x,y,1)\begin{bmatrix}a_{11}&a_{12}&a_2\\a_{21}&a_{22}&a_1\\a_2&a_1&a_0\end{bmatrix}\begin{bmatrix}x\\y\\1\end{bmatrix}$$

6. 当 $x$ 与 $y$ 满足什么关系时，矩阵 $\boldsymbol{A}=\begin{bmatrix}1&2\\4&3\end{bmatrix}$ 与 $\boldsymbol{B}=\begin{bmatrix}x&1\\2&y\end{bmatrix}$ 可换.

7. 讨论与矩阵 $\boldsymbol{A}=\begin{bmatrix}1 & 0\\1 & 1\end{bmatrix}$ 可交换的方阵的一般形式.

8. 讨论与矩阵 $\boldsymbol{A}=\begin{bmatrix}0 & 0 & 0\\1 & 0 & 0\\0 & 1 & 0\end{bmatrix}$ 可交换的方阵的一般形式.

9. 设 $\boldsymbol{A}$ 为 $n$ 阶方阵，满足 $\boldsymbol{A}^2=\boldsymbol{A}$，$k$ 是正整数，求 $(\boldsymbol{E}+\boldsymbol{A})^k$.

10. 设 $\boldsymbol{A}$ 和 $\boldsymbol{B}$ 均是 $n$ 阶方阵，且 $\boldsymbol{A}^2=\boldsymbol{A},\boldsymbol{B}^2=\boldsymbol{B}$，证明：

$$(\boldsymbol{A}+\boldsymbol{B})^2=\boldsymbol{A}+\boldsymbol{B}\Leftrightarrow \boldsymbol{AB}=\boldsymbol{BA}=\boldsymbol{0}$$

11. 设 $\boldsymbol{A}$ 和 $\boldsymbol{B}$ 均是 $n$ 阶方阵，$\boldsymbol{AB}+\boldsymbol{BA}=\boldsymbol{E}$，证明：$\boldsymbol{A}^3\boldsymbol{B}+\boldsymbol{BA}^3=\boldsymbol{A}^2$.

12. 设 $\boldsymbol{A}$ 和 $\boldsymbol{B}$ 均是 $n$ 阶方阵，$\boldsymbol{A}+\boldsymbol{B}=\boldsymbol{E}$，证明：$\boldsymbol{AB}=\boldsymbol{BA}$.

13. 设 $\boldsymbol{\alpha}$ 为 $n$ 维列向量,矩阵 $\boldsymbol{A}=\boldsymbol{E}-2\boldsymbol{\alpha}\boldsymbol{\alpha}^{\mathrm{T}},\boldsymbol{\alpha}^{\mathrm{T}}\boldsymbol{\alpha}=1$. 证明:(1)$\boldsymbol{A}=\boldsymbol{A}^{\mathrm{T}}$;(2)$\boldsymbol{AA}^{\mathrm{T}}=\boldsymbol{E}$.

14. 试证：任意一个 $n$ 阶方阵均可唯一地表示为一个同阶对称阵和一个同阶斜对称阵的和的形式.

15. 设 $\boldsymbol{A}=(a_{ij})$ 为 $n$ 阶方阵，则 $\boldsymbol{A}$ 的对角线上的元素之和称为 $\boldsymbol{A}$ 的迹（trace)，记作 $\mathrm{tr}(\boldsymbol{A})$，即 $\mathrm{tr}(\boldsymbol{A})=\sum_{i=1}^{n}a_{ii}$. 证明:（1）$\mathrm{tr}(c\boldsymbol{A})=c\,\mathrm{tr}(\boldsymbol{A})$，其中 $c$ 为任意常数;（2）$\mathrm{tr}(\boldsymbol{A}+\boldsymbol{B})=\mathrm{tr}(\boldsymbol{A})+\mathrm{tr}(\boldsymbol{B})$;（3）$\mathrm{tr}(\boldsymbol{AB})=\mathrm{tr}(\boldsymbol{BA})$.

16. 求下列矩阵的逆矩阵.

（1）$\begin{bmatrix}1 & 2 & 3\\4 & 5 & 8\\3 & 4 & 6\end{bmatrix}$ （2）$\begin{bmatrix}1 & 1 & -1\\2 & 1 & 0\\1 & -1 & 0\end{bmatrix}$ （3）$\begin{bmatrix}1 & 1 & 1 & 1\\1 & 1 & -1 & -1\\1 & -1 & 1 & -1\\1 & -1 & -1 & 1\end{bmatrix}$

17. 分别求出下列矩阵方程的解.

（1）$\begin{bmatrix}3 & -1\\-4 & 2\end{bmatrix}\boldsymbol{X}=\begin{bmatrix}-1 & 5\\2 & -6\end{bmatrix}$ （2）$\boldsymbol{X}\begin{bmatrix}3 & -1\\-4 & 2\end{bmatrix}=\begin{bmatrix}-1 & 5\\2 & -6\end{bmatrix}$

（3）$\begin{bmatrix}2 & 2 & 3\\1 & -1 & 0\\-1 & 2 & 1\end{bmatrix}\boldsymbol{X}=\begin{bmatrix}4 & 2 & 3\\1 & 1 & 0\\-1 & 2 & 3\end{bmatrix}$ （4）$\boldsymbol{X}\begin{bmatrix}1 & 1 & -1\\2 & 1 & 0\\1 & -1 & 1\end{bmatrix}=\begin{bmatrix}1 & 1 & 3\\4 & 3 & 2\\1 & 2 & 5\end{bmatrix}$

18.（1）设 $\boldsymbol{A}=\begin{bmatrix}1 & -3 & 0\\2 & 1 & 0\\0 & 0 & 2\end{bmatrix}$，$\boldsymbol{A}+\boldsymbol{X}=\boldsymbol{XA}$，求矩阵 $\boldsymbol{X}$.

（2）已知 $\boldsymbol{A}=\begin{bmatrix}1 & -1 & 1\\-1 & 1 & -1\\1 & -1 & 1\end{bmatrix}$，$\boldsymbol{B}=\begin{bmatrix}1\\-1\\1\end{bmatrix}$，且 $\boldsymbol{XA}=\boldsymbol{X}+\boldsymbol{BB}^{\mathrm{T}}$，求矩阵 $\boldsymbol{X}$.

19. 若$2A(A-E)=A^3$，证明：$E-A$可逆，并求$(E-A)^{-1}$.

20. 设$B,C$均为可逆矩阵，$A=\begin{bmatrix}0 & B\\ C & 0\end{bmatrix}$，求$A^{-1}$.

21. 设$A,B$分别为$m$阶可逆矩阵和$n$阶可逆矩阵，$C$为$n\times m$矩阵，求$\begin{bmatrix}A & 0\\ C & B\end{bmatrix}^{-1}$.

22. 利用分块矩阵求下列方阵的逆矩阵.

（1）$\begin{bmatrix}1 & 2 & 0 & 0\\ 3 & 4 & 0 & 0\\ 0 & 0 & 5 & 6\\ 0 & 0 & 7 & 8\end{bmatrix}$　（2）$\begin{bmatrix}0 & 0 & 1 & 2\\ 0 & 0 & 3 & 4\\ 5 & 6 & 0 & 0\\ 7 & 8 & 0 & 0\end{bmatrix}$　（3）$\begin{bmatrix}1 & 0 & 1 & 2\\ 0 & 1 & 3 & 4\\ 0 & 0 & 1 & 0\\ 0 & 0 & 0 & 1\end{bmatrix}$

23. 设$A$与$B$均是$n$阶对称矩阵，证明：$AB$是对称矩阵的充分必要条件为$AB=BA$.

24. 设$A$为$n$阶方阵，且$A^3-A^2+2A-E=0$，证明：$A$与$E-A$均可逆，并求$A^{-1}$和$(E-A)^{-1}$.

25. 设$A$为$n$阶方阵，且$n\geqslant 2$，$A$中所有元素均为 1，证明：$(E-A)^{-1}=E-\dfrac{1}{n-1}A$.

26. 求下列线性方程组的通解.

（1）$\begin{cases}x_1+x_2+2x_3+3x_4=1\\ x_1+2x_2+3x_3-x_4=-4\\ 3x_1-x_2-x_3-2x_4=-4\\ 2x_1+3x_2-x_3-x_4=-6\end{cases}$　（2）$\begin{cases}x_1-2x_2+x_3+3x_4=5\\ 2x_1+x_2-x_3+x_4=2\\ 3x_1+4x_2-3x_3-x_4=-1\\ x_1+3x_2-2x_4=-1\end{cases}$

（3）$\begin{cases}x_1-5x_2-2x_3=4\\ 2x_1-3x_2+x_3=7\\ -x_1+12x_2+7x_3=-5\\ x_1+16x_2+13x_3=1\end{cases}$　（4）$\begin{cases}2x_1-3x_2+x_3+5x_4=6\\ -3x_1+x_2+2x_3-4x_4=5\\ -x_1-2x_2+3x_3+x_4=11\end{cases}$

（5）$\begin{cases}x_1+5x_2-x_3-x_4=-1\\ x_1-2x_2+x_3+3x_4=3\\ 3x_1+8x_2-x_3+x_4=1\\ x_1-9x_2+3x_3+7x_4=7\end{cases}$　（6）$\begin{cases}x_1+2x_2-x_4=-1\\ -x_1-3x_2+x_3+2x_4=3\\ x_1-x_2+3x_3+x_4=1\\ 2x_1-3x_2+7x_3+3x_4=4\end{cases}$

27. 已知线性方程组

$$\begin{cases}\lambda x_1+x_2+x_3=\lambda-3\\ x_1+\lambda x_2+x_3=-2\\ x_1+x_2+\lambda x_3=-2\end{cases}$$

试讨论当$\lambda$为何值时，方程组无解、有唯一解、有无穷多解，并在有无穷多解时求出该方程组的通解.

28. 当$a$为何值时线性方程组$\begin{cases} x_1+x_2+x_3=0 \\ -2x_1+x_3=-1 \\ x_1+3x_2+4x_3=a \end{cases}$ 有解，并求出它的通解．

29. 求下列齐次线性方程组的通解．

（1）$\begin{cases} x_1+3x_2+2x_3=0 \\ x_1+5x_2+x_3=0 \\ 3x_1+5x_2+8x_3=0 \end{cases}$ （2）$\begin{cases} x_1+2x_2-x_3+2x_4=0 \\ 2x_1+4x_2+x_3+x_4=0 \\ -x_1-2x_2-2x_3+x_4=0 \end{cases}$

（3）$\begin{cases} x_1+3x_2+5x_3+5x_4+13x_5=0 \\ x_1+x_2+x_3+x_4+x_5=0 \\ x_2+3x_3+2x_4+6x_5=0 \\ 5x_1+3x_2+x_3+x_4-7x_5=0 \end{cases}$

30. 设$\boldsymbol{A}$与$\boldsymbol{B}$为两个$n$阶方阵，试证$R(\boldsymbol{AB})=R(\boldsymbol{B})$当且仅当齐次线性方程组$\boldsymbol{ABx}=\boldsymbol{0}$与$\boldsymbol{Bx}=\boldsymbol{0}$同解．

31. 设$\boldsymbol{A}$是5阶方阵，且$\boldsymbol{A}^2=\boldsymbol{0}$，试证齐次线性方程组$\boldsymbol{Ax}=\boldsymbol{0}$的基础解系中向量的个数大于或等于3．

32. 设$\boldsymbol{A}$为$n$阶方阵，如果对于任何$n$维列向量$\boldsymbol{b}$线性方程组$\boldsymbol{Ax}=\boldsymbol{b}$都有解，证明对任何取定的$\boldsymbol{b}$，$\boldsymbol{Ax}=\boldsymbol{b}$必有唯一解．

33. 设$\boldsymbol{A}$是$m\times n$矩阵，$R(\boldsymbol{A})=m$，$\boldsymbol{b}$为$n$维列向量，证明：非齐次线性方程组$\boldsymbol{Ax}=\boldsymbol{b}$一定有解．

34. 设$\boldsymbol{A}$是$m\times n$矩阵，$\boldsymbol{b}$为$n$维列向量，证明：线性方程组$\boldsymbol{A}^{\mathrm{T}}\boldsymbol{Ax}=\boldsymbol{A}^{\mathrm{T}}\boldsymbol{b}$必有解．

35. 若向量组$A=(\boldsymbol{a}_1,\boldsymbol{a}_2,\cdots,\boldsymbol{a}_m)$线性无关，而向量组$B=(\boldsymbol{a}_1,\boldsymbol{a}_2,\cdots,\boldsymbol{a}_m,\boldsymbol{b})$线性相关，那么向量$\boldsymbol{b}$可由向量组$A$线性表示且表法唯一．

36. 设矩阵$\boldsymbol{A}=\begin{bmatrix} 1 & -2 & 3 & -1 \\ 3 & -1 & 5 & -3 \\ 2 & 1 & 2 & -2 \\ 0 & 5 & -4 & 5 \end{bmatrix}$，

（1）讨论矩阵$\boldsymbol{A}$对应的列向量组的线性相关性；

（2）求矩阵$\boldsymbol{A}$对应的列向量组所生成的向量空间的一个基．

37. 求下列向量组的秩和它的一个最大线性无关组．

（1）向量组$A$：$\boldsymbol{a}_1=(1,2,2,3)^{\mathrm{T}}$，$\boldsymbol{a}_2=(1,-1,-3,6)^{\mathrm{T}}$，$\boldsymbol{a}_3=(-2,-1,1,-9)^{\mathrm{T}}$，$\boldsymbol{a}_4=(1,1,-1,6)^{\mathrm{T}}$；

（2）向量组$B$：$\boldsymbol{b}_1=(1,0,-1,1)^{\mathrm{T}}$，$\boldsymbol{b}_2=(1,-1,0,1)^{\mathrm{T}}$，$\boldsymbol{b}_3=(-1,1,1,0)^{\mathrm{T}}$．

38. 设向量组$\boldsymbol{b}_1=(1,-1,0,0)^{\mathrm{T}}$，$\boldsymbol{b}_2=(-1,2,1,-1)^{\mathrm{T}}$，$\boldsymbol{b}_3=(0,1,1,-1)^{\mathrm{T}}$ $\boldsymbol{b}_4=(-1,3,2,1)^{\mathrm{T}}$，$\boldsymbol{b}_5=(-2,6,4,-1)^{\mathrm{T}}$，求向量组的一个最大线性无关组，并将其余向量用该最大线性无关组线性表示．

39. 设有向量组 $\boldsymbol{a}_1=(1,2,1)^{\mathrm T},\boldsymbol{a}_2=(\lambda,-1,10)^{\mathrm T},\boldsymbol{a}_3=(-1,\lambda,-6)^{\mathrm T}$ 和向量 $\boldsymbol{b}=(2,5,1)^{\mathrm T}$. 试讨论当 $\lambda$ 取何值时，(1) $\boldsymbol{b}$ 能由 $\boldsymbol{a}_1,\boldsymbol{a}_2,\boldsymbol{a}_3$ 线性表示，且表示式唯一；(2) $\boldsymbol{b}$ 能由 $\boldsymbol{a}_1,\boldsymbol{a}_2,\boldsymbol{a}_3$ 线性表示，且表示式不唯一；(3) $\boldsymbol{b}$ 不能由 $\boldsymbol{a}_1,\boldsymbol{a}_2,\boldsymbol{a}_3$ 线性表示.

40. 已知 $\mathbf{R}^3$ 的两个基为

$$\boldsymbol{a}_1=\begin{bmatrix}1\\0\\0\end{bmatrix},\boldsymbol{a}_2=\begin{bmatrix}1\\1\\0\end{bmatrix},\boldsymbol{a}_3=\begin{bmatrix}1\\1\\1\end{bmatrix};\boldsymbol{b}_1=\begin{bmatrix}1\\2\\1\end{bmatrix},\boldsymbol{b}_2=\begin{bmatrix}2\\3\\3\end{bmatrix},\boldsymbol{b}_3=\begin{bmatrix}3\\7\\1\end{bmatrix}$$

(1) 求由基 $\boldsymbol{a}_1,\boldsymbol{a}_2,\boldsymbol{a}_3$ 到基 $\boldsymbol{b}_1,\boldsymbol{b}_2,\boldsymbol{b}_3$ 的过渡矩阵 $\boldsymbol{P}$；

(2) 设向量 $\boldsymbol{x}$ 在前一基中的坐标为 $\begin{bmatrix}-2\\1\\2\end{bmatrix}$，求它在后一基中的坐标.

41. 已知 $\mathbf{R}^4$ 的两个基为

$$\boldsymbol{a}_1=\begin{bmatrix}1\\1\\1\\1\end{bmatrix},\boldsymbol{a}_2=\begin{bmatrix}1\\1\\-1\\-1\end{bmatrix},\boldsymbol{a}_3=\begin{bmatrix}1\\-1\\1\\-1\end{bmatrix},\boldsymbol{a}_4=\begin{bmatrix}1\\-1\\-1\\1\end{bmatrix}$$

$$\boldsymbol{b}_1=\begin{bmatrix}1\\1\\0\\1\end{bmatrix},\boldsymbol{b}_2=\begin{bmatrix}2\\1\\3\\1\end{bmatrix},\boldsymbol{b}_3=\begin{bmatrix}1\\1\\0\\0\end{bmatrix},\boldsymbol{b}_4=\begin{bmatrix}0\\1\\-1\\-1\end{bmatrix}$$

求从基 $\boldsymbol{a}_1,\boldsymbol{a}_2,\boldsymbol{a}_3,\boldsymbol{a}_4$ 到基 $\boldsymbol{b}_1,\boldsymbol{b}_2,\boldsymbol{b}_3,\boldsymbol{b}_4$ 的过渡矩阵.

42. 已知 $\mathbf{R}^3$ 的两个基为 $\boldsymbol{a}_1,\boldsymbol{a}_2,\boldsymbol{a}_3$ 和 $\boldsymbol{b}_1,\boldsymbol{b}_2,\boldsymbol{b}_3$，其中 $\boldsymbol{a}_1=\begin{bmatrix}1\\1\\0\end{bmatrix},\boldsymbol{a}_2=\begin{bmatrix}0\\1\\1\end{bmatrix},\boldsymbol{a}_3=\begin{bmatrix}0\\0\\1\end{bmatrix}$，由基 $\boldsymbol{a}_1,\boldsymbol{a}_2,\boldsymbol{a}_3$ 到基 $\boldsymbol{b}_1,\boldsymbol{b}_2,\boldsymbol{b}_3$ 的过渡矩阵为 $\begin{bmatrix}1&1&-2\\-2&0&3\\4&-1&-6\end{bmatrix}$，求基 $\boldsymbol{b}_1,\boldsymbol{b}_2,\boldsymbol{b}_3$.

43. 设向量 $(1,-1,1,-1)^{\mathrm T}$ 是线性方程组

$$\begin{cases}x_1 & +\lambda x_2 & +\mu x_3 & +x_4=0\\2x_1 & +x_2 & +x_3 & +2x_4=0\\3x_1 & +(2+\lambda)x_2 & +(4+\mu)x_3 & +4x_4=1\end{cases}$$

的一个解，试求

(1) 方程组的全部解，并用对应的齐次线性方程组的基础解系表示全部解；

（2）该方程组满足 $x_2=x_3$ 的全部解．

44. 求齐次线性方程组 $\begin{cases}2x_1-3x_2-2x_3+x_4=0\\3x_1+5x_2+4x_3-2x_4=0\\8x_1+7x_2+6x_3-3x_4=0\end{cases}$ 的解空间及维数．

45. 设四元非齐次线性方程组 $\boldsymbol{Ax}=\boldsymbol{b}$ 的系数矩阵 $\boldsymbol{A}$ 的秩为 3，$\boldsymbol{\eta}_1,\boldsymbol{\eta}_2,\boldsymbol{\eta}_3$ 为它的三个解向量，且

$$\boldsymbol{\eta}_1=\begin{bmatrix}2\\3\\4\\5\end{bmatrix},\quad \boldsymbol{\eta}_2+\boldsymbol{\eta}_3=\begin{bmatrix}1\\2\\3\\4\end{bmatrix}$$

求该方程组的通解．

46. 设 $\boldsymbol{A},\boldsymbol{B}$ 均为四阶方阵且 $R(\boldsymbol{A})=R(\boldsymbol{B})=2$，若两个矩阵的行向量生成的空间正交，$\boldsymbol{\xi}_1,\boldsymbol{\xi}_2$ 为方程组 $\boldsymbol{Ax}=\boldsymbol{0}$ 零空间的一组基，$\boldsymbol{\eta}_1,\boldsymbol{\eta}_2$ 为方程组 $\boldsymbol{Bx}=\boldsymbol{0}$ 零空间的一组基，证明 $\boldsymbol{\xi}_1,\boldsymbol{\xi}_2,\boldsymbol{\eta}_1,\boldsymbol{\eta}_2$ 线性无关．

47. 设 $\boldsymbol{\eta}^*$ 是非齐次线性方程组 $\boldsymbol{Ax}=\boldsymbol{b}$ 的一个解，$\boldsymbol{\xi}_1,\boldsymbol{\xi}_2,\cdots,\boldsymbol{\xi}_{n-r}$ 是对应的齐次线性方程组的一个基础解系，证明

（1）$\boldsymbol{\eta}^*,\boldsymbol{\xi}_1,\boldsymbol{\xi}_2,\cdots,\boldsymbol{\xi}_{n-r}$ 线性无关；

（2）$\boldsymbol{\eta}^*,\boldsymbol{\eta}^*+\boldsymbol{\xi}_1,\boldsymbol{\eta}^*+\boldsymbol{\xi}_2,\cdots,\boldsymbol{\eta}^*+\boldsymbol{\xi}_{n-r}$ 线性无关；

（3）方程组的任一解可表示为（2）中向量组的线性组合且组合系数的和为 1.

# 第4章　行　列　式

行列式的相关理论是从求解线性方程组的需要中建立和发展起来的，它是由莱布尼茨和日本数学家关孝和发明的．行列式不但可以用于判别对应的矩阵是否非奇异，而且在线性代数及其他数学分支上都有广泛应用．

本章主要讨论行列式的定义、基本性质、计算方法及利用行列式求解线性方程组（克拉默法则）等．

## 4.1　方阵的行列式

每一个 $n$ 阶矩阵 $\boldsymbol{A}$，均可对应一个标量 $\det(\boldsymbol{A})$，通过它可以判别矩阵 $\boldsymbol{A}$ 是否非奇异．在引入一般定义之前，考虑如下三种情形．

**情形 1：1 阶方阵**

若 $\boldsymbol{A}=(a)$ 为一个 1 阶矩阵，则当且仅当 $a\neq 0$ 时，$\boldsymbol{A}$ 存在乘法逆元．因此，若定义 $\det(\boldsymbol{A})=a$，则当且仅当 $\det(\boldsymbol{A})\neq 0$ 时，$\boldsymbol{A}$ 为非奇异的（即倒数存在）．

**情形 2：2 阶方阵**

令 $\boldsymbol{A}=\begin{bmatrix} a_{11} & a_{12} \\ a_{21} & a_{22} \end{bmatrix}$，由第 3 章可知，方阵 $\boldsymbol{A}$ 是非奇异的充要条件是它行等价于单位矩阵 $\boldsymbol{E}$．因此，若 $a_{11}\neq 0$，可以利用如下的运算检测 $\boldsymbol{A}$ 是否行等价于 $\boldsymbol{E}$？

① 将 $\boldsymbol{A}$ 的第 2 行乘 $a_{11}$：

$$\begin{bmatrix} a_{11} & a_{12} \\ a_{11}a_{21} & a_{11}a_{22} \end{bmatrix}$$

② 从新的第 2 行中减去 $a_{21}$ 乘第 1 行：

$$\begin{bmatrix} a_{11} & a_{12} \\ 0 & a_{11}a_{22}-a_{21}a_{12} \end{bmatrix}$$

因为 $a_{11}\neq 0$，结果矩阵行等价于 $\boldsymbol{E}$ 的充要条件为

$$a_{11}a_{22}-a_{21}a_{12}\neq 0 \tag{4-1}$$

若 $a_{11}=0$，可以交换 $\boldsymbol{A}$ 的两行，结果矩阵

$$\begin{bmatrix} a_{21} & a_{22} \\ 0 & a_{12} \end{bmatrix}$$

行等价于 $\boldsymbol{E}$ 的充要条件为 $a_{21}a_{12} \neq 0$．当 $a_{11}=0$ 时，这个条件等价于条件（4-1）．因此，若 $\boldsymbol{A}$ 为任意 2 阶矩阵，定义

$$\det(\boldsymbol{A}) = a_{11}a_{22} - a_{21}a_{12}$$

则当且仅当 $\det(\boldsymbol{A}) \neq 0$ 时，矩阵 $\boldsymbol{A}$ 是非奇异的．

通常采用两条竖线中间包括给定的方阵来表示给定矩阵的行列式．例如，对于 2 阶矩阵 $\boldsymbol{A} = \begin{bmatrix} 1 & 2 \\ 3 & 4 \end{bmatrix}$，$\begin{vmatrix} 1 & 2 \\ 3 & 4 \end{vmatrix}$ 表示 $\boldsymbol{A}$ 的行列式.

**情形 3：3 阶方阵**

下面通过对一个 3 阶矩阵进行行运算，并观察它是否行等价于单位矩阵 $\boldsymbol{E}$，来检验该矩阵是否为非奇异的．对任意一个 3 阶矩阵，为实现消去第一列，首先假设 $a_{11} \neq 0$．消元过程可通过从第 2 行中减去 $\dfrac{a_{21}}{a_{11}}$ 乘第 1 行，并从第 3 行中减去 $\dfrac{a_{31}}{a_{11}}$ 乘第 1 行进行，

$$\begin{bmatrix} a_{11} & a_{12} & a_{13} \\ a_{21} & a_{22} & a_{23} \\ a_{31} & a_{32} & a_{33} \end{bmatrix} \to \begin{bmatrix} a_{11} & a_{12} & a_{13} \\ 0 & \dfrac{a_{11}a_{22} - a_{21}a_{12}}{a_{11}} & \dfrac{a_{11}a_{23} - a_{21}a_{13}}{a_{11}} \\ 0 & \dfrac{a_{11}a_{32} - a_{31}a_{12}}{a_{11}} & \dfrac{a_{11}a_{33} - a_{31}a_{13}}{a_{11}} \end{bmatrix}$$

右侧的矩阵行等价于单位矩阵 $\boldsymbol{E}$ 的充要条件为

$$a_{11}\begin{vmatrix} \dfrac{a_{11}a_{22} - a_{21}a_{12}}{a_{11}} & \dfrac{a_{11}a_{23} - a_{21}a_{13}}{a_{11}} \\ \dfrac{a_{11}a_{32} - a_{31}a_{12}}{a_{11}} & \dfrac{a_{11}a_{33} - a_{31}a_{13}}{a_{11}} \end{vmatrix} \neq 0$$

尽管代数形式有些复杂，这个条件可以简化为

$$a_{11}a_{22}a_{33} - a_{11}a_{32}a_{23} - a_{12}a_{21}a_{33} + a_{12}a_{31}a_{23} + a_{13}a_{21}a_{32} - a_{13}a_{31}a_{22} \neq 0 \qquad (4-2)$$

因此，若定义

$$\det(\boldsymbol{A}) = a_{11}a_{32}a_{23} - a_{11}a_{32}a_{23} - a_{12}a_{21}a_{33} + a_{12}a_{31}a_{23} + a_{13}a_{21}a_{32} - a_{13}a_{31}a_{22} \qquad (4-3)$$

则当 $a_{11} \neq 0$ 时，矩阵是非奇异的充要条件为 $\det(\boldsymbol{A}) \neq 0$．

当 $a_{11}=0$ 时，情况又怎样呢？考虑如下的可能性：

（1）$a_{11}=0, a_{21} \neq 0$；

（2）$a_{11}=a_{21}=0, a_{13} \neq 0$；

（3） $a_{11}=a_{21}=a_{13}=0$；

对于（1），容易证明 $\boldsymbol{A}$ 行等价于单位阵 $\boldsymbol{E}$ 的充要条件为

$$-a_{12}a_{21}a_{33}+a_{12}a_{31}a_{23}+a_{13}a_{21}a_{32}-a_{13}a_{31}a_{22}\neq 0$$

这个条件与条件（4-2）在 $a_{11}=0$ 时是相同的.（1）证明的细节留给读者.

对于(2)，可以推出 $\begin{bmatrix}0 & a_{12} & a_{13}\\ 0 & a_{22} & a_{23}\\ a_{31} & a_{32} & a_{33}\end{bmatrix}$ 行等价于 $\boldsymbol{E}$ 的充要条件为 $a_{31}\left(a_{12}a_{23}-a_{22}a_{13}\right)\neq 0$.

它又对应于条件（4-2）中 $a_{11}=a_{21}=0$ 的特殊情形.

显然，对于（3），矩阵 $\boldsymbol{A}$ 不行等价于 $\boldsymbol{E}$，因此它是奇异的，此时，如果令式（4-3）中的 $a_{11},a_{21}$ 和 $a_{31}$ 等于 0，则结果为 $\det(\boldsymbol{A})=0$.

一般来说，式(4-2)给出了一个 3 阶矩阵 $\boldsymbol{A}$ 非奇异的充要条件（无论 $a_{11}$ 取何值）. 那么如何给出一个 $n$ 阶矩阵 $\boldsymbol{A}$ 非奇异的充要条件呢？

注意到对于 2 阶矩阵 $\boldsymbol{A}=\begin{bmatrix}a_{11} & a_{12}\\ a_{21} & a_{22}\end{bmatrix}$ 的行列式，若定义两个 1 阶矩阵：

$$\boldsymbol{M}_{11}=\left(a_{22}\right),\quad \boldsymbol{M}_{12}=\left(a_{21}\right)$$

显然矩阵 $\boldsymbol{M}_{11}$ 为 $\boldsymbol{A}$ 删除第 1 行、第 1 列得到的矩阵，$\boldsymbol{M}_{12}$ 为 $\boldsymbol{A}$ 删除第 1 行、第 2 列得到的矩阵，则 2 阶矩阵 $\boldsymbol{A}$ 的行列式可表示为如下形式：

$$\det(\boldsymbol{A})=a_{11}a_{22}-a_{21}a_{12}=a_{11}\det\left(\boldsymbol{M}_{11}\right)-a_{12}\det\left(\boldsymbol{M}_{12}\right) \tag{4-4}$$

对于 3 阶矩阵 $\boldsymbol{A}$，可将式（4-3）改写为

$$\det(\boldsymbol{A})=a_{11}\left(a_{22}a_{33}-a_{32}a_{23}\right)-a_{12}\left(a_{21}a_{33}-a_{31}a_{23}\right)+a_{13}\left(a_{21}a_{32}-a_{31}a_{22}\right)$$

对于 $j=1,2,3$，用 $\boldsymbol{M}_{ij}$ 表示删除 $\boldsymbol{A}$ 的第 1 行和第 $j$ 列得到的 2 阶矩阵，即

$$\boldsymbol{M}_{11}=\begin{bmatrix}a_{22} & a_{23}\\ a_{32} & a_{33}\end{bmatrix},\boldsymbol{M}_{12}=\begin{bmatrix}a_{21} & a_{23}\\ a_{31} & a_{33}\end{bmatrix},\boldsymbol{M}_{13}=\begin{bmatrix}a_{21} & a_{22}\\ a_{31} & a_{32}\end{bmatrix}$$

则 $\boldsymbol{A}$ 的行列式可表示为

$$\det(\boldsymbol{A})=a_{11}\det\left(\boldsymbol{M}_{11}\right)-a_{12}\det\left(\boldsymbol{M}_{12}\right)+a_{13}\det\left(\boldsymbol{M}_{13}\right) \tag{4-5}$$

为了得到 $n>3$ 时的一般情况，引入如下的定义.

**定义 4.1**　设 $\boldsymbol{A}=\left(a_{ij}\right)$ 为 $n$ 阶矩阵，用 $\boldsymbol{M}_{ij}$ 表示删除 $\boldsymbol{A}$ 中包含 $a_{ij}$ 的行和列得到的 $n-1$ 阶矩阵，则称矩阵 $\boldsymbol{M}_{ij}$ 的行列式为元素 $a_{ij}$ 的**余子式**（minor），而元素 $a_{ij}$ 的**代数余子式**（cofactor）定义为 $A_{ij}=(-1)^{i+j}\det\left(\boldsymbol{M}_{ij}\right)$.

根据这个定义，对 2 阶矩阵 $\boldsymbol{A}$，其行列式可改写为

$$\det(\boldsymbol{A})=a_{11}a_{22}-a_{21}a_{12}=a_{11}A_{11}+a_{12}A_{12} \tag{4-6}$$

式（4–6）称为 $\det(\boldsymbol{A})$ 按 $\boldsymbol{A}$ 的第 1 行的代数余子式展开（cofactor expansion）. 注意，方阵 $\boldsymbol{A}$ 的行列式也可写为

$$\det(\boldsymbol{A})=a_{21}(-a_{12})+a_{22}a_{11}=a_{21}A_{21}+a_{22}A_{22} \tag{4-7}$$

式（4–7）将 $\det(\boldsymbol{A})$ 表示为 $\boldsymbol{A}$ 的第 2 行元素及其代数余子式的形式. 事实上，没有必要必须按照矩阵的行展开，行列式也可按照矩阵的某一列进行代数余子式展开

$$\det(\boldsymbol{A})=a_{11}a_{22}+a_{21}(-a_{12})=a_{11}A_{11}+a_{21}A_{21} \quad \text{（第 1 列）}$$
$$\det(\boldsymbol{A})=a_{12}(-a_{21})+a_{11}a_{22}=a_{12}A_{12}+a_{22}A_{22} \quad \text{（第 2 列）}$$

对一个 3 阶矩阵 $A$，有

$$\det(\boldsymbol{A})=a_{11}A_{11}+a_{12}A_{12}+a_{13}A_{13} \tag{4-8}$$

因此 3 阶矩阵的行列式可用矩阵的第 1 行及其相应的代数余子式的形式定义.

---

**【例 4.1】** 求方阵 $\boldsymbol{A}=\begin{bmatrix}2&5&4\\3&1&2\\5&4&6\end{bmatrix}$ 的行列式.

**解** 方阵 $\boldsymbol{A}$ 的行列式

$$\begin{aligned}\det(\boldsymbol{A})&=a_{11}A_{11}+a_{12}A_{12}+a_{13}A_{13}\\&=a_{11}(-1)^{1+1}\det(\boldsymbol{M}_{11})+a_{12}(-1)^{1+2}\det(\boldsymbol{M}_{12})+a_{13}(-1)^{1+3}\det(\boldsymbol{M}_{13})\\&=2\begin{vmatrix}1&2\\4&6\end{vmatrix}-5\begin{vmatrix}3&2\\5&6\end{vmatrix}+4\begin{vmatrix}3&1\\5&4\end{vmatrix}=2\times(6-8)-5\times(18-10)+4\times(12-5)=-16\end{aligned}$$

---

类似于 2 阶矩阵的情形，3 阶矩阵的行列式可以用矩阵的任何一行（列）的代数余子式展开来表示. 例如，式（4–3）可写为

$$\begin{aligned}\det(\boldsymbol{A})&=a_{11}a_{22}a_{33}-a_{11}a_{32}a_{23}-a_{12}a_{21}a_{33}+a_{12}a_{31}a_{23}+a_{13}a_{21}a_{32}-a_{13}a_{31}a_{22}\\&=a_{31}(a_{12}a_{23}-a_{13}a_{22})-a_{32}(a_{11}a_{23}-a_{13}a_{21})+a_{33}(a_{11}a_{22}-a_{12}a_{21})\\&=a_{31}A_{31}+a_{32}A_{32}+a_{33}A_{33}\end{aligned}$$

这个代数余子式展开是沿着 $\boldsymbol{A}$ 的第 3 行进行的.

---

**【例 4.2】** 令 $\boldsymbol{A}$ 为例 4.1 中的矩阵，则 $\det(\boldsymbol{A})$ 按照第 2 列的代数余子式展开为

$$\det(A) = -5\begin{vmatrix} 3 & 2 \\ 5 & 6 \end{vmatrix} + 1\begin{vmatrix} 2 & 4 \\ 5 & 6 \end{vmatrix} - 4\begin{vmatrix} 2 & 4 \\ 3 & 2 \end{vmatrix}$$

$$= -5 \times (18-10) + 1 \times (12-20) - 4 \times (4-12) = -16$$

实际上，对于 2 阶矩阵和 3 阶矩阵的行列式，也可采用对角线法则计算，即

$$\boxed{\text{主对角线}} \atop \boxed{\text{副对角线}} \begin{vmatrix} a_{11} & a_{12} \\ a_{21} & a_{22} \end{vmatrix} = a_{11}a_{22} - a_{12}a_{21}$$

即主对角线上两元素之积减去副对角线上两元素之积.

$$D = \begin{vmatrix} a_{11} & a_{12} & a_{13} \\ a_{21} & a_{22} & a_{23} \\ a_{31} & a_{32} & a_{33} \end{vmatrix}$$

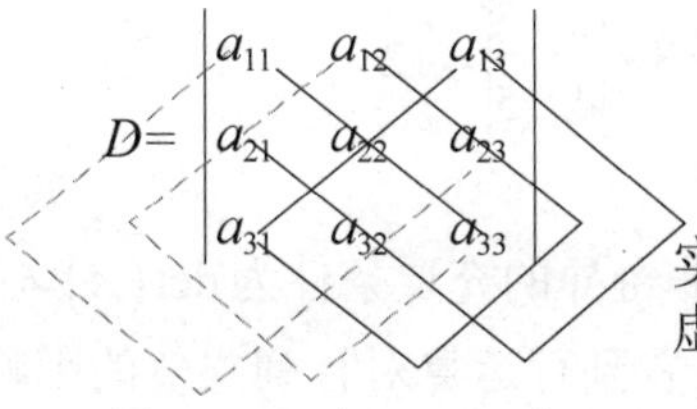

实线上的三个元素的乘积冠正号，
虚线上的三个元素的乘积冠负号.

$$= a_{11}a_{22}a_{33} + a_{12}a_{23}a_{31} + a_{13}a_{21}a_{32} - a_{13}a_{22}a_{31} - a_{12}a_{21}a_{33} - a_{11}a_{23}a_{32}$$

注意：对角线法则只适用于 2 阶行列式与 3 阶行列式.

4 阶矩阵的行列式可以定义为沿任意一行（列）的代数余子式展开. 为计算 4 阶矩阵的行列式，我们需要计算四个 3 阶矩阵的行列式. 对一般 $n$ 阶矩阵 $A$ 的行列式，有如下定义.

**定义 4.2**　一个 $n$ 阶矩阵 $A$ 的**行列式**（determinant），称为 $n$ 阶行列式，记为 $\det(A)$，是一个与矩阵 $A$ 对应的标量，它可如下递归定义：

$$\det(A) = \begin{cases} a_{11} & , n = 1 \\ a_{11}A_{11} + a_{12}A_{12} + \cdots + a_{1n}A_{1n} & , n > 1 \end{cases}$$

其中，$A_{1j} = (-1)^{1+j}\det(M_{1j})\ (j = 1, \cdots, n)$ 为第 1 行元素对应的代数余子式.

实际上，并不需要限制根据第 1 行的代数余子式展开，不加证明地引入如下更一般的结论.

**定理 4.1**　设 $A$ 为 $n(n \geq 2)$ 阶矩阵，则 $\det(A)$ 可表示为 $A$ 的任意行（列）的代数余子式展开，即

$$\det(A) = a_{i1}A_{i1} + a_{i2}A_{i2} + \cdots + a_{in}A_{in}$$

或

$$\det(A) = a_{1j}A_{1j} + a_{2j}A_{2j} + \cdots + a_{nj}A_{nj}$$

其中 $i = 1, \cdots, n$ 且 $j = 1, \cdots, n$.

根据行列式的定义和定理 4.1，一个 $n$ 阶行列式的代数余子式展开包含 $n$ 个 $n-1$ 阶行

列式，通常选取零元素比较多的行（列）进行代数余子式展开以减少计算量. 例如，计算行列式

$$D=\begin{vmatrix}0&2&3&0\\0&4&5&0\\0&1&0&3\\2&0&1&3\end{vmatrix}$$

可以沿第 1 列展开，前三项可以省去，剩下的是

$$-2\begin{vmatrix}2&3&0\\4&5&0\\1&0&3\end{vmatrix}=-2\times3\times\begin{vmatrix}2&3\\4&5\end{vmatrix}=12$$

对于 $n\leqslant3$，已经看到一个 $n$ 阶矩阵 $\boldsymbol{A}$ 是非奇异的充要条件为 $\det(\boldsymbol{A})\neq0$，实际上这个结论对 $n$ 的任何取值都是成立的. 下一节会看到行运算对行列式值的影响，并将使用行运算（实质是前面讲过的行初等变换）得到一个计算行列式值的更为有效的方法.

下面给出 3 个定理.

**定理 4.2** 设 $\boldsymbol{A}$ 为 $n$ 阶方阵，则 $\det(\boldsymbol{A}^{\mathrm{T}})=\det(\boldsymbol{A})$.

**证明** 采用数学归纳法证明.

显然，因为 1 阶方阵是对称的，该结论对 $n=1$ 是成立的.

假设这个结论对所有 $k$ 阶矩阵也是成立的，对于 $k+1$ 阶矩阵 $\boldsymbol{A}$，将 $\det(\boldsymbol{A})$ 按照 $\boldsymbol{A}$ 的第 1 行展开，有

$$\det(\boldsymbol{A})=a_{11}\det(\boldsymbol{M}_{11})-a_{12}\det(\boldsymbol{M}_{12})+\cdots\pm a_{1,k+1}\det(\boldsymbol{M}_{1,k+1})$$

由于 $\boldsymbol{M}_{1j}\,(j=1,2,\cdots,k+1)$ 为 $k$ 阶矩阵，由归纳假设有

$$\det(\boldsymbol{A})=a_{11}\det(\boldsymbol{M}_{11}^{\mathrm{T}})-a_{12}\det(\boldsymbol{M}_{12}^{\mathrm{T}})+\cdots\pm a_{1,k+1}\det(\boldsymbol{M}_{1,k+1}^{\mathrm{T}})\tag{4-9}$$

式（4−9）的右端恰是 $\det(\boldsymbol{A}^{\mathrm{T}})$ 按照 $\boldsymbol{A}^{\mathrm{T}}$ 的第 1 列的代数余子式展开，因此 $\det(\boldsymbol{A}^{\mathrm{T}})=\det(\boldsymbol{A})$.

**定理 4.3** 设 $\boldsymbol{A}$ 为 $n$ 阶上（下）三角矩阵，则 $\boldsymbol{A}$ 的行列式 $\det(\boldsymbol{A})$ 等于 $\boldsymbol{A}$ 的对角线上所有元素的乘积.

**证明** 根据定理 4.2，只需证明结论对上三角矩阵成立.利用代数余子式逐列展开，对上三角行列式 $D=\begin{vmatrix}a_{11}&a_{12}&\cdots&a_{1n}\\0&a_{22}&\cdots&a_{2n}\\\vdots&\vdots&&\vdots\\0&0&\cdots&a_{nn}\end{vmatrix}$ 进行展开易证这个结论.

**定理 4.4** 令 $\boldsymbol{A}$ 为 $n$ 阶矩阵，

（1）若 $\boldsymbol{A}$ 有一行（列）包含的元素全为零，则 $\det(\boldsymbol{A})=0$；

（2）若 $\boldsymbol{A}$ 有两行（列）对应元素相等，则 $\det(\boldsymbol{A})=0$.

这个定理的结论属于行列式的性质，可以利用代数余子式展开加以证明，请读者自己完成.

## 4.2 行列式的性质

本节考虑行初等运算对方阵行列式的作用. 一旦确定了这些作用，将证明矩阵 $\boldsymbol{A}$ 是奇异的当且仅当其行列式为零，并且利用行运算得到计算行列式的方法，同时还将讨论关于两个矩阵乘积的行列式的重要定理，下面首先从引理开始.

**引理 4.1** 令 $\boldsymbol{A}$ 为 $n$ 阶矩阵，若 $A_{ij}$ 表示 $a_{ij}$ 的代数余子式，则

$$a_{i1}A_{j1}+a_{i2}A_{j2}+\cdots+a_{in}A_{jn}=\begin{cases}\det(\boldsymbol{A}), & i=j\\ 0, & i\neq j\end{cases} \tag{4-10}$$

**证明** 若 $i=j$，式（4–10）恰为 $\det(\boldsymbol{A})$ 按照 $\boldsymbol{A}$ 的第 $i$ 行的代数余子式展开. 为证明 $i\neq j$ 时式（4–10）成立，令 $\boldsymbol{B}$ 是将 $\boldsymbol{A}$ 的第 $j$ 行替换为 $\boldsymbol{A}$ 的第 $i$ 行得到的矩阵

$$\boldsymbol{B}=\begin{bmatrix} a_{11} & \cdots & a_{1n}\\ \vdots & & \vdots\\ a_{i1} & \cdots & a_{in}\\ \vdots & & \vdots\\ a_{i1} & \cdots & a_{in}\\ \vdots & & \vdots\\ a_{n1} & \cdots & a_{nn}\end{bmatrix}\text{第 } j \text{ 行}$$

因为 $\boldsymbol{B}$ 的两行相同，因此它的行列式必为零. 将 $\det(\boldsymbol{B})$ 按照第 $j$ 行进行代数余子式展开，有

$$0=\det(\boldsymbol{B})=a_{i1}B_{j1}+a_{i2}B_{j2}+\cdots+a_{in}B_{jn}=a_{i1}A_{j1}+a_{i2}A_{j2}+\cdots+a_{in}A_{jn}$$

现在考虑三种行运算中每一种运算对行列式值的影响.

**行运算Ⅰ：交换 $\boldsymbol{A}$ 的两行**

若 $\boldsymbol{A}$ 为 2 阶方阵，且 $\boldsymbol{E}_{21}=\begin{bmatrix}0 & 1\\ 1 & 0\end{bmatrix}$，则

$$\det(\boldsymbol{E}_{21}\boldsymbol{A})=\begin{vmatrix}a_{21} & a_{22}\\ a_{11} & a_{12}\end{vmatrix}=a_{21}a_{12}-a_{22}a_{11}=-\det(\boldsymbol{A})$$

对于$n>2$，令$\boldsymbol{E}_{ij}$为交换$\boldsymbol{A}$的第$i$行和第$j$行得到的初等矩阵，用归纳法容易证明$\det\left(\boldsymbol{E}_{ij}\boldsymbol{A}\right)=-\det(\boldsymbol{A})$．下面利用$n=3$来说明证明的思想，假设一个3阶矩阵$\boldsymbol{A}$的第1行和第3行进行了交换，按照第2行展开$\det\left(\boldsymbol{E}_{13}\boldsymbol{A}\right)$，并利用2阶矩阵的结果，有

$$\det\left(\boldsymbol{E}_{13}\boldsymbol{A}\right)=\begin{vmatrix}a_{31}&a_{32}&a_{33}\\a_{21}&a_{22}&a_{23}\\a_{11}&a_{12}&a_{13}\end{vmatrix}=-a_{21}\begin{vmatrix}a_{32}&a_{33}\\a_{12}&a_{13}\end{vmatrix}+a_{22}\begin{vmatrix}a_{31}&a_{33}\\a_{11}&a_{13}\end{vmatrix}-a_{23}\begin{vmatrix}a_{31}&a_{32}\\a_{11}&a_{12}\end{vmatrix}$$

$$=a_{21}\begin{vmatrix}a_{12}&a_{13}\\a_{32}&a_{33}\end{vmatrix}-a_{22}\begin{vmatrix}a_{11}&a_{13}\\a_{31}&a_{33}\end{vmatrix}+a_{23}\begin{vmatrix}a_{11}&a_{12}\\a_{31}&a_{32}\end{vmatrix}=-\det(\boldsymbol{A})$$

一般地，如果$\boldsymbol{A}$为$n$阶矩阵，且$\boldsymbol{E}_{ij}$是交换单位阵$\boldsymbol{E}$的第$i$行和第$j$行得到的$n$阶初等矩阵，则$\det\left(\boldsymbol{E}_{ij}\boldsymbol{A}\right)=-\det(\boldsymbol{A})$．

特别地，$\det\left(\boldsymbol{E}_{ij}\right)=\det\left(\boldsymbol{E}_{ij}\boldsymbol{E}\right)=-\det(\boldsymbol{E})=-1$．

因此，对任意第Ⅰ类初等矩阵$\boldsymbol{E}_{ij}$，都有

$$\det\left(\boldsymbol{E}_{ij}\boldsymbol{A}\right)=-1\times\det(\boldsymbol{A})=\det\left(\boldsymbol{E}_{ij}\right)\det(\boldsymbol{A})$$

根据这个性质容易得到定理4.4中的第二个结论，即若行列式有两行（列）的对应元素相同，则此行列式的值等于零．

**行运算Ⅱ：$\boldsymbol{A}$的某一行乘一个非零常数**

令$\boldsymbol{E}_i(k)$为第Ⅱ类初等矩阵，它由单位矩阵$\boldsymbol{E}$的第$i$行乘一个非零常数$k$得到．如果将$\det\left(\boldsymbol{E}_i(k)\boldsymbol{A}\right)$按第$i$行进行代数余子式展开，则

$$\det\left(\boldsymbol{E}_i(k)\boldsymbol{A}\right)=ka_{i1}A_{i1}+ka_{i2}A_{i2}+\cdots+ka_{in}A_{in}=k\left(a_{i1}A_{i1}+a_{i2}A_{i2}+\cdots+a_{in}A_{in}\right)=k\det(\boldsymbol{A})$$

即

$$\begin{vmatrix}a_{11}&a_{12}&\cdots&a_{1n}\\\vdots&\vdots&&\vdots\\ka_{i1}&ka_{i2}&\cdots&ka_{in}\\\vdots&\vdots&&\vdots\\a_{n1}&a_{n2}&\cdots&a_{nn}\end{vmatrix}=k\begin{vmatrix}a_{11}&a_{12}&\cdots&a_{1n}\\\vdots&\vdots&&\vdots\\a_{i1}&a_{i2}&\cdots&a_{in}\\\vdots&\vdots&&\vdots\\a_{n1}&a_{n2}&\cdots&a_{nn}\end{vmatrix}$$

特别地，$\det\left(\boldsymbol{E}_i(k)\right)=\det\left(\boldsymbol{E}_i(k)\boldsymbol{E}\right)=k\cdot\det(\boldsymbol{E})=k$．

由此$\det\left(\boldsymbol{E}_i(k)\boldsymbol{A}\right)=k\cdot\det(\boldsymbol{A})=\det\left(\boldsymbol{E}_i(k)\right)\det(\boldsymbol{A})$．

这说明行列式中某一行（列）的所有元素的公因子可以提到行列式符号的外面．根据这个性质和前一个性质可以得到：若行列式中有两行（列）的对应元素成比例，则此行列式的值等于零．

**行运算Ⅲ：某一行的倍数加到其他行**

令$\boldsymbol{E}_{ij}(k)$为第Ⅲ类初等矩阵，它由单位矩阵$\boldsymbol{E}$的第$i$行的$k$倍加到第$j$行得到．因为

$\boldsymbol{E}_{ij}(k)$ 是三角形矩阵，且它的对角线元素均为 1，因此 $\det\left(\boldsymbol{E}_{ij}(k)\right)=1$．下面将证明

$$\det\left(\boldsymbol{E}_{ij}(k)\boldsymbol{A}\right)=\det(\boldsymbol{A})=\det\left(\boldsymbol{E}_{ij}(k)\right)\det(\boldsymbol{A})$$

如果 $\det\left(\boldsymbol{E}_{ij}(k)\boldsymbol{A}\right)$ 按第 $j$ 行进行代数余子式展开，由引理 4.1，有

$$\begin{aligned}\det\left(\boldsymbol{E}_{ij}(k)\boldsymbol{A}\right)&=\left(a_{j1}+ka_{i1}\right)A_{j1}+\left(a_{j2}+ka_{i2}\right)A_{j2}+\cdots+\left(a_{jn}+ka_{in}\right)A_{jn}\\&=a_{j1}A_{j1}+a_{j2}A_{j2}+\cdots+a_{jn}A_{jn}+k\left(a_{i1}A_{j1}+a_{i2}A_{j2}+\cdots+a_{in}A_{jn}\right)\\&=\det(\boldsymbol{A})\end{aligned}$$

因此，

$$\det\left(\boldsymbol{E}_{ij}(k)\boldsymbol{A}\right)=\det(\boldsymbol{A})=\det\left(\boldsymbol{E}_{ij}(k)\right)\det(\boldsymbol{A})$$

综上所述，若 $\boldsymbol{I}$ 为初等矩阵，则 $\det(\boldsymbol{IA})=\det(\boldsymbol{I})\bullet\det(\boldsymbol{A})$，其中

$$\det(\boldsymbol{I})=\begin{cases}-1, & \boldsymbol{I}\text{为第 I 类初等矩阵}\\ k\left(k\neq 0\right), & \boldsymbol{I}\text{为第 II 类初等矩阵}\\ 1, & \boldsymbol{I}\text{为第III类初等矩阵}\end{cases}\tag{4-11}$$

类似的结论对列运算也是成立的．事实上，如果 $\boldsymbol{I}$ 为初等矩阵，则 $\boldsymbol{I}^{\mathrm{T}}$ 也是初等矩阵，且

$$\det(\boldsymbol{AI})=\det\left((\boldsymbol{AI})^{\mathrm{T}}\right)=\det\left(\boldsymbol{I}^{\mathrm{T}}\boldsymbol{A}^{\mathrm{T}}\right)=\det\left(\boldsymbol{I}^{\mathrm{T}}\right)\det\left(\boldsymbol{A}^{\mathrm{T}}\right)=\det(\boldsymbol{I})\det(\boldsymbol{A})$$

行（列）初等运算对行列式值的作用总结如下．

（1）交换行列式的两行（列）改变行列式的符号；

（2）行列式的某行（列）乘一个标量的作用是将行列式乘这个标量；

（3）将某行（列）的倍数加到其他行（列）上不改变行列式的值．

另外，行列式还具有如下性质．

若行列式的某一行 （列）的各元素都是两个数的和，则此行列式等于两个相应的行列式的和．例如

$$\begin{vmatrix}a_{11} & a_{12} & \cdots & a_{1n}\\ \vdots & \vdots & & \vdots\\ b_{i1}+c_{i1} & b_{i2}+c_{i2} & \cdots & b_{in}+c_{in}\\ \vdots & \vdots & & \vdots\\ a_{n1} & a_{n2} & \cdots & a_{nn}\end{vmatrix}=\begin{vmatrix}a_{11} & a_{12} & \cdots & a_{1n}\\ \vdots & \vdots & & \vdots\\ b_{i1} & b_{i2} & \cdots & b_{in}\\ \vdots & \vdots & & \vdots\\ a_{n1} & a_{n2} & \cdots & a_{nn}\end{vmatrix}+\begin{vmatrix}a_{11} & a_{12} & \cdots & a_{1n}\\ \vdots & \vdots & & \vdots\\ c_{i1} & c_{i2} & \cdots & c_{in}\\ \vdots & \vdots & & \vdots\\ a_{n1} & a_{n2} & \cdots & a_{nn}\end{vmatrix}$$

下面利用行初等运算对行列式值的作用证明两个重要的定理，并建立一个计算行列式的较简单的方法．由式（4−11）可知，所有初等矩阵均有非零的行列式，这个发现可用于证明如下的定理．

**定理 4.5** $n$ 阶方阵 $\boldsymbol{A}$ 奇异的充要条件为 $\det(\boldsymbol{A})=0$.

**证明** 矩阵 $\boldsymbol{A}$ 可通过有限次初等行运算化为行阶梯形矩阵，因此

$$\boldsymbol{U}=\boldsymbol{E}_k\boldsymbol{E}_{k-1}\cdots\boldsymbol{E}_1\boldsymbol{A}$$

其中 $\boldsymbol{U}$ 为行阶梯形矩阵，且 $\boldsymbol{E}_i\ (i=1,2,\cdots,k)$ 均为初等矩阵，因此有

$$\det(\boldsymbol{U})=\det(\boldsymbol{E}_k\boldsymbol{E}_{k-1}\cdots\boldsymbol{E}_1\boldsymbol{A})=\det(\boldsymbol{E}_k)\det(\boldsymbol{E}_{k-1})\cdots\det(\boldsymbol{E}_1)\det(\boldsymbol{A})$$

由于 $\boldsymbol{E}_i$ 的行列式均非零，所以 $\det(\boldsymbol{A})=0$ 的充要条件为 $\det(\boldsymbol{U})=0$. 如果 $\boldsymbol{A}$ 是奇异的，则 $\boldsymbol{U}$ 至少有一行元素全部为零，且 $\det(\boldsymbol{U})=0$. 如果 $\boldsymbol{A}$ 非奇异，则 $\boldsymbol{U}$ 为上三角矩阵，且对角线元素均可化为 1，因此 $\det(\boldsymbol{U})=1$.

理论上讲，若矩阵 $\boldsymbol{A}$ 是奇异的，则 $\det(\boldsymbol{A})$ 的值必为 0. 然而由于存在舍入误差，在利用计算机计算奇异矩阵 $\boldsymbol{A}$ 的行列式时得到的结果可能并非如此（但总是比较接近 0），因此在实际应用中特别是在大数据和人工智能等计算机应用场景中，更有意义的是说一个矩阵是否是“接近”奇异的.

由定理 4.5 的证明可以得到一个计算 $\det(\boldsymbol{A})$ 的方法，即将 $\boldsymbol{A}$ 化为行阶梯形矩阵 $\boldsymbol{U}=\boldsymbol{E}_k\boldsymbol{E}_{k-1}\cdots\boldsymbol{E}_1\boldsymbol{A}$. 如果 $\boldsymbol{U}$ 的最后一行包含的元素全为零，则 $\boldsymbol{A}$ 是奇异的，且 $\det(\boldsymbol{A})=0$；否则，$\boldsymbol{A}$ 为非奇异的，且

$$\det(\boldsymbol{A})=\left[\det(\boldsymbol{E}_k)\det(\boldsymbol{E}_{k-1})\cdots\det(\boldsymbol{E}_1)\right]^{-1}$$

事实上，若方阵 $\boldsymbol{A}$ 为非奇异的，容易通过行初等变换将 $\boldsymbol{A}$ 化为上三角矩阵 $\boldsymbol{T}$，而且仅利用行运算 Ⅰ 和 Ⅲ 就能实现. 因此 $\boldsymbol{T}=\boldsymbol{E}_m\boldsymbol{E}_{m-1}\cdots\boldsymbol{E}_1\boldsymbol{A}$，$\det(\boldsymbol{A})=\pm\det(\boldsymbol{T})=\pm t_{11}t_{22}\cdots t_{nn}$. 如果行运算 Ⅰ 使用了偶数次，则符号将为正，否则为负.

---

【例 4.3】计算 $\begin{vmatrix}2&1&3\\4&2&1\\6&-3&4\end{vmatrix}$.

**解** $\begin{vmatrix}2&1&3\\4&2&1\\6&-3&4\end{vmatrix}=\begin{vmatrix}2&1&3\\0&0&-5\\0&-6&-5\end{vmatrix}=(-1)\begin{vmatrix}2&1&3\\0&-6&-5\\0&0&-5\end{vmatrix}=(-1)(2)(-6)(-5)=-60$

---

现在，有两种方法计算 $n$ 阶方阵 $\boldsymbol{A}$ 的行列式：代数余子式法和消元法. 如果 $n>3$，且 $\boldsymbol{A}$ 有非零元素，则消元法是最高效的方法，因为它包含的算术运算较少. 在实际应用中，往往将两种方法结合使用.

前面已经看到，对任意初等矩阵 $\boldsymbol{I}$，

$$\det(\boldsymbol{AI})=\det(\boldsymbol{I})\cdot\det(\boldsymbol{A})=\det(\boldsymbol{IA})$$

这是下面定理的一个特殊情况.

**定理 4.6** 设 $\boldsymbol{A}$ 和 $\boldsymbol{B}$ 均为 $n$ 阶矩阵，则 $\det(\boldsymbol{AB})=\det(\boldsymbol{A})\det(\boldsymbol{B})$.

**证明** 若 $\boldsymbol{B}$ 为奇异的，则由矩阵的知识可知 $\boldsymbol{AB}$ 也是奇异的，因此

$$\det(\boldsymbol{AB})=0=\det(\boldsymbol{A})\det(\boldsymbol{B})$$

若 $\boldsymbol{B}$ 为非奇异的，则 $\boldsymbol{B}$ 可写为初等矩阵的乘积，即 $\boldsymbol{B}=\boldsymbol{E}_k\boldsymbol{E}_{k-1}\cdots\boldsymbol{E}_1$. 可以看到上述结论对初等矩阵是成立的，因此

$$\det(\boldsymbol{AB})=\det\left(\boldsymbol{AE}_k\boldsymbol{E}_{k-1}\cdots\boldsymbol{E}_1\right)=\det(\boldsymbol{A})\det\left(\boldsymbol{E}_k\right)\det\left(\boldsymbol{E}_{k-1}\right)\cdots\det\left(\boldsymbol{E}_1\right)=$$
$$\det(\boldsymbol{A})\det\left(\boldsymbol{E}_k\boldsymbol{E}_{k-1}\cdots\boldsymbol{E}_1\right)=\det(\boldsymbol{A})\det(\boldsymbol{B})$$

---

**【例 4.4】** 计算 $D=\begin{vmatrix}3&1&1&1\\1&3&1&1\\1&1&3&1\\1&1&1&3\end{vmatrix}$.

**解** 该行列式每列（行）4 个数之和都是 6. 把第 2、3、4 行同时加到第 1 行，提出公因子 6，然后各行减去第 1 行，有

$$D\xlongequal{r_1+r_2+r_3+r_4}\begin{vmatrix}6&6&6&6\\1&3&1&1\\1&1&3&1\\1&1&1&3\end{vmatrix}\xlongequal{r_1\div 6}6\begin{vmatrix}1&1&1&1\\1&3&1&1\\1&1&3&1\\1&1&1&3\end{vmatrix}\xlongequal[r_4-r_1]{r_2-r_1,r_3-r_1}6\begin{vmatrix}1&1&1&1\\0&2&0&0\\0&0&2&0\\0&0&0&2\end{vmatrix}=48$$

---

**【例 4.5】** 设 $D=\begin{vmatrix}a_{11}&\cdots&a_{1k}&0&\cdots&0\\\vdots&&\vdots&\vdots&&\vdots\\a_{k1}&\cdots&a_{kk}&0&\cdots&0\\c_{11}&\cdots&c_{1k}&b_{11}&\cdots&b_{1n}\\\vdots&&\vdots&\vdots&&\vdots\\c_{n1}&\cdots&c_{nk}&b_{n1}&\cdots&b_{nn}\end{vmatrix}$，证明：$D=D_1D_2$. 其中

$$D_1=\det\left(a_{ij}\right)=\begin{vmatrix}a_{11}&\cdots&a_{1k}\\\vdots&&\vdots\\a_{k1}&\cdots&a_{kk}\end{vmatrix},\quad D_2=\det\left(b_{ij}\right)=\begin{vmatrix}b_{11}&\cdots&b_{1n}\\\vdots&&\vdots\\b_{n1}&\cdots&b_{nn}\end{vmatrix}$$

**证明** 对 $D_1$ 作行运算 $r_i+kr_j$，化为下三角行列式，设

$$D_1=\begin{vmatrix}p_{11} & & \\ \vdots & \ddots & \\ p_{k1} & \cdots & p_{kk}\end{vmatrix}=p_{11}\cdots p_{kk}$$

对$D_2$作列运算 $c_i+kc_j$，化为下三角行列式，设

$$D_2=\begin{vmatrix}q_{11} & & \\ \vdots & \ddots & \\ q_{n1} & \cdots & q_{nn}\end{vmatrix}=q_{11}\cdots q_{nn}$$

于是，对$D$的前$k$行作行运算$r_i+kr_j$，再对后$n$列作列运算$c_i+kc_j$，化为下三角行列式

$$D=\begin{vmatrix}p_{11} & & & & & \\ \vdots & \ddots & & & & \\ p_{k1} & \cdots & p_{kk} & & & \\ c_{11} & \cdots & c_{1k} & q_{11} & & \\ \vdots & & \vdots & \vdots & \ddots & \\ c_{n1} & \cdots & c_{nk} & q_{n1} & \cdots & q_{nn}\end{vmatrix}$$

故

$$D=p_{11}\cdots p_{kk}q_{11}\cdots q_{nn}=D_1D_2$$

---

**定理 4.7** 设$\boldsymbol{A}_1,\boldsymbol{A}_2,\cdots,\boldsymbol{A}_s$都是方阵，记

$$\boldsymbol{A}=\operatorname{diag}\{\boldsymbol{A}_1,\boldsymbol{A}_2,\cdots,\boldsymbol{A}_s\}=\begin{bmatrix}\boldsymbol{A}_1 & & & \\ & \boldsymbol{A}_2 & & \\ & & \ddots & \\ & & & \boldsymbol{A}_s\end{bmatrix}$$

则分块对角矩阵$\boldsymbol{A}$有如下性质：

（1）$\det(\boldsymbol{A})=\det(\boldsymbol{A}_1)\cdot\det(\boldsymbol{A}_2)\cdot\cdots\cdot\det(\boldsymbol{A}_s)$；

（2）$\boldsymbol{A}$可逆$\Leftrightarrow \boldsymbol{A}_i(i=1,2,\cdots,s)$可逆；

（3）若$\boldsymbol{A}_i(i=1,2,\cdots,s)$可逆，则$\boldsymbol{A}^{-1}=\begin{bmatrix}\boldsymbol{A}_1^{-1} & & & \\ & \boldsymbol{A}_2^{-1} & & \\ & & \ddots & \\ & & & \boldsymbol{A}_s^{-1}\end{bmatrix}$.

本定理的证明不难，请读者自己完成.

【例 4.6】验证矩阵 $A=\left[\begin{array}{c:cc}2 & 0 & 0 \\ \hdashline 0 & 3 & 1 \\ 0 & 2 & 1\end{array}\right]=\begin{bmatrix}A_1 & \mathbf{0} \\ \mathbf{0} & A_2\end{bmatrix}$ 可逆，并求矩阵 $A$ 的逆矩阵.

**解** 因为 $\det(A)=\det\left\{\begin{bmatrix}A_1 & \mathbf{0} \\ \mathbf{0} & A_2\end{bmatrix}\right\}=\det(A_1)\det(A_2)=2\neq 0$，所以矩阵 $A$ 可逆且

$$A^{-1}=\begin{bmatrix}A_1^{-1} & \mathbf{0} \\ \mathbf{0} & A_2^{-1}\end{bmatrix}=\left[\begin{array}{c:cc}1/2 & 0 & 0 \\ \hdashline 0 & 1 & -1 \\ 0 & -2 & 3\end{array}\right]$$

---

【例 4.7】证明范德蒙德（Vandermonde）行列式

$$D_n=\begin{vmatrix}1 & 1 & 1 & \cdots & 1 \\ a_1 & a_2 & a_3 & \cdots & a_n \\ a_1^2 & a_2^2 & a_3^2 & \cdots & a_n^2 \\ \vdots & \vdots & \vdots & & \vdots \\ a_1^{n-1} & a_2^{n-1} & a_3^{n-1} & \cdots & a_n^{n-1}\end{vmatrix}=\prod_{1\leqslant j<i\leqslant n}(a_i-a_j)$$

**证明** 用数学归纳法证明.

① 当 $n=2$ 时，2 阶范德蒙德行列式 $\begin{vmatrix}1 & 1 \\ a_1 & a_2\end{vmatrix}=a_2-a_1$，可见当 $n=2$ 时，结论成立.

② 假设对于 $n-1$ 阶范德蒙德行列式结论也成立，下面来看 $n$ 阶范德蒙德行列式：把第 $n-1$ 行的 $(-a_1)$ 倍加到第 $n$ 行，再把第 $n-2$ 行的 $(-a_1)$ 倍加到第 $n-1$ 行，如此继续，最后把第 1 行的 $(-a_1)$ 倍加到第 2 行，得到

$$D_n=\begin{vmatrix}1 & 1 & 1 & \cdots & 1 \\ a_1 & a_2 & a_3 & \cdots & a_n \\ a_1^2 & a_2^2 & a_3^2 & \cdots & a_n^2 \\ \vdots & \vdots & \vdots & & \vdots \\ a_1^{n-2} & a_2^{n-2} & a_3^{n-2} & \cdots & a_n^{n-2} \\ a_1^{n-1} & a_2^{n-1} & a_3^{n-1} & \cdots & a_n^{n-1}\end{vmatrix}=\begin{vmatrix}1 & 1 & 1 & \cdots & 1 \\ 0 & a_2-a_1 & a_3-a_1 & \cdots & a_n-a_1 \\ 0 & a_2^2-a_1a_2 & a_3^2-a_1a_3 & \cdots & a_n^2-a_1a_n \\ \vdots & \vdots & \vdots & & \vdots \\ 0 & a_2^{n-1}-a_1a_2^{n-2} & a_3^{n-1}-a_1a_3^{n-2} & \cdots & a_n^{n-1}-a_1a_n^{n-2}\end{vmatrix}$$

$$=\begin{vmatrix}a_2-a_1 & a_3-a_1 & \cdots & a_n-a_1 \\ a_2(a_2-a_1) & a_3(a_3-a_1) & \cdots & a_n(a_n-a_1) \\ \vdots & \vdots & & \vdots \\ a_2^{n-2}(a_2-a_1) & a_3^{n-2}(a_3-a_1) & \cdots & a_n^{n-2}(a_n-a_1)\end{vmatrix}$$

$$=(a_2-a_1)(a_3-a_1)\cdots(a_n-a_1)\begin{vmatrix}1 & 1 & \cdots & 1 \\ a_2 & a_3 & \cdots & a_n \\ \vdots & \vdots & & \vdots \\ a_2^{n-2} & a_3^{n-2} & \cdots & a_n^{n-2}\end{vmatrix}$$

后面这个行列式是$n-1$阶范德蒙德行列式，由归纳假设得

$$\begin{vmatrix} 1 & 1 & \cdots & 1 \\ a_2 & a_3 & \cdots & a_n \\ & \vdots & & \\ a_2^{n-2} & a_3^{n-2} & \cdots & a_n^{n-2} \end{vmatrix} = \prod_{2\leqslant j<i\leqslant n}\left(a_i - a_j\right)$$

于是上述$n$阶范德蒙德行列式等于

$$D_n = \left(a_2 - a_1\right)\left(a_3 - a_1\right)\cdots\left(a_n - a_1\right)\prod_{2\leqslant j<i\leqslant n}\left(a_i - a_j\right) = \prod_{1\leqslant j<i\leqslant n}\left(a_i - a_j\right)$$

根据数学归纳法原理，对一切$n\geqslant 2$，范德蒙德行列式成立.

---

对比发现，矩阵与行列式既有区别又有联系. 矩阵是一个数表，而行列式则是一个数；矩阵的行数与列数可以不一样，但只有方阵才可以定义它的行列式，而长方形矩阵的行列式没有意义. 两个矩阵相等指的是对应元素都相等，而两个行列式相等则没有这个要求，甚至行列式对应的方阵的阶数也可以不一样. 矩阵经过初等变换之后，其秩不变；而行列式经过初等变换之后，其值可能发生改变，例如交换变换改变行列式的符号，倍乘变换改变行列式的倍数，而倍加变换不改变行列式的值. 它们的联系表现为：若某个方阵对应的行列式不为零，则该矩阵非奇异，即可逆. 另外，若一个$n$元一次线性方程组的系数行列式不为零，则该系数矩阵的秩与其增广矩阵的秩相等，且二者均等于$n$，此时线性方程组有唯一解.

## 4.3 克拉默法则

本节学习利用非奇异矩阵的行列式来计算矩阵的逆及如何使用行列式求解线性方程组，这两种求解方法均依赖于引理 4.1.

### 4.3.1 伴随矩阵

设$\boldsymbol{A}=\left(a_{ij}\right)$为$n$阶方阵，定义一个新矩阵

$$\boldsymbol{A}^* = \begin{bmatrix} A_{11} & A_{21} & \cdots & A_{n1} \\ A_{12} & A_{22} & \cdots & A_{n2} \\ \vdots & \vdots & & \vdots \\ A_{1n} & A_{2n} & \cdots & A_{nn} \end{bmatrix}$$

称$\boldsymbol{A}^*$为矩阵$\boldsymbol{A}$的伴随（adjoint）矩阵，其中$A_{ij}$为$a_{ij}$的代数余子式.

根据定义，要构造伴随矩阵，只需将原矩阵的元素用它们的代数余子式替换，然后将结果矩阵转置，由引理 4.1，有

$$a_{i1}A_{j1}+a_{i2}A_{j2}+\cdots+a_{in}A_{jn}=\begin{cases}\det(\boldsymbol{A}), & i=j\\ 0\ , & i\neq j\end{cases}$$

并由此可得 $\boldsymbol{A}^*\boldsymbol{A}=\boldsymbol{A}\boldsymbol{A}^*=\det(\boldsymbol{A})\boldsymbol{E}$ .

若 $\boldsymbol{A}$ 为非奇异矩阵，则 $\det(\boldsymbol{A})\neq 0$ 且 $\boldsymbol{A}^*$ 非奇异，由 $\dfrac{\boldsymbol{A}^*}{\det(\boldsymbol{A})}\boldsymbol{A}=\boldsymbol{A}\dfrac{\boldsymbol{A}^*}{\det(\boldsymbol{A})}=\boldsymbol{E}$ 可知 $\boldsymbol{A}^{-1}=\dfrac{\boldsymbol{A}^*}{\det(\boldsymbol{A})}$ . 同理若 $\boldsymbol{A}^*$ 非奇异，则 $\boldsymbol{A}$ 非奇异且 $\left(\boldsymbol{A}^*\right)^{-1}=\dfrac{\boldsymbol{A}}{\det(\boldsymbol{A})}$ .

---

【例 4.8】对 2 阶矩阵 $\boldsymbol{A}=\begin{bmatrix}a_{11} & a_{12}\\ a_{21} & a_{22}\end{bmatrix}$，计算 $\boldsymbol{A}$ 的伴随矩阵.

**解** 伴随矩阵 $\boldsymbol{A}^*=\begin{bmatrix}a_{22} & -a_{12}\\ -a_{21} & a_{11}\end{bmatrix}$.

若 $\boldsymbol{A}$ 为非奇异的，则 $\boldsymbol{A}^{-1}=\dfrac{1}{a_{11}a_{22}-a_{12}a_{21}}\begin{bmatrix}a_{22} & -a_{12}\\ -a_{21} & a_{11}\end{bmatrix}$.

---

【例 4.9】令 $\boldsymbol{A}=\begin{bmatrix}2 & 1 & 2\\ 3 & 2 & 2\\ 1 & 2 & 3\end{bmatrix}$, 求 $\boldsymbol{A}^*$ 和 $\boldsymbol{A}^{-1}$.

**解**

$$\boldsymbol{A}^*=\begin{bmatrix}\begin{vmatrix}2 & 2\\ 2 & 3\end{vmatrix} & -\begin{vmatrix}3 & 2\\ 1 & 3\end{vmatrix} & \begin{vmatrix}3 & 2\\ 1 & 2\end{vmatrix}\\ -\begin{vmatrix}1 & 2\\ 2 & 3\end{vmatrix} & \begin{vmatrix}2 & 2\\ 1 & 3\end{vmatrix} & -\begin{vmatrix}2 & 1\\ 1 & 2\end{vmatrix}\\ \begin{vmatrix}1 & 2\\ 2 & 2\end{vmatrix} & -\begin{vmatrix}2 & 2\\ 3 & 2\end{vmatrix} & \begin{vmatrix}2 & 1\\ 3 & 2\end{vmatrix}\end{bmatrix}^{\mathrm{T}}=\begin{bmatrix}2 & 1 & -2\\ -7 & 4 & 2\\ 4 & -3 & 1\end{bmatrix}$$

$$\boldsymbol{A}^{-1}=\frac{1}{\det(\boldsymbol{A})}\boldsymbol{A}^*=\frac{1}{5}\begin{bmatrix}2 & 1 & -2\\ -7 & 4 & 2\\ 4 & -3 & 1\end{bmatrix}$$

---

若 $\boldsymbol{A}$ 为非奇异的，则利用公式 $\boldsymbol{A}^{-1}=\dfrac{1}{\det(\boldsymbol{A})}\boldsymbol{A}^*$，可得到用行列式表示的方程组 $\boldsymbol{Ax}=\boldsymbol{b}$ 的解，这就是下面要讲的克拉默法则.

### 4.3.2 克拉默法则及其应用

1750 年，瑞士的克拉默（Cramer）发现了用行列式求解线性方程组的克拉默法则. 这

个法则又译作克莱姆法则，它在表述上简洁自然，包含了对多重行列式的计算，是对行列式与线性方程组之间关系的深刻理解.

**定理 4.8（克拉默法则，Cramer rule）** 设 $\boldsymbol{A}=\left(a_{ij}\right)$ 为 $n$ 阶矩阵，向量 $\boldsymbol{b}\in\mathbf{R}^n$，若线性方程组 $\boldsymbol{Ax}=\boldsymbol{b}$ 的系数行列式不等于零，则线性方程组 $\boldsymbol{Ax}=\boldsymbol{b}$ 有唯一解且

$$x_i=\frac{\det\left(\boldsymbol{A}_i\right)}{\det(\boldsymbol{A})},i=1,2,\cdots,n$$

其中，$\boldsymbol{A}_i$ 为将矩阵 $\boldsymbol{A}$ 中的第 $i$ 列用 $\boldsymbol{b}$ 替换得到的矩阵.

**证明** 因为系数矩阵 $\boldsymbol{A}$ 的行列式不等于零，所以矩阵 $\boldsymbol{A}$ 可逆. 线性方程组 $\boldsymbol{Ax}=\boldsymbol{b}$ 两边同乘 $\boldsymbol{A}$ 的逆矩阵可得线性方程组的解 $\boldsymbol{x}=\boldsymbol{A}^{-1}\boldsymbol{b}$ . 将 $\boldsymbol{A}^{-1}=\dfrac{\boldsymbol{A}^*}{\det(\boldsymbol{A})}$ 代入之后有 $\boldsymbol{x}=\boldsymbol{A}^{-1}\boldsymbol{b}=\dfrac{1}{\det(\boldsymbol{A})}\boldsymbol{A}^*\boldsymbol{b}$，写成分量形式为

$$x_i=\frac{b_1A_{1i}+b_2A_{2i}+\cdots+b_nA_{ni}}{\det(\boldsymbol{A})}=\frac{\det\left(\boldsymbol{A}_i\right)}{\det(\boldsymbol{A})},i=1,2,\cdots,n$$

注意当系数矩阵的行列式等于零时，方程组可能有解，也可能无解.

---

**【例 4.10】** 用克拉默法则求解线性方程组 $\begin{cases}x_1+2x_2+x_3=5\\2x_1+2x_2+x_3=6\\x_1+2x_2+3x_3=9\end{cases}$.

**解** 因为 $\det(\boldsymbol{A})=\begin{vmatrix}1&2&1\\2&2&1\\1&2&3\end{vmatrix}=-4\neq0$，所以原方程组有唯一解. 又

$$\det\left(\boldsymbol{A}_1\right)=\begin{vmatrix}5&2&1\\6&2&1\\9&2&3\end{vmatrix}=-4,\quad \det\left(\boldsymbol{A}_2\right)=\begin{vmatrix}1&5&1\\2&6&1\\1&9&3\end{vmatrix}=-4,\quad \det\left(\boldsymbol{A}_3\right)=\begin{vmatrix}1&2&5\\2&2&6\\1&2&9\end{vmatrix}=-8$$

则由克拉默法则可得

$$x_1=\frac{-4}{-4}=1,x_2=\frac{-4}{-4}=1,x_3=\frac{-8}{-4}=2$$

---

通过例子可以看出，当用克拉默法则解线性方程组时，必须满足两个条件：一是方程的个数与未知量的个数相等；二是系数矩阵的行列式 $\det\left(\boldsymbol{A}\right)\neq0$ . 但是克拉默法则的理论意义大于实际应用价值，因为它可以用方程组的系数和常数项的行列式把方程组的

解简洁地表达出来．一方面，应用克拉默法则可以证明 $n$ 个 $n$ 元一次齐次线性方程组当系数矩阵的行列式不等于零时只有零解；另一方面，克拉默法则给出了一个将 $n$ 元一次线性方程组的解用行列式表示的便利方法，然而要得到结果，需计算 $n+1$ 个 $n$ 阶行列式，即使计算两个这样的行列式，通常也要多于高斯消元法的计算量．在实际应用中由于计算量较大，常常采用高斯消元法来求解大型的线性方程组．

## 4.4　行列式的应用

在微积分中用行列式可以定义两个向量的向量积，向量积在涉及三维空间粒子运动的物理应用中非常有用．下面给出行列式的一些其他应用．

### 4.4.1　矩阵秩的等价定义

**定义 4.3**　在 $m\times n$ 矩阵 $\boldsymbol{A}$ 中，任取 $k$ 行与 $k$ 列 $(k\leqslant m, k\leqslant n)$，位于这些行列交叉处的 $k^2$ 个元素，不改变它们在 $\boldsymbol{A}$ 中所处的位置次序而得到的 $k$ 阶行列式，称为矩阵 $\boldsymbol{A}$ 的 $k$ 阶子式．

根据子式的定义，$m\times n$ 矩阵 $\boldsymbol{A}$ 的 $k$ 阶子式共有 $\mathrm{C}_m^k\cdot\mathrm{C}_n^k$ 个．非零子式在矩阵的行初等变换中具有重要意义，可以表述成如下的引理．

**引理 4.2**　设 $\boldsymbol{A}\overset{r}{\sim}\boldsymbol{B}$，则 $\boldsymbol{A}$ 与 $\boldsymbol{B}$ 中非零子式的最高阶数相等．（证明略）

**定义 4.4**　设在矩阵 $\boldsymbol{A}$ 中有一个不等于 0 的 $r$ 阶子式 $D$ 且所有 $r+1$ 阶子式（如果存在）全等于 0，那么 $D$ 称为矩阵 $\boldsymbol{A}$ 的最高阶非零子式，数 $r$ 称为矩阵 $\boldsymbol{A}$ 的秩，记作 $R(\boldsymbol{A})$．

规定零矩阵的秩等于 0．由行列式的性质可知，在 $\boldsymbol{A}$ 中当所有 $r+1$ 阶子式全等于 0 时，所有高于 $r+1$ 阶的子式也全等于 0，因此把 $r$ 阶非零子式称为最高阶非零子式，而 $\boldsymbol{A}$ 的秩 $R(\boldsymbol{A})$ 就是 $\boldsymbol{A}$ 的非零子式的最高阶数．

按向量组与矩阵的对应关系，把含有最多个向量的线性无关组与最高阶的非零子式相对应，可以得到第 3 章中矩阵秩的性质，这里给出另外一种证明方法．

**定理 4.9**　任一矩阵对应的列秩与行秩相等且均等于矩阵的秩．

**证明**　设矩阵 $\boldsymbol{A}=(a_{ij})_{m\times n}$，先证明矩阵的列秩 $=r$．当 $\boldsymbol{A}=\boldsymbol{0}$ 时，命题显然成立．

当 $\boldsymbol{A}\neq\boldsymbol{0}$ 时，设 $R(\boldsymbol{A})=r$，根据上面矩阵秩的定义，$\boldsymbol{A}$ 中存在 $r$ 阶子式非零，而任何 $r+1$ 阶子式均为零．不妨设 $\boldsymbol{A}$ 的左上角的 $r$ 阶子式

$$\begin{vmatrix} a_{11} & a_{12} & \cdots & a_{1r} \\ a_{21} & a_{22} & \cdots & a_{2r} \\ \vdots & \vdots & & \vdots \\ a_{r1} & a_{r2} & \cdots & a_{rr} \end{vmatrix}\neq 0$$

则向量组 $\boldsymbol{\alpha}_1=\begin{bmatrix}a_{11}\\a_{21}\\\vdots\\a_{r1}\end{bmatrix}$，$\boldsymbol{\alpha}_2=\begin{bmatrix}a_{12}\\a_{22}\\\vdots\\a_{r2}\end{bmatrix}$，…，$\boldsymbol{\alpha}_r=\begin{bmatrix}a_{1r}\\a_{2r}\\\vdots\\a_{rr}\end{bmatrix}$ 是线性无关的.

若 $n=r$，命题成立. 当 $n>r$ 时，在 $\boldsymbol{A}$ 的后 $n-r$ 列中任取一列，不妨设取的是第 $r+1$ 列，则 $\boldsymbol{\alpha}_1,\boldsymbol{\alpha}_2,\cdots,\boldsymbol{\alpha}_r$，$\boldsymbol{\alpha}_{r+1}=\begin{bmatrix}a_{1,r+1}\\a_{2,r+1}\\\vdots\\a_{r,r+1}\end{bmatrix}$ 线性相关，这说明 $\boldsymbol{\alpha}_{r+1}$ 可由 $\boldsymbol{\alpha}_1,\boldsymbol{\alpha}_2,\cdots,\boldsymbol{\alpha}_r$ 线性表示，且表示法唯一，即

$$\boldsymbol{\alpha}_{r+1}=\lambda_1\boldsymbol{\alpha}_1+\lambda_2\boldsymbol{\alpha}_2+\cdots+\lambda_r\boldsymbol{\alpha}_r \qquad ①$$

考虑 $\boldsymbol{A}$ 的前 $r+1$ 列组成的矩阵

$$(\boldsymbol{a}_1,\boldsymbol{a}_2,\cdots,\boldsymbol{a}_r,\boldsymbol{a}_{r+1})=\begin{bmatrix}a_{11}&a_{12}&\cdots&a_{1r}&a_{1,r+1}\\\vdots&\vdots&&\vdots&\vdots\\a_{r1}&a_{r2}&\cdots&a_{rr}&a_{r,r+1}\\\vdots&\vdots&&\vdots&\vdots\\a_{m1}&a_{m2}&\cdots&a_{mr}&a_{m,r+1}\end{bmatrix}$$

在其中任取一个 $r+1$ 阶矩阵 $\begin{bmatrix}a_{11}&a_{12}&\cdots&a_{1r}&a_{1,r+1}\\\vdots&\vdots&&\vdots&\vdots\\a_{r1}&a_{r2}&\cdots&a_{rr}&a_{r,r+1}\\a_{t1}&a_{t2}&\cdots&a_{tr}&a_{t,r+1}\end{bmatrix}$（$t=r+1,\cdots,m$）. 由于由它构成的 $r+1$ 阶子式等于零，故 $\tilde{\boldsymbol{\alpha}}_1=\begin{bmatrix}a_{11}\\a_{21}\\\vdots\\a_{r1}\\a_{t1}\end{bmatrix}$，$\tilde{\boldsymbol{\alpha}}_2=\begin{bmatrix}a_{12}\\a_{22}\\\vdots\\a_{r2}\\a_{t2}\end{bmatrix}$，…，$\tilde{\boldsymbol{\alpha}}_r=\begin{bmatrix}a_{1r}\\a_{2r}\\\vdots\\a_{rr}\\a_{tr}\end{bmatrix}$，$\tilde{\boldsymbol{\alpha}}_{r+1}=\begin{bmatrix}a_{1,r+1}\\a_{2,r+1}\\\vdots\\a_{r,r+1}\\a_{t,r+1}\end{bmatrix}$ 线性相关. 由于 $\tilde{\boldsymbol{\alpha}}_1,\tilde{\boldsymbol{\alpha}}_2,\cdots,\tilde{\boldsymbol{\alpha}}_r$ 线性无关，因而

$$\tilde{\boldsymbol{\alpha}}_{r+1}=l_1\tilde{\boldsymbol{\alpha}}_1+l_2\tilde{\boldsymbol{\alpha}}_2+\cdots+l_r\tilde{\boldsymbol{\alpha}}_r \qquad ②$$

且表示法唯一.

由①②知

$$\boldsymbol{\alpha}_{r+1}=\lambda_1\boldsymbol{\alpha}_1+\lambda_2\boldsymbol{\alpha}_2+\cdots+\lambda_r\boldsymbol{\alpha}_r=l_1\boldsymbol{\alpha}_1+l_2\boldsymbol{\alpha}_2+\cdots+l_r\boldsymbol{\alpha}_r$$

故

$$\lambda_1=l_1,\lambda_2=l_2,\cdots,\lambda_r=l_r$$

于是对 $\boldsymbol{\alpha}_{r+1}$ 中的每个分量有

$$\boldsymbol{\alpha}_{j,r+1}=\lambda_1\boldsymbol{\alpha}_{j1}+\lambda_2\boldsymbol{\alpha}_{j2}+\cdots+\lambda_r\boldsymbol{\alpha}_{jr}\,(j=1,2,\cdots,m)$$

则

$$\boldsymbol{a}_{r+1}=\lambda_1\boldsymbol{a}_1+\lambda_2\boldsymbol{a}_2+\cdots+\lambda_r\boldsymbol{a}_r$$

这说明 $\boldsymbol{a}_1,\boldsymbol{a}_2,\cdots,\boldsymbol{a}_r$ 是 $\boldsymbol{A}$ 的列向量组的极大线性无关组，即 $\boldsymbol{A}$ 的列秩等于 $r$.

同理可证，$\boldsymbol{A}$ 的行秩等于 $r$.

$n$ 个 $n$ 维向量组成的向量组 $\begin{bmatrix}a_{11}\\a_{21}\\\vdots\\a_{n1}\end{bmatrix},\begin{bmatrix}a_{12}\\a_{22}\\\vdots\\a_{n2}\end{bmatrix},\cdots,\begin{bmatrix}a_{1n}\\a_{2n}\\\vdots\\a_{nn}\end{bmatrix}$ 线性无关的充分必要条件是齐次线性方程组

$$\begin{bmatrix}a_{11}&a_{12}&\cdots&a_{1n}\\a_{21}&a_{22}&\cdots&a_{2n}\\\vdots&\vdots&&\vdots\\a_{n1}&a_{n2}&\cdots&a_{nn}\end{bmatrix}\begin{bmatrix}x_1\\x_2\\\vdots\\x_n\end{bmatrix}=\begin{bmatrix}0\\0\\\vdots\\0\end{bmatrix}$$

只有零解，根据克拉默法则，系数矩阵 $\boldsymbol{A}$ 对应的行列式

$$D=\begin{vmatrix}a_{11}&a_{12}&\cdots&a_{1n}\\a_{21}&a_{22}&\cdots&a_{2n}\\\vdots&\vdots&&\vdots\\a_{n1}&a_{n2}&\cdots&a_{nn}\end{vmatrix}\neq 0$$

这等价于系数矩阵 $\boldsymbol{A}$ 是满秩的，即系数矩阵的秩 $R(\boldsymbol{A})=n$.

---

**【例 4.11】** 设有向量组 $\boldsymbol{a}_1=(1+\lambda,1,1)^{\mathrm{T}}$，$\boldsymbol{a}_2=(1,1+\lambda,1)^{\mathrm{T}}$，$\boldsymbol{a}_3=(1,1,1+\lambda)^{\mathrm{T}}$ 和向量 $\boldsymbol{b}=\left(0,\lambda,\lambda^2\right)^{\mathrm{T}}$，问当 $\lambda$ 为何值时，

（1）向量 $\boldsymbol{b}$ 能由向量组 $\boldsymbol{a}_1,\boldsymbol{a}_2,\boldsymbol{a}_3$ 唯一地线性表示?

（2）向量 $\boldsymbol{b}$ 能由向量组 $\boldsymbol{a}_1,\boldsymbol{a}_2,\boldsymbol{a}_3$ 线性表示，但表达式不唯一?

（3）向量 $\boldsymbol{b}$ 不能由向量组 $\boldsymbol{a}_1,\boldsymbol{a}_2,\boldsymbol{a}_3$ 线性表示?

**解** 设向量 $\boldsymbol{b}$ 能由向量组 $\boldsymbol{a}_1,\boldsymbol{a}_2,\boldsymbol{a}_3$ 线性表示，即 $\boldsymbol{b}=x_1\boldsymbol{a}_1+x_2\boldsymbol{a}_2+x_3\boldsymbol{a}_3$，它对应的线性方程组为

$$\begin{cases}(1+\lambda)x_1+x_2+x_3=0\\x_1+(1+\lambda)x_2+x_3=\lambda\\x_1+x_2+(1+\lambda)x_3=\lambda^2\end{cases}$$

其系数行列式

$$|\boldsymbol{A}|=\begin{vmatrix}1+\lambda & 1 & 1\\ 1 & 1+\lambda & 1\\ 1 & 1 & 1+\lambda\end{vmatrix}=\lambda^2(\lambda+3)$$

（1）当 $\lambda\neq 0,-3$ 时，因为 $|\boldsymbol{A}|\neq 0$，方程组有唯一解，所以 $\boldsymbol{b}$ 可由 $\boldsymbol{a}_1,\boldsymbol{a}_2,\boldsymbol{a}_3$ 唯一地线性表示.

（2）当 $\lambda=0$ 时，方程组的增广矩阵

$$\overline{\boldsymbol{A}}=\begin{bmatrix}1&1&1&0\\1&1&1&0\\1&1&1&0\end{bmatrix}\sim\begin{bmatrix}1&1&1&0\\0&0&0&0\\0&0&0&0\end{bmatrix}$$

显然 $R(\boldsymbol{A})=R(\overline{\boldsymbol{A}})=1<3$，此时方程组有无穷多解，从而向量 $\boldsymbol{b}$ 可由向量组 $\boldsymbol{a}_1,\boldsymbol{a}_2,\boldsymbol{a}_3$ 线性表示，但表示式不唯一.

（3）当 $\lambda=-3$ 时，方程组的增广矩阵

$$\overline{\boldsymbol{A}}=\begin{bmatrix}-2&1&1&0\\1&-2&1&-3\\1&1&-2&9\end{bmatrix}\sim\begin{bmatrix}1&-2&1&-3\\0&-3&3&-12\\0&0&0&-18\end{bmatrix}$$

显然 $R(\boldsymbol{A})\neq R(\overline{\boldsymbol{A}})$，此时方程组无解，故向量 $\boldsymbol{b}$ 不能由向量组 $\boldsymbol{a}_1,\boldsymbol{a}_2,\boldsymbol{a}_3$ 线性表示.

### 4.4.2 行列式的几何意义

行列式的几何意义是什么呢？概括来说有两个方面：一个是行列式就是行列式中的行向量或列向量所构成的超平行多面体的有向面积或有向体积；另一个是矩阵 $\boldsymbol{A}$ 的行列式 $\det(\boldsymbol{A})$ 就是线性变换 $\boldsymbol{A}$ 下的图形面积或体积的伸缩因子.

这两个几何解释一个是静态的体积概念，另一个是动态的比例变换概念，但具有相同的几何本质．因为矩阵 $\boldsymbol{A}$ 表示的（矩阵向量所构成的）几何图形相对于单位矩阵 $\boldsymbol{E}$ 所表示的单位面积或体积（即正方形或正方体或超立方体的容积等于 1）的几何图形而言，伸缩因子本身就是矩阵 $\boldsymbol{A}$ 表示的几何图形的面积或体积，也就是矩阵 $\boldsymbol{A}$ 的行列式.

一个 2 阶矩阵 $\boldsymbol{A}$ 的行列式，是 $\boldsymbol{A}$ 的行向量（或列向量）决定的平行四边形的有向面积．从几何观点来看，如图 4.1 所示，2 阶矩阵 $\boldsymbol{A}$ 对应的行列式 $D=\begin{vmatrix}a_1 & a_2\\ b_1 & b_2\end{vmatrix}$，是 $xOy$ 平面上以行向量 $\boldsymbol{a}=(a_1,a_2),\boldsymbol{b}=(b_1,b_2)$ 为邻边的平行四边形的有向面积：若这个平行四边形是由向量 $\boldsymbol{a}$ 沿逆时针方向转到 $\boldsymbol{b}$ 得到的，面积取正值；若这个平行四边形是由向量 $\boldsymbol{a}$ 沿顺时针方向转到 $\boldsymbol{b}$ 得到的，面积取负值．若 $\boldsymbol{a},\boldsymbol{b}$ 与 $\boldsymbol{a}',\boldsymbol{b}'$ 张成的平行四边形的有向面积符号相同，称它们有相同定向．所以平面上平行四边形有两种定向.

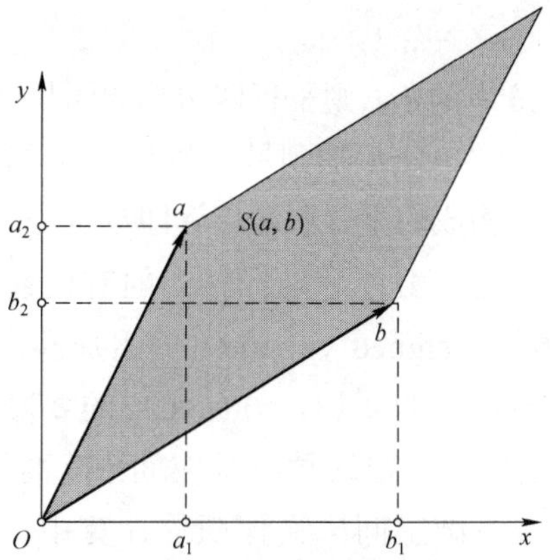


图 4.1　平行四边形的有向面积

2 阶行列式的另一个意义就是两个行向量或列向量的叉积的数值，这个数值是 $z$ 轴上（在二维平面上，$z$ 轴的正向想象为指向读者的方向）的叉积分量．如果数值是正值，则与 $z$ 坐标同向；如果是负值就与 $z$ 坐标反向．如果不强调叉积是第三维的向量，也就是忽略单位向量 $\boldsymbol{n}_0$，那么 2 阶行列式就与两个向量的叉积完全等价了．

关于伸缩因子的几何解释，需要用到矩阵的概念，行列式被看作是对矩阵的某种运算，并反映了矩阵的特定性质．

假设 $\boldsymbol{A}$ 是一个列向量（或行向量）为 $\boldsymbol{a},\boldsymbol{b}$ 的 2 阶矩阵，那么这里的线性变换 $\boldsymbol{A}$ 是指将 $\mathbf{R}^2$ 中的单位正方形变成 $\mathbf{R}^2$ 中以 $\boldsymbol{a},\boldsymbol{b}$ 为邻边的平行四边形：如果原图形为一个圆，则线性变换 $\boldsymbol{A}$ 将之变成一个椭圆．

同样在 3 阶矩阵的情形下，$\boldsymbol{A}$ 将 $\mathbf{R}^3$ 中的一个单位立方体映射成 $\mathbf{R}^3$ 中由 $\boldsymbol{A}$ 的列向量确定的平行六面体：如果原图为一个球，则线性变换 $\boldsymbol{A}$ 将之变成一个椭球．

一般地，一个 $n$ 阶矩阵 $\boldsymbol{A}$ 将 $\mathbf{R}^n$ 中的单位立方体变成 $\mathbf{R}^n$ 中由 $\boldsymbol{A}$ 的列向量确定的 $n$ 维平行体．对非单位正方形（如立方体或超立方体）以同样的方式变换，即伸缩因子为 $\dfrac{\text{像域的容积}}{\text{原域的容积}}$，而 $n$ 阶矩阵 $\boldsymbol{A}$ 的行列式 $\det(\boldsymbol{A})$ 就是这个伸缩因子．

3 阶行列式的几何意义：一个 3 阶矩阵的行列式是其行向量或列向量所张成的平行六面体的有向体积．根据右手螺旋法则，可以判断有向体积大于零或小于零，如图 4.2 所示．

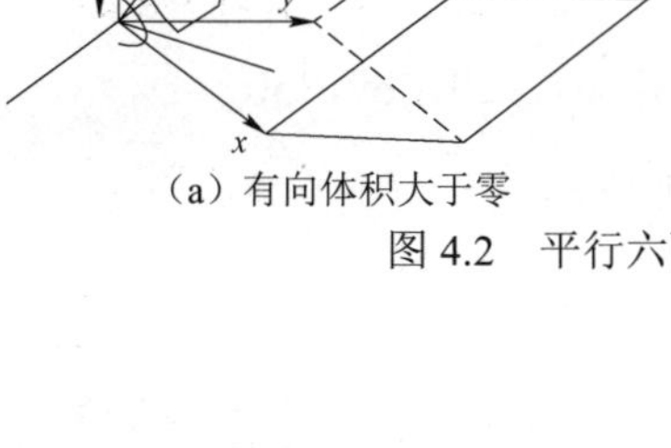


（a）有向体积大于零

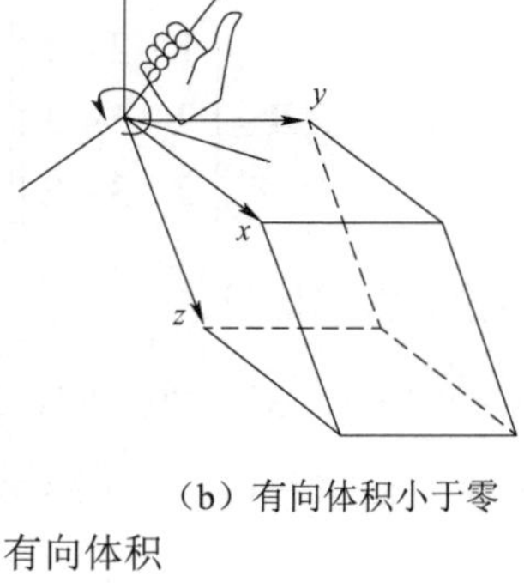


（b）有向体积小于零

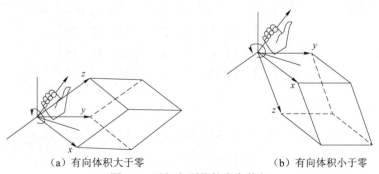

图 4.2　平行六面体的有向体积

总结：

① 用一个数$k$乘向量$\boldsymbol{a},\boldsymbol{b}$中的$\boldsymbol{a}$，则平行四边形的面积就相应地增大了$k$倍；

② 把向量$\boldsymbol{a},\boldsymbol{b}$中的一个乘数$k$之后加到另一个上，则平行四边形的面积不变；

③ 以单位向量$(1,0),(0,1)$构成的平行四边形（即单位正方形）的面积为1.

行列式最基本的几何意义是由各个坐标轴上的有向线段所围起来的所有有向面积（signed area）或有向体积（signed volume）的累加和．这个累加要注意每个面积或体积的方向或符号，方向相同的要加，方向相反的要减，因此这个累加的和是代数和．一般形式的拉普拉斯定理，把这种三维空间中“高”与“面积”相乘得到“体积”的思路，进一步推广到$n$维空间广义体积的计算中，就是用$k$阶行列式的子式表示投影到“高”那$k$维部分的向量与用$n-k$阶代数余子式表示的“面积”部分向量的内积．

## 4.4.3 矩阵与行列式在信息编码中的应用

一个通用的传递信息的方法是：将每一个字母与一个整数相对应，然后传输一串整数．例如，信息“SEND MONEY”可以编码为“5，8，10，21，7，2，10，8，3”，其中S表示为5，E表示为8，等等．但是，这种编码很容易被破译，在一段较长的信息中，可以根据数字出现的相对频率猜测每一个数字表示的字母.例如，若8为信息中最常出现的数字，则它最有可能表示字母E，即英文中最常出现的字母．我们可以用矩阵乘法对信息进行进一步的伪装．

设$\boldsymbol{A}$是所有元素均为整数的矩阵，且其行列式为$\pm1$，由于$\boldsymbol{A}^{-1}=\pm\boldsymbol{A}^*$，则$\boldsymbol{A}^{-1}$的元素也是整数，可以用这个矩阵对信息进行变换，变换后的信息将很难破译．为演示这个技术，令$\boldsymbol{A}=\begin{bmatrix}1&2&1\\2&5&3\\2&3&2\end{bmatrix}$，需要编码的信息放在3阶矩阵$\boldsymbol{B}$的各列上，即$\boldsymbol{B}=\begin{bmatrix}5&21&10\\8&7&8\\10&2&3\end{bmatrix}$．乘积

$$\boldsymbol{AB}=\begin{bmatrix}1&2&1\\2&5&3\\2&3&2\end{bmatrix}\begin{bmatrix}5&21&10\\8&7&8\\10&2&3\end{bmatrix}=\begin{bmatrix}31&37&29\\80&83&69\\54&67&50\end{bmatrix}$$

给出了用于传输的编码信息：

31，80，54，37，83，67，29，69，50

接收到信息的人可通过乘以$\boldsymbol{A}^{-1}$进行译码（即解码）

$$\begin{bmatrix}1 & -1 & 1\\2 & 0 & -1\\-4 & 1 & 1\end{bmatrix}\begin{bmatrix}31 & 37 & 29\\80 & 83 & 69\\54 & 67 & 50\end{bmatrix}=\begin{bmatrix}5 & 21 & 10\\8 & 7 & 8\\10 & 2 & 3\end{bmatrix}$$

为构造编码矩阵 $\boldsymbol{A}$，可以从单位矩阵 $\boldsymbol{E}$ 开始，利用行运算Ⅲ，仔细地将它的某行的整数倍加到其他行上．也可使用行运算Ⅰ，则矩阵 $\boldsymbol{A}$ 仅有整数元，且由于 $\det(\boldsymbol{A})=\pm\det(\boldsymbol{E})=\pm1$，因此 $\boldsymbol{A}^{-1}$ 也将只有整数元．

# 习 题 4

1. 给定矩阵 $\boldsymbol{A}=\begin{bmatrix}3 & 2 & 4\\1 & -2 & 3\\2 & 3 & 2\end{bmatrix}$，

（1）求 $\det(\boldsymbol{M}_{21}),\det(\boldsymbol{M}_{22})$ 和 $\det(\boldsymbol{M}_{23})$ 的值；

（2）求 $A_{21},A_{22}$ 和 $A_{23}$ 的值；

（3）用（2）中的结论计算 $\det(\boldsymbol{A})$．

2. 求使得行列式 $\begin{vmatrix}2-\lambda & 4\\3 & 3-\lambda\end{vmatrix}$ 等于 0 的所有 $\lambda$ 值．

3. 设 $2\boldsymbol{A}=\begin{bmatrix}1 & 0 & 1\\0 & 2 & 0\\0 & 0 & 1\end{bmatrix}$，求行列式 $\left|(\boldsymbol{A}+3\boldsymbol{E})^{-1}\left(\boldsymbol{A}^2-9\boldsymbol{E}\right)\right|$ 的值．

4. 计算下列行列式．

（1）$\begin{vmatrix}4 & 5\\-3 & -4\end{vmatrix}$　（2）$\begin{vmatrix}3 & 6\\-5 & 4\end{vmatrix}$　（3）$\begin{vmatrix}3 & -6 & 0\\2 & 4 & 3\\1 & 2 & 3\end{vmatrix}$　（4）$\begin{vmatrix}3 & -6 & 0\\2 & 4 & 3\\1 & 2 & 3\end{vmatrix}$

（5）$\begin{vmatrix}3 & 1 & 2\\2 & 4 & 5\\2 & 4 & 5\end{vmatrix}$　（6）$\begin{vmatrix}2 & 1 & 2\\1 & 3 & 2\\2 & 4 & 1\end{vmatrix}$　（7）$\begin{vmatrix}2 & 1 & 0 & 2\\0 & 1 & 0 & 5\\1 & 6 & 2 & 0\\1 & 1 & -2 & 3\end{vmatrix}$　（8）$\begin{vmatrix}2 & 1 & 2 & 1\\3 & 0 & 1 & 1\\-1 & 2 & -2 & 1\\1 & 1 & -2 & 3\end{vmatrix}$

5. 设 $\boldsymbol{A}$ 为 3 阶矩阵，其中 $a_{11}=0$ 且 $a_{21}\neq0$．证明：$\boldsymbol{A}$ 行等价于单位矩阵 $\boldsymbol{E}$ 的充要条件为 $-a_{12}a_{21}a_{33}+a_{12}a_{31}a_{23}+a_{13}a_{21}a_{32}-a_{13}a_{31}a_{22}\neq0$．

6. 计算行列式 $\begin{vmatrix} a-x & b & c \\ 1 & -x & 0 \\ 0 & -1 & x \end{vmatrix}$，并将结果表示成关于变量 $x$ 的多项式.

7. 给出定理 4.3 的详细证明.

8. 证明：如果 $n$ 阶矩阵 $\boldsymbol{A}$ 有一行或一列的元素全为零，则 $\det(\boldsymbol{A})=0$ .

9. 用数学归纳法证明：若 $n+1$ 阶矩阵 $\boldsymbol{A}$ 有两行相等，则 $\det(\boldsymbol{A})=0$ .

10. 证明：若行列式的某一行（列）的各元素都是两个数的和，则此行列式等于两个相应的行列式的和.

11. 设 $\boldsymbol{A}$ 和 $\boldsymbol{B}$ 均为 2 阶矩阵，问下列结论是否成立？证明你的答案.

（1）$\det(\boldsymbol{A}+\boldsymbol{B})=\det(\boldsymbol{A})+\det(\boldsymbol{B})$;

（2）$\det(\boldsymbol{AB})=\det(\boldsymbol{A})\det(\boldsymbol{B})$;

（3）$\det(\boldsymbol{AB})=\det(\boldsymbol{BA})$.

12. 已知 $\boldsymbol{A}$ 为 $n$ 阶方阵，且 $\boldsymbol{AA}^{\mathrm{T}}$ 是非奇异的，证明矩阵 $\boldsymbol{A}$ 是非奇异的.

13. 求下列行列式的值.

（1）$\begin{vmatrix} 0 & 0 & 3 \\ 0 & 4 & 1 \\ 2 & 3 & 1 \end{vmatrix}$ （2）$\begin{vmatrix} 1 & 1 & 1 & 3 \\ 0 & 3 & 1 & 1 \\ 0 & 0 & 2 & 2 \\ -1 & -1 & -1 & 2 \end{vmatrix}$ （3）$\begin{vmatrix} 0 & 0 & 0 & 1 \\ 1 & 0 & 0 & 0 \\ 0 & 1 & 0 & 0 \\ 0 & 0 & 1 & 0 \end{vmatrix}$ （4）$\begin{vmatrix} 2 & 1 & 1 & 1 \\ 1 & 2 & 1 & 1 \\ 1 & 1 & 2 & 1 \\ 1 & 1 & 1 & 2 \end{vmatrix}$

14. 令 $\det(\boldsymbol{A})=\begin{vmatrix} 0 & 1 & 2 & 3 \\ 1 & 1 & 1 & 1 \\ -2 & -2 & 3 & 3 \\ 1 & 2 & -2 & -3 \end{vmatrix}$,

（1）求 $A_{41}+A_{42}+A_{43}+A_{44}$ 的值，其中 $A_{4j}$ 为元素 $a_{4j}(j=1,2,3,4)$ 的代数余子式；

（2）利用行列式的性质计算 $\det(\boldsymbol{A})$；

（3）利用 $\det(\boldsymbol{A})$ 的值计算 $\begin{vmatrix} 0 & 1 & 2 & 3 \\ -2 & -2 & 3 & 3 \\ 1 & 2 & -2 & -3 \\ 1 & 1 & 1 & 1 \end{vmatrix}+\begin{vmatrix} 0 & 1 & 2 & 3 \\ 1 & 1 & 1 & 1 \\ -1 & -1 & 4 & 4 \\ 2 & 3 & -1 & -2 \end{vmatrix}$.

15. 通过矩阵的行列式判断下列矩阵是奇异的还是非奇异的.

（1）$\begin{bmatrix} 3 & 1 \\ 6 & 2 \end{bmatrix}$ （2）$\begin{bmatrix} 3 & 1 \\ 4 & 2 \end{bmatrix}$ （3）$\begin{bmatrix} 3 & 3 & 1 \\ 0 & 1 & 2 \\ 0 & 2 & 3 \end{bmatrix}$ （4）$\begin{bmatrix} 1 & 1 & 1 & 1 \\ 2 & -1 & 3 & 2 \\ 0 & 1 & 2 & 1 \\ 0 & 0 & 7 & 3 \end{bmatrix}$

（5）$\begin{bmatrix} 1 & 1 & 1 & 1 \\ 1 & 2 & -3 & 4 \\ 1 & 4 & 9 & 16 \\ 1 & 8 & -27 & 64 \end{bmatrix}$ （6）$\begin{bmatrix} 1 & 2 & 0 & 0 \\ 2 & 0 & 0 & 0 \\ 6 & 3 & 1 & 0 \\ 0 & -2 & 0 & 1 \end{bmatrix}$

16. 求使得矩阵$\begin{bmatrix} 1 & 1 & 1 \\ 1 & 9 & c \\ 1 & c & 3 \end{bmatrix}$奇异的所有可能的$c$．

17. 设$\boldsymbol{A}$为$n$阶矩阵，$a$为标量，证明：$\det(a\boldsymbol{A}) = a^n \det(\boldsymbol{A})$．

18. 设$\boldsymbol{A}$为非奇异矩阵，证明：$\det\left(\boldsymbol{A}^{-1}\right) = \dfrac{1}{\det(\boldsymbol{A})}$．

19. 设$\boldsymbol{A}$和$\boldsymbol{B}$为3阶矩阵，且$\det(\boldsymbol{A}) = 4$，$\det(\boldsymbol{B}) = 5$，求下列各值．

（1）$\det(\boldsymbol{AB})$ （2）$\det(3\boldsymbol{A})$ （3）$\det(2\boldsymbol{AB})$ （4）$\det\left(\boldsymbol{A}^{-1}\boldsymbol{B}\right)$

20. 设$\boldsymbol{A}$和$\boldsymbol{B}$均为$n$阶矩阵，证明：$\boldsymbol{AB}$非奇异的充要条件为$\boldsymbol{A}$和$\boldsymbol{B}$是非奇异的．

21. 设$\boldsymbol{A}$和$\boldsymbol{B}$为$k$阶矩阵，$\boldsymbol{M} = \begin{bmatrix} \boldsymbol{0} & \boldsymbol{B} \\ \boldsymbol{A} & \boldsymbol{0} \end{bmatrix}$，证明：$\det(\boldsymbol{M}) = (-1)^k \det(\boldsymbol{A})\det(\boldsymbol{B})$．

22. 设$\boldsymbol{A}$为$n$阶矩阵，问当$n$为奇数时，是否可使$\boldsymbol{A}^2 + \boldsymbol{E} = \boldsymbol{0}$？当$n$为偶数时，又有什么样的结论？

23. 对下列各种情况，计算$\det(\boldsymbol{A})$，$\boldsymbol{A}^*$和$\boldsymbol{A}^{-1}$（其中，$\boldsymbol{A}^*$为$\boldsymbol{A}$的伴随矩阵，以下同）.

（1）$\boldsymbol{A} = \begin{bmatrix} 1 & 2 \\ 3 & -1 \end{bmatrix}$ （2）$\boldsymbol{A} = \begin{bmatrix} 3 & 1 \\ 2 & 4 \end{bmatrix}$ （3）$\boldsymbol{A} = \begin{bmatrix} 1 & 3 & 1 \\ 2 & 1 & 1 \\ -2 & 2 & -1 \end{bmatrix}$ （4）$\boldsymbol{A} = \begin{bmatrix} 1 & 1 & 1 \\ 0 & 1 & 1 \\ 0 & 0 & 1 \end{bmatrix}$

24. 利用克拉默法则求解下列方程组．

（1）$\begin{cases} x_1 + 2x_2 = 3 \\ 3x_1 - 2x_2 = 1 \end{cases}$ （2）$\begin{cases} 2x_1 + x_2 - 3x_3 = 0 \\ 4x_1 + 5x_2 + x_3 = 8 \\ -2x_1 - 2x_2 + 4x_3 = 2 \end{cases}$

（3）$\begin{cases} x_1 + 3x_2 + x_3 = 1 \\ 2x_1 + x_2 + x_3 = 5 \\ -2x_1 + 2x_2 - x_3 = -8 \end{cases}$ （4）$\begin{cases} x_1 + x_2 = 0 \\ x_2 + x_3 - 3x_4 = 1 \\ x_1 + 2x_3 + x_4 = 3 \\ x_1 + x_2 + x_4 = 0 \end{cases}$

25. 给定矩阵$\boldsymbol{A} = \begin{bmatrix} 1 & 3 & 1 \\ 2 & 1 & 1 \\ -2 & 2 & -1 \end{bmatrix}$，

（1）用两个行列式的商计算$\boldsymbol{A}^{-1}$的第2行第3列元素；

（2）利用克拉默法则解方程组 $\boldsymbol{Ax}=\boldsymbol{e}_3$ 来计算 $\boldsymbol{A}^{-1}$ 的第 3 列，其中 $\boldsymbol{e_3}=\begin{bmatrix}0\\0\\1\end{bmatrix}$.

26. 设 $\boldsymbol{A}=\begin{bmatrix}2&0&0\\0&1&3\\0&2&5\end{bmatrix}$，$\boldsymbol{B}=\begin{bmatrix}1&1\\2&0\\0&0\end{bmatrix}$，且 $\boldsymbol{A}^*\boldsymbol{X}=\boldsymbol{B}$，求 $\boldsymbol{X}$.

27. 问 $\lambda$ 为何值时，线性方程组 $\begin{cases}2x_1+\lambda x_2-x_3=1\\ \lambda x_1-x_2+x_3=2\\ 4x_1+5x_2-5x_3=-1\end{cases}$ 有唯一解？无解？有无穷多解？并在有无穷多解时求出方程组的通解.

28. 给定矩阵 $\boldsymbol{A}=\begin{bmatrix}1&2&3\\2&3&4\\3&4&5\end{bmatrix}$，

（1）计算 $\boldsymbol{A}$ 的行列式，$\boldsymbol{A}$ 是非奇异的吗？

（2）计算 $\boldsymbol{A}^*$ 及乘积 $\boldsymbol{AA}^*$.

29. 用 $\boldsymbol{B}_j$ 表示将单位矩阵的第 $j$ 列替换为向量 $\boldsymbol{b}=(b_1,b_2,\cdots,b_n)^{\mathrm{T}}$ 得到的矩阵，利用克拉默法则证明 $\boldsymbol{b}_j=\det(\boldsymbol{B}_j)$，其中 $j=1,2,\cdots,n$.

30. 设 $\boldsymbol{A}$ 为非奇异的 $n$ 阶方阵，其中 $n>1$，证明 $\det(\boldsymbol{A}^*)=(\det(\boldsymbol{A}))^{n-1}$.

31. 设 $\boldsymbol{A}$ 为 4 阶矩阵，若 $\boldsymbol{A}^*=\begin{bmatrix}2&0&0&0\\0&2&1&0\\0&4&3&2\\0&-2&-1&2\end{bmatrix}$，

（1）求 $\det(\boldsymbol{A}^*)\cdot\det(\boldsymbol{A})$ 的值（提示：利用第 30 题中的结论）.

（2）求矩阵 $\boldsymbol{A}$.

32. 证明：若 $\det(\boldsymbol{A})=1$，则 $(\boldsymbol{A}^*)^*=(\boldsymbol{A})$.

33. 设 $\boldsymbol{A}$ 为 $n$ 阶矩阵 $(\boldsymbol{n}\geqslant 2)$，证明

$$R(\boldsymbol{A}^*)=\begin{cases}n, & R(\boldsymbol{A})=n\\1, & R(\boldsymbol{A})=n-1\\0, & R(\boldsymbol{A})\leqslant n-2\end{cases}$$

34. 若 $\boldsymbol{A},\boldsymbol{B}$ 为同阶方阵，且 $\boldsymbol{AB}=\boldsymbol{E}$，则 $\boldsymbol{A},\boldsymbol{B}$ 都可逆，且 $\boldsymbol{A}^{-1}=\boldsymbol{B}$，$\boldsymbol{B}^{-1}=\boldsymbol{A}$.

35. 设 $\boldsymbol{A}$ 为 3 阶矩阵，3 维列向量组 $\boldsymbol{a_1},\boldsymbol{a_2},\boldsymbol{a_3}$ 线性无关，且

$$A\boldsymbol{a}_1=\boldsymbol{a}_1+2\boldsymbol{a}_2+\boldsymbol{a}_3,\quad A\boldsymbol{a}_2=\boldsymbol{a}_1+\boldsymbol{a}_2,\quad A\boldsymbol{a}_3=\boldsymbol{a}_2+2\boldsymbol{a}_3$$

（1）求矩阵 $\boldsymbol{B}$，使得 $\boldsymbol{A}(\boldsymbol{a}_1,\boldsymbol{a}_2,\boldsymbol{a}_3)=(\boldsymbol{a}_1,\boldsymbol{a}_2,\boldsymbol{a}_3)\boldsymbol{B}$；（2）求 $|\boldsymbol{A}|$.

36. 设有向量组 $\boldsymbol{a}_1=(1,2,1)^{\mathrm{T}}, \boldsymbol{a}_2=(\lambda,-1,10)^{\mathrm{T}}, \boldsymbol{a}_3=(-1,\lambda,-6)^{\mathrm{T}}$ 和向量 $\boldsymbol{b}=(2,5,1)^{\mathrm{T}}$.试讨论当 $\lambda$ 取何值时，

（1）$\boldsymbol{b}$ 能由 $\boldsymbol{a}_1,\boldsymbol{a}_2,\boldsymbol{a}_3$ 线性表示，且表示式唯一；

（2）$\boldsymbol{b}$ 能由 $\boldsymbol{a}_1,\boldsymbol{a}_2,\boldsymbol{a}_3$ 线性表示，且表示式不唯一；

（3）$\boldsymbol{b}$ 不能由 $\boldsymbol{a}_1,\boldsymbol{a}_2,\boldsymbol{a}_3$ 线性表示.

37. 计算下列行列式.

（1）$D_n=\begin{vmatrix}\alpha+\beta & \alpha & 0 & \cdots & 0 & 0\\ \beta & \alpha+\beta & \alpha & \cdots & 0 & 0\\ 0 & \beta & \alpha+\beta & \cdots & 0 & 0\\ \vdots & \vdots & \vdots & & \vdots & \vdots\\ 0 & 0 & 0 & \cdots & \alpha+\beta & \alpha\\ 0 & 0 & 0 & \cdots & \beta & \alpha+\beta\end{vmatrix}$

（2）$D_n=\begin{vmatrix}x & a & a & \cdots & a & a\\ b & x & a & \cdots & a & a\\ b & b & x & \cdots & a & a\\ \vdots & \vdots & \vdots & & \vdots & \vdots\\ b & b & b & \cdots & b & x\end{vmatrix}$

（3）$D_n=\begin{vmatrix}x & a_1 & a_2 & \cdots & a_n\\ a_1 & x & a_2 & \cdots & a_n\\ a_1 & a_2 & x & \cdots & a_n\\ \vdots & \vdots & \vdots & & \vdots\\ a_1 & a_2 & a_3 & \cdots & x\end{vmatrix}$

（4）$D_n=\begin{vmatrix}1+a_1 & 1 & \cdots & 1\\ 1 & 1+a_2 & \cdots & 1\\ \vdots & \vdots & & \vdots\\ 1 & 1 & \cdots & 1+a_n\end{vmatrix}$,其中 $a_1a_2\cdots a_n\neq 0$.

38. 计算行列式 $D_{2n}=\begin{vmatrix}a_n & & & & & b_n\\ & \ddots & & & \iddots & \\ & & a_1 & b_1 & & \\ & & c_1 & d_1 & & \\ & \iddots & & & \ddots & \\ c_n & & & & & d_n\end{vmatrix}$.

# 第 5 章　相似矩阵与二次型

**引例**　电力系统的稳定性，是指当电力系统在正常运行状态下突然受到某种干扰时，经过一定的时间后又恢复到原来的运行状态或者过渡到一个新的稳定运行状态的能力．这是电力系统保持正常运行的基本条件之一．讨论电力系统的静态稳定性，往往以小扰动法为理论基础，首先列出各元件的微分方程，然后将它们综合起来得到全系统的微分方程组，最后根据全系统微分方程组的特征方程，求特征值并判断系统是否静态稳定．

单机－无限大系统如图 5.1 所示，发电机经变压器和输电线路将功率送往受端无限大系统的母线上．发电机的转子运动方程可写为

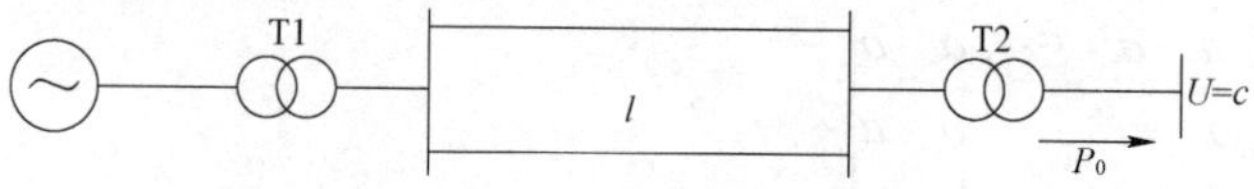


图 5.1　单机－无限大系统

$$\begin{cases}\dfrac{\mathrm{d}\delta}{\mathrm{d}t}=\omega-\omega_{\mathrm{N}}\\ \dfrac{\mathrm{d}\omega}{\mathrm{d}t}=\dfrac{\omega_{\mathrm{N}}}{T_{\mathrm{J}}}(P_{\mathrm{T}}-P_{\mathrm{E}})\end{cases}$$

其中 $\delta$，$\omega$ 分别为发电机的转子角和转子角速度，$\omega_{\mathrm{N}}$ 为额定转子角速度，$T_{\mathrm{J}}$ 为惯性时间常数，$P_{\mathrm{T}}$ 为机械功率，$P_{\mathrm{E}}$ 为电磁功率．

线性化后的运动方程为

$$\begin{cases}\dfrac{\mathrm{d}\Delta\delta}{\mathrm{d}t}=\Delta\omega\\ \dfrac{\mathrm{d}\Delta\omega}{\mathrm{d}t}=\dfrac{\omega_{\mathrm{N}}}{T_{\mathrm{J}}}(-\Delta P_{\mathrm{E}})=-\dfrac{\omega_{\mathrm{N}}}{T_{\mathrm{J}}}\left(\dfrac{\mathrm{d}P_{\mathrm{E}}}{\mathrm{d}\delta}\right)\bigg|_{\delta_0}\cdot\Delta\delta\end{cases}$$

写成矩阵形式为

$$\begin{bmatrix}\Delta\dot{\delta}\\ \Delta\dot{\omega}\end{bmatrix}=\begin{bmatrix}0 & 1\\ -\dfrac{\omega_{\mathrm{N}}}{T_{\mathrm{J}}}\left(\dfrac{\mathrm{d}P_{\mathrm{E}}}{\mathrm{d}\delta}\right)\bigg|_{\delta_0} & 0\end{bmatrix}\begin{bmatrix}\Delta\delta\\ \Delta\omega\end{bmatrix}$$

对应的特征方程为

$$\begin{vmatrix} 0-\lambda & 1 \\ -\frac{\omega_{\mathrm{N}}}{T_{\mathrm{J}}}\left(\frac{\mathrm{d}P_{\mathrm{E}}}{\mathrm{d}\delta}\right)\Bigg|_{\delta_0} & 0-\lambda \end{vmatrix} = \lambda^2 + \frac{\omega_{\mathrm{N}}}{T_{\mathrm{J}}}\left(\frac{\mathrm{d}P_{\mathrm{E}}}{\mathrm{d}\delta}\right)\Bigg|_{\delta_0} = 0$$

解之可得特征方程的根为 $\lambda_{1,2} = \pm\sqrt{-\frac{\omega_{\mathrm{N}}}{T_{\mathrm{J}}}\left(\frac{\mathrm{d}P_{\mathrm{E}}}{\mathrm{d}\delta}\right)\Big|_{\delta_0}}$ .

当 $\left(\frac{\mathrm{d}P_{\mathrm{E}}}{\mathrm{d}\delta}\right)\Big|_{\delta_0} < 0$ 时，有两个实根，系统不是静态稳定的；当 $\left(\frac{\mathrm{d}P_{\mathrm{E}}}{\mathrm{d}\delta}\right)\Big|_{\delta_0} > 0$ 时，有两个纯虚根，系统为临界状态，严格地讲系统不是静态稳定的．如果考虑了阻尼作用（阻尼功率系数 $D>0$），当 $\left(\frac{\mathrm{d}P_{\mathrm{E}}}{\mathrm{d}\delta}\right)\Big|_{\delta_0} > 0$ 时，系统则是静态稳定的．

判断电力系统的静态稳定性，可借助特征值（根）的性质进行：

① 若所有特征值都为负实数或具有负实部，则系统是稳定的；

② 若特征值中出现一个零根或实部为零的一对虚根，则系统处于稳定的边界；

③ 只要特征值中出现一个正实数或一对具有正实部的共轭复数，则系统是不稳定的．

在很多工程问题中，矩阵的特征值和特征向量是有力的研究工具，具有多方面的应用，除了研究振动问题离不开特征值和特征向量之外，前面曾经提到过的主成分分析，就是选取特征值最高的 $k$ 个特征向量来表示一个矩阵，从而达到降维分析和特征显示的方法；Google 公司的成名作“PageRank”，也是通过计算一个用矩阵表示的图（这个图代表了整个 Web 各个网页、节点之间的关联）的特征向量来对每一个节点打分；另外人脸识别、数据挖掘等，都有特征值和特征向量的广泛应用．我们要深刻理解矩阵的特征值和特征向量的概念，熟练掌握求特征值和特征向量的方法．

本章主要讨论特征值与特征向量、矩阵的相似对角化、实对称矩阵的对角化和二次型等相关内容．这些内容不仅是矩阵理论的重要组成部分，而且在数学的其他分支（如差分方程和微分方程）都有广泛的应用，有人甚至说“关于特征值、特征向量的重要性无论怎么形容都不过分”！

## 5.1　特征值与特征向量

工程技术和几何中的一些实际问题往往可归结为这样的数学问题，即对于 $n$ 阶矩阵 $\boldsymbol{A}$，是否存在数 $\lambda$ 和向量 $\boldsymbol{x}$，使得 $\boldsymbol{Ax} = \lambda\boldsymbol{x}$ 成立．例如，若 $\boldsymbol{A} = \begin{bmatrix} 2 & 1 \\ 1 & 2 \end{bmatrix}$，$\boldsymbol{x} = \begin{bmatrix} 1 \\ 1 \end{bmatrix}$，$\lambda=3$，则

$$Ax=\begin{bmatrix}2&1\\1&2\end{bmatrix}\begin{bmatrix}1\\1\end{bmatrix}=\begin{bmatrix}3\\3\end{bmatrix}，且\ 3x=3\begin{bmatrix}1\\1\end{bmatrix}=\begin{bmatrix}3\\3\end{bmatrix}$$

即 $Ax=3x$ 成立，这样 $\lambda=3$ 称为矩阵 $A$ 的特征值，非零向量 $x=\begin{bmatrix}1\\1\end{bmatrix}$ 称为矩阵 $A$ 的属于特征值 $\lambda=3$ 的特征向量，下面给出精确定义.

**定义 5.1** 设 $A$ 为 $n$ 阶方阵，若存在数 $\lambda$ 和非零向量 $x$，使得

$$Ax=\lambda x$$

则称数 $\lambda$ 为矩阵 $A$ 的**特征值**（eigenvalue），非零向量 $x$ 为矩阵 $A$ 的属于特征值 $\lambda$ 的**特征向量**（eigenvector）.

需要注意的是：

① 特征值与特征向量是共同存在的，有特征值一定会有相应的特征向量，反之亦然；

② 特征向量一般指的是非零向量.

将矩阵 $A$ 看成是线性变换，则特征向量是这样一种向量：它经过这种特定的变换后保持方向不变或反向，同时进行长度上的伸缩，而特征值的绝对值恰好是伸缩的倍数. 下面讨论：给定一个 $n$ 阶方阵，其特征值、特征向量是否一定存在？如果存在，则是否唯一？如何计算，以及它们都具有哪些性质？

首先，根据定义，如果 $\lambda$ 是矩阵 $A$ 的特征值，那么一定存在非零向量 $x$，使得 $Ax=\lambda x$，这等价于存在非零向量 $x$，使得 $Ax-\lambda x=0$，或 $(A-\lambda E)x=0$，又等价于齐次线性方程组 $(A-\lambda E)x=0$ 有非零解. 齐次线性方程组 $(A-\lambda E)x=0$ 有非零解的充分必要条件为方程组的系数行列式等于零，即

$$|A-\lambda E|=0$$

反之，对方程 $|A-\lambda E|=0$ 的任一解 $\lambda$，齐次线性方程组 $(A-\lambda E)x=0$ 都存在非零解向量 $x$，这里的 $\lambda$ 和 $x$ 满足 $Ax=\lambda x$，因此 $\lambda$ 为 $A$ 的特征值，$x$ 为相应的特征向量.

由此可得，对于方阵 $A$，解一元 $n$ 次方程 $|A-\lambda E|=0$，该方程的任一解都是矩阵 $A$ 的特征值. 对于矩阵 $A$ 的每一个特征值 $\lambda$，解齐次线性方程组 $(A-\lambda E)x=0$，该方程组的任一非零解向量都是矩阵 $A$ 的属于特征值 $\lambda$ 的特征向量.

---

**【例 5.1】** 求矩阵 $A=\begin{bmatrix}2&2\\1&1\end{bmatrix}$ 的特征值和特征向量.

**解** $$|A-\lambda E|=\begin{vmatrix}2-\lambda&2\\1&1-\lambda\end{vmatrix}=(2-\lambda)(1-\lambda)-2=\lambda^2-3\lambda$$

令 $|A-\lambda E|=0$ 得矩阵 $A$ 的特征值为 $\lambda_1=0$，$\lambda_2=3$.

当 $\lambda_1=0$ 时，齐次线性方程组 $(A-\lambda E)x=0$ 的任一非零解都是矩阵 $A$ 的属于特征值

$\lambda_1=0$ 特征向量．因为

$$(\boldsymbol{A}-\lambda\boldsymbol{E})=\begin{bmatrix}2 & 2\\1 & 1\end{bmatrix}\to\begin{bmatrix}1 & 1\\0 & 0\end{bmatrix}$$

所以，矩阵 $\boldsymbol{A}$ 的属于特征值 $\lambda_1=0$ 的特征向量可取为 $\boldsymbol{\xi}_1=\begin{bmatrix}1\\-1\end{bmatrix}$．显然，对于任意的非零常数 $k$，$k\boldsymbol{\xi}_1$ 也都是属于 $\lambda_1=0$ 的特征向量．

当 $\lambda_2=3$ 时，因为

$$(\boldsymbol{A}-\lambda\boldsymbol{E})=(\boldsymbol{A}-3\boldsymbol{E})=\begin{bmatrix}-1 & 2\\1 & -2\end{bmatrix}\to\begin{bmatrix}1 & -2\\0 & 0\end{bmatrix}$$

所以属于特征值 $\lambda_2=3$ 的特征向量可取为 $\boldsymbol{\xi}_2=\begin{bmatrix}2\\1\end{bmatrix}$，并且 $c\boldsymbol{\xi}_2$ 也都是对属于 $\lambda_2=3$ 的特征向量．

---

设矩阵 $\boldsymbol{A}$ 为 $n$ 阶方阵，则

$$|\boldsymbol{A}-\lambda\boldsymbol{E}|=\begin{vmatrix}a_{11}-\lambda & a_{12} & \cdots & a_{1n}\\a_{21} & a_{22}-\lambda & \cdots & a_{2n}\\\vdots & \vdots & & \vdots\\a_{n1} & a_{n2} & \cdots & a_{nn}-\lambda\end{vmatrix}$$

是一个关于 $\lambda$ 的 $n$ 次多项式，称为矩阵 $\boldsymbol{A}$ 的**特征多项式**（characteristic polynomial）．

因此，方程 $|\boldsymbol{A}-\lambda\boldsymbol{E}|=0$，即

$$\begin{vmatrix}a_{11}-\lambda & a_{12} & \cdots & a_{1n}\\a_{21} & a_{22}-\lambda & \cdots & a_{2n}\\\vdots & \vdots & & \vdots\\a_{n1} & a_{n2} & \cdots & a_{nn}-\lambda\end{vmatrix}=0$$

为关于 $\lambda$ 的 $n$ 次方程，称为矩阵 $\boldsymbol{A}$ 的特征方程（characteristic equation）．

显然，矩阵 $\boldsymbol{A}$ 的特征值即为矩阵 $\boldsymbol{A}$ 的特征方程的根，因此矩阵 $\boldsymbol{A}$ 的特征值又称作矩阵 $\boldsymbol{A}$ 的特征根．根据根的存在性定理，一个一元 $n$ 次方程在复数范围内一定有 $n$ 个根，所以一个 $n$ 阶方阵在复数范围内一定有 $n$ 个特征根．

**定理 5.1**　设 $\boldsymbol{\xi}_1,\boldsymbol{\xi}_2$ 为方阵 $\boldsymbol{A}$ 对应于特征值 $\lambda$ 的特征向量，则对于 $\boldsymbol{\xi}_1,\boldsymbol{\xi}_2$ 的任意线性组合 $k_1\boldsymbol{\xi}_1+k_2\boldsymbol{\xi}_2$（$k_1,k_2\in\mathbf{R}$），它们都属于特征值 $\lambda$ 的特征向量．

---

**【例 5.2】** 设矩阵 $\boldsymbol{A}=\begin{bmatrix}3 & 1 & 1\\1 & 3 & 1\\0 & 0 & 2\end{bmatrix}$，求矩阵 $\boldsymbol{A}$ 的特征值和特征向量．

**解** 矩阵 $\boldsymbol{A}$ 的特征多项式为

$$|\boldsymbol{A}-\lambda\boldsymbol{E}|=\begin{vmatrix}3-\lambda & 1 & 1\\ 1 & 3-\lambda & 1\\ 0 & 0 & 2-\lambda\end{vmatrix}=(2-\lambda)^2(4-\lambda)$$

所以，矩阵 $\boldsymbol{A}$ 的特征值为 $\lambda_1=\lambda_2=2$，$\lambda_3=4$.

当 $\lambda_1=\lambda_2=2$ 时，齐次线性方程组 $(\boldsymbol{A}-\lambda\boldsymbol{E})\boldsymbol{x}=\boldsymbol{0}$ 的任一非零解都是 $\lambda_1=\lambda_2=2$ 的特征向量. 因为

$$(\boldsymbol{A}-\lambda\boldsymbol{E})=\begin{bmatrix}3-\lambda & 1 & 1\\ 1 & 3-\lambda & 1\\ 0 & 0 & 2-\lambda\end{bmatrix}=\begin{bmatrix}3-2 & 1 & 1\\ 1 & 3-2 & 1\\ 0 & 0 & 2-2\end{bmatrix}$$

$$=\begin{bmatrix}1 & 1 & 1\\ 1 & 1 & 1\\ 0 & 0 & 0\end{bmatrix}\to\begin{bmatrix}1 & 1 & 1\\ 0 & 0 & 0\\ 0 & 0 & 0\end{bmatrix}$$

所以对应的线性无关的特征向量可取为

$$\boldsymbol{\xi}_1=\begin{bmatrix}1\\ -1\\ 0\end{bmatrix},\quad \boldsymbol{\xi}_2=\begin{bmatrix}1\\ 0\\ -1\end{bmatrix}$$

由定理 5.1 可知，$\boldsymbol{\xi}_1,\boldsymbol{\xi}_2$ 的任意线性组合 $k_1\boldsymbol{\xi}_1+k_2\boldsymbol{\xi}_2$，只要 $k_1\boldsymbol{\xi}_1+k_2\boldsymbol{\xi}_2\neq\boldsymbol{0}$，则它们都属于 $\lambda_1=\lambda_2=2$ 的特征向量.

当 $\lambda_3=4$ 时，

$$(\boldsymbol{A}-\lambda\boldsymbol{E})=\begin{bmatrix}3-4 & 1 & 1\\ 1 & 3-4 & 1\\ 0 & 0 & 2-4\end{bmatrix}=\begin{bmatrix}-1 & 1 & 1\\ 1 & -1 & 1\\ 0 & 0 & -2\end{bmatrix}\to\begin{bmatrix}1 & -1 & 0\\ 0 & 0 & 1\\ 0 & 0 & 0\end{bmatrix}$$

所以对应的特征向量可取为

$$\boldsymbol{\xi}_3=\begin{bmatrix}1\\ 1\\ 0\end{bmatrix}$$

**定理 5.2** 设 $\lambda_1,\lambda_2,\cdots,\lambda_n$ 为方阵 $\boldsymbol{A}=(a_{ij})_{n\times n}$ 的 $n$ 个特征值，则

（1）$\lambda_1+\lambda_2+\cdots+\lambda_n=a_{11}+a_{22}+\cdots+a_{nn}$；

（2）$\lambda_1\lambda_2\cdots\lambda_n=|\boldsymbol{A}|$.

证明略，读者可自行完成.

【例 5.3】设 $\lambda$ 是矩阵 $A$ 的特征值，求证：

（1）$\lambda^k$ 为 $A^k$（$k$ 为正整数）的特征值；

（2）若 $A$ 可逆，且 $\lambda \neq 0$，则 $\lambda^{-1}$ 为 $A^{-1}$ 的特征值.

**证明**（1）因为 $\lambda$ 是矩阵 $A$ 的特征值，所以存在 $x \neq 0$ 使得 $Ax = \lambda x$．于是

$$A^2x = A(Ax) = A(\lambda x) = \lambda(Ax) = \lambda(\lambda x) = \lambda^2 x$$

所以 $\lambda^2$ 是 $A^2$ 的特征值. 又

$$A^3x = A(A^2x) = A(\lambda^2 x) = \lambda^2(Ax) = \lambda^2(\lambda x) = \lambda^3 x$$

即证得 $\lambda^3$ 是 $A^3$ 的特征值.

用数学归纳法易证 $\lambda^k$ 为 $A^k$ 的特征值对任意的正整数 $k$ 都成立.

（2）若 $A$ 可逆，则 $|A| \neq 0$，而 $|A| = \lambda_1\lambda_2\cdots\lambda_n$（这里 $\lambda_1, \lambda_2, \cdots, \lambda_n$ 是 $A$ 的全部特征值），所以 $A$ 的任一特征值都不为零.

因为 $\lambda$ 是矩阵 $A$ 的特征值，所以存在 $x \neq 0$ 使得 $Ax = \lambda x$．等式两边同时左乘 $A^{-1}$，同除以 $\lambda$ 即得 $A^{-1}x = \lambda^{-1}x$，这说明 $\lambda^{-1}$ 为 $A^{-1}$ 的特征值.

不难证明：若 $\lambda$ 是矩阵 $A$ 的特征值，$f(x) = a_0 + a_1x + \cdots + a_mx^m$ 是任一多项式，则 $f(\lambda)$ 是 $f(A)$ 的特征值，其中 $f(A)$ 是矩阵 $A$ 的多项式.

---

【例 5.4】设 3 阶方阵 $A$ 的特征值为 1，−1，2，求矩阵 $A^2 - 2A + 3E$ 的行列式的值.

**解** 由于矩阵的行列式的值等于矩阵特征值的乘积，所以要求此矩阵的行列式的值，只需求出其所有的特征值. 这里，因为 $A$ 的特征值为 1，−1，2，则 $f(A) = A^2 - 2A + 3E$ 的特征值为

$$f(1) = 2，\ f(-1) = 6，\ f(2) = 3$$

所以

$$|A^2 - 2A + 3E| = f(1)f(-1)f(2) = 2\times6\times3 = 36$$

---

**定理 5.3** 设 $\lambda_1, \lambda_2, \cdots, \lambda_m$ 是方阵 $A$ 的 $m$ 个特征值，$\xi_1, \xi_2, \cdots, \xi_m$ 依次是相应的特征向量，如果 $\lambda_1, \lambda_2, \cdots, \lambda_m$ 互不相同，则 $\xi_1, \xi_2, \cdots, \xi_m$ 线性无关.

本定理可简单地叙述成矩阵 $A$ 的属于互不相同特征值的特征向量线性无关. 定理的证明留作练习，请读者自行完成.

## 5.2 相似矩阵与矩阵的对角化

**定义 5.2** 设矩阵 $A$ 与 $B$ 都是 $n$ 阶方阵，若存在 $n$ 阶可逆矩阵 $P$，使得 $P^{-1}AP = B$，则称矩阵 $A$ 与 $B$ 相似（similar），$B$ 称为 $A$ 的相似矩阵，$A$ 称为 $B$ 的相似矩阵.

矩阵 $A$ 与 $B$ 相似记作 $A\sim B$．相似矩阵具有下列性质．

**性质 1** （1）自反性．$A\sim A$；

（2）对称性．若 $A\sim B$，则 $B\sim A$；

（3）传递性．若 $A\sim B$，$B\sim C$，则 $A\sim C$．

**性质 2** 设矩阵 $A$ 与 $B$ 相似，则矩阵 $A$ 与 $B$ 的行列式相等，即 $|A|=|B|$．

**证明** 因为矩阵 $A$ 与 $B$ 相似，所以存在 $n$ 阶可逆矩阵 $P$，使得 $P^{-1}AP=B$，因而 $|B|=|P^{-1}AP|=|P^{-1}||A||P|=|A|$．

**性质 3** 设矩阵 $A$ 与 $B$ 相似，则（1）$A^{\mathrm{T}}\sim B^{\mathrm{T}}$，（2）$A^k\sim B^k$（$k$ 为正整数）．

**证明** （1）因为矩阵 $A$ 与 $B$ 相似，即存在 $n$ 阶可逆矩阵 $P$，使得 $P^{-1}AP=B$，因而

$$B^{\mathrm{T}}=\left(P^{-1}AP\right)^{\mathrm{T}}=P^{\mathrm{T}}A^{\mathrm{T}}\left(P^{-1}\right)^{\mathrm{T}}=\left(\left(P^{-1}\right)^{\mathrm{T}}\right)^{-1}A^{\mathrm{T}}\left(P^{-1}\right)^{\mathrm{T}}=Q^{-1}A^{\mathrm{T}}Q$$

其中 $Q=\left(P^{-1}\right)^{\mathrm{T}}$，这就说明 $A^{\mathrm{T}}\sim B^{\mathrm{T}}$．

（2）因为矩阵 $A$ 与 $B$ 相似，即存在 $n$ 阶可逆矩阵 $P$，使得 $P^{-1}AP=B$，因而

$$B^2=\left(P^{-1}AP\right)^2=\left(P^{-1}AP\right)\left(P^{-1}AP\right)=P^{-1}A^2P$$

所以 $B^2\sim A^2$．对于其他正整数 $k$，同理可证 $B^k\sim A^k$．

**性质 4** 相似矩阵具有相同的特征多项式，因而也具有相同的特征值．

**证明** 设矩阵 $A$ 与 $B$ 相似，则存在 $n$ 阶可逆矩阵 $P$，使得 $P^{-1}AP=B$，所以

$$\begin{aligned}|B-\lambda E|&=|P^{-1}AP-\lambda E|=|P^{-1}AP-P^{-1}\lambda EP|\\&=|P^{-1}||A-\lambda E||P|=|A-\lambda E|\end{aligned}$$

即得矩阵 $A$ 与 $B$ 具有相同的特征多项式，因而具有相同的特征方程，也具有相同的特征根．

注意该命题的逆命题一般不成立，即若矩阵 $A$ 与 $B$ 的特征多项式或所有的特征值相同，$A$ 与 $B$ 不一定相似．例如矩阵 $A=\begin{bmatrix}1&0\\0&1\end{bmatrix}$，$B=\begin{bmatrix}1&1\\0&1\end{bmatrix}$，$A$，$B$ 的特征多项式均为 $(\lambda-1)^2$，但 $A$ 与 $B$ 不相似．事实上 $A$ 是一个单位矩阵，对任意可逆矩阵 $P$，有 $P^{-1}AP=P^{-1}EP=P^{-1}P=E$，因此，若 $A$ 与 $B$ 相似，则 $B$ 必为单位矩阵，但此处矩阵 $B$ 显然不是单位矩阵．

对于矩阵 $A$ 实施运算 $P^{-1}AP$，称对 $A$ 进行了相似变换．由此，$A$ 与 $B$ 相似即为 $A$ 经过相似变换可以化成 $B$．对于一个给定的矩阵 $A$，能否找到一个与它相似的较简单的矩阵，这类问题在许多实际问题中都很重要．

**定义 5.3**　若矩阵 $\boldsymbol{A}$ 与对角形矩阵 $\boldsymbol{\Lambda}=\operatorname{diag}\{\lambda_1,\lambda_2,\cdots,\lambda_n\}$ 相似，即存在可逆矩阵 $\boldsymbol{P}$ 使得

$$\boldsymbol{P}^{-1}\boldsymbol{A}\boldsymbol{P}=\boldsymbol{\Lambda}$$

则称矩阵 $\boldsymbol{A}$ 可以对角化（diagonalizable）.

矩阵 $\boldsymbol{A}$ 可以对角化，即 $\boldsymbol{A}$ 经过相似变换可以化成对角形. 是否每一个方阵都可以对角化？当然不是！那么到底什么样的矩阵可以对角化，什么样的不可以呢？

**定理 5.4**　$n$ 阶方阵 $\boldsymbol{A}$ 可以对角化的充分必要条件是矩阵 $\boldsymbol{A}$ 有 $n$ 个线性无关的特征向量.

**证明**　先证必要性. 因为 $n$ 阶方阵 $\boldsymbol{A}$ 可以对角化，所以存在可逆矩阵 $\boldsymbol{P}$ 和对角形矩阵 $\boldsymbol{\Lambda}=\operatorname{diag}\{\lambda_1,\lambda_2,\cdots,\lambda_n\}$ 使得 $\boldsymbol{P}^{-1}\boldsymbol{A}\boldsymbol{P}=\boldsymbol{\Lambda}$，等式两边左乘以 $\boldsymbol{P}$ 得

$$\boldsymbol{A}\boldsymbol{P}=\boldsymbol{P}\boldsymbol{\Lambda}$$

记 $\boldsymbol{P}=(\boldsymbol{p}_1,\boldsymbol{p}_2,\cdots,\boldsymbol{p}_n)$，上述等式变为

$$\boldsymbol{A}(\boldsymbol{p}_1,\boldsymbol{p}_2,\cdots,\boldsymbol{p}_n)=(\boldsymbol{p}_1,\boldsymbol{p}_2,\cdots,\boldsymbol{p}_n)\begin{bmatrix}\lambda_1 & & & \\ & \lambda_2 & & \\ & & \ddots & \\ & & & \lambda_n\end{bmatrix}$$

所以有

$$(\boldsymbol{A}\boldsymbol{p}_1,\boldsymbol{A}\boldsymbol{p}_2,\cdots,\boldsymbol{A}\boldsymbol{p}_n)=(\lambda_1\boldsymbol{p}_1,\lambda_2\boldsymbol{p}_2,\cdots,\lambda_n\boldsymbol{p}_n)$$

即

$$\boldsymbol{A}\boldsymbol{p}_1=\lambda_1\boldsymbol{p}_1,\boldsymbol{A}\boldsymbol{p}_2=\lambda_2\boldsymbol{p}_2,\cdots,\boldsymbol{A}\boldsymbol{p}_n=\lambda_n\boldsymbol{p}_n$$

这说明 $\lambda_1,\lambda_2,\cdots,\lambda_n$ 是矩阵 $\boldsymbol{A}$ 的 $n$ 个特征值，$\boldsymbol{p}_1,\boldsymbol{p}_2,\cdots,\boldsymbol{p}_n$ 是相应的特征向量. 因为 $\boldsymbol{P}$ 可逆，所以 $\boldsymbol{p}_1,\boldsymbol{p}_2,\cdots,\boldsymbol{p}_n$ 线性无关. 这样就完成了必要性的证明.

上述证明过程反着推即得充分性的证明（请读者自行完成）.

**推论**　若 $n$ 阶方阵 $\boldsymbol{A}$ 有 $n$ 个不同的特征值，则 $\boldsymbol{A}$ 可对角化.

当 $\boldsymbol{A}$ 的特征方程有重根时，此时不一定有 $n$ 个线性无关的特征向量，从而矩阵 $\boldsymbol{A}$ 不一定能对角化，但如果能找到 $n$ 个线性无关的特征向量，那么 $\boldsymbol{A}$ 还是能对角化的.

从上面定理的证明过程可以总结出将方阵 $\boldsymbol{A}$ 对角化（若 $\boldsymbol{A}$ 可以对角化）的方法与步骤：

① 求出 $\boldsymbol{A}$ 的 $n$ 个特征值 $\lambda_1,\lambda_2,\cdots,\lambda_n$；

② 求出每个特征值对应的特征向量 $\boldsymbol{p}_1,\boldsymbol{p}_2,\cdots,\boldsymbol{p}_n$；

③ 令 $\boldsymbol{P}=(\boldsymbol{p}_1,\boldsymbol{p}_2,\cdots,\boldsymbol{p}_n)$，则有 $\boldsymbol{P}^{-1}\boldsymbol{A}\boldsymbol{P}=\begin{bmatrix}\lambda_1 & & & \\ & \lambda_2 & & \\ & & \ddots & \\ & & & \lambda_n\end{bmatrix}$.

【例 5.5】判断矩阵 $A=\begin{bmatrix}1 & -2 & 2\\ -2 & -2 & 4\\ 2 & 4 & -2\end{bmatrix}$ 能否对角化？若能对角化，则求出可逆矩阵 $P$，使 $P^{-1}AP$ 为对角形矩阵.

解 因为

$$|A-\lambda E|=\begin{vmatrix}1-\lambda & -2 & 2\\ -2 & -2-\lambda & 4\\ 2 & 4 & -2-\lambda\end{vmatrix}=-(2-\lambda)^2(\lambda+7)$$

所以 $A$ 的特征值为 $\lambda_1=\lambda_2=2,\lambda_3=-7$.

当 $\lambda_1=\lambda_2=2$ 时，

$$A-\lambda E=\begin{bmatrix}-1 & -2 & 2\\ -2 & -4 & 4\\ 2 & 4 & -4\end{bmatrix}\to\begin{bmatrix}1 & 2 & -2\\ 0 & 0 & 0\\ 0 & 0 & 0\end{bmatrix}$$

可得线性无关的两个向量

$$p_1=\begin{bmatrix}-2\\ 1\\ 0\end{bmatrix},p_2=\begin{bmatrix}2\\ 0\\ 1\end{bmatrix}$$

当 $\lambda_3=-7$ 时，

$$A-\lambda E=\begin{bmatrix}8 & -2 & 2\\ -2 & 5 & 4\\ 2 & 4 & 5\end{bmatrix}\to\begin{bmatrix}1 & 0 & 1/2\\ 0 & 1 & 1\\ 0 & 0 & 0\end{bmatrix}$$

可得特征向量

$$p_3=\begin{bmatrix}1\\ 2\\ -2\end{bmatrix}$$

因为矩阵 $A$ 有 3 个线性无关的特征向量，所以矩阵 $A$ 能对角化. 令 $P=\begin{bmatrix}-2 & 2 & 1\\ 1 & 0 & 2\\ 0 & 1 & -2\end{bmatrix}$，则

$$P^{-1}AP=\begin{bmatrix}2 & & \\ & 2 & \\ & & -7\end{bmatrix}$$

# 5.3　正交变换与正交矩阵

上一节我们讨论了 $n$ 阶方阵的对角化问题，需要指出的是，并不是每一个 $n$ 阶方阵都可以对角化，但是所有的实对称矩阵都是可以对角化的，而且可以通过特殊的变换——正交变换来实现．正交变换的矩阵为正交矩阵，这一节我们来讨论正交矩阵和正交变换，首先来看什么是正交矩阵．

**定义 5.4**　设 $\boldsymbol{Q}$ 是 $n$ 阶方阵，若 $\boldsymbol{Q}$ 满足

$$\boldsymbol{Q}^{\mathrm{T}}\boldsymbol{Q}=\boldsymbol{Q}\boldsymbol{Q}^{\mathrm{T}}=\boldsymbol{E}$$

其中 $\boldsymbol{E}$ 是单位矩阵，则称 $\boldsymbol{Q}$ 为**正交矩阵**（orthogonal matrix）.

正交矩阵具有下列性质．

① 矩阵 $\boldsymbol{Q}$ 为正交矩阵的充分必要条件是 $\boldsymbol{Q}$ 的列向量组为两两正交的单位向量组.

② 若 $\boldsymbol{Q}$ 为正交矩阵，则 $\boldsymbol{Q}^{\mathrm{T}}=\boldsymbol{Q}^{-1}$.

③ 若 $\boldsymbol{Q}$ 为正交矩阵，则 $|\boldsymbol{Q}|=\pm 1$.

④ 若 $\boldsymbol{Q}_1,\boldsymbol{Q}_2$ 都是正交矩阵，则 $\boldsymbol{Q}_1\boldsymbol{Q}_2$ 也是正交矩阵.

**定义 5.5**　设 $\boldsymbol{Q}$ 为正交矩阵，则称线性变换 $\boldsymbol{y}=\boldsymbol{Q}\boldsymbol{x}$ 为**正交变换**（orthogonal transformation）.

设 $\boldsymbol{y}=\boldsymbol{Q}\boldsymbol{x}$ 是正交变换，则有

$$\|\boldsymbol{y}\|^2=\boldsymbol{y}^{\mathrm{T}}\boldsymbol{y}=(\boldsymbol{Q}\boldsymbol{x})^{\mathrm{T}}(\boldsymbol{Q}\boldsymbol{x})=\boldsymbol{x}^{\mathrm{T}}(\boldsymbol{Q}^{\mathrm{T}}\boldsymbol{Q})\boldsymbol{x}=\boldsymbol{x}^{\mathrm{T}}\boldsymbol{x}=\|\boldsymbol{x}\|^2$$

由于 $\|\boldsymbol{x}\|$ 表示向量的长度，则 $\|\boldsymbol{y}\|=\|\boldsymbol{x}\|$，说明向量经正交变换后长度保持不变，这个性质称为正交变换的保范性．

接下来讨论实对称矩阵的对角化问题，先介绍实对称矩阵特征值和特征向量的性质．

**性质 1**　实对称矩阵的特征值都是实数．

**性质 2**　设 $\lambda_1,\lambda_2$ 是实对称矩阵 $\boldsymbol{A}$ 的两个特征值，$\boldsymbol{p}_1,\boldsymbol{p}_2$ 是对应的特征向量．若 $\lambda_1\neq\lambda_2$，则 $\boldsymbol{p}_1$ 与 $\boldsymbol{p}_2$ 正交．

**证明**　因为 $\boldsymbol{A}\boldsymbol{p}_1=\lambda_1\boldsymbol{p}_1$，$\boldsymbol{A}\boldsymbol{p}_2=\lambda_2\boldsymbol{p}_2$，$\boldsymbol{A}$ 为实对称矩阵，所以

$$\begin{aligned}\lambda_1\boldsymbol{p}_1^{\mathrm{T}}\boldsymbol{p}_2&=(\lambda_1\boldsymbol{p}_1)^{\mathrm{T}}\boldsymbol{p}_2=(\boldsymbol{A}\boldsymbol{p}_1)^{\mathrm{T}}\boldsymbol{p}_2=\boldsymbol{p}_1^{\mathrm{T}}\boldsymbol{A}^{\mathrm{T}}\boldsymbol{p}_2\\&=\boldsymbol{p}_1^{\mathrm{T}}\boldsymbol{A}\boldsymbol{p}_2=\boldsymbol{p}_1^{\mathrm{T}}(\boldsymbol{A}\boldsymbol{p}_2)=\boldsymbol{p}_1^{\mathrm{T}}(\lambda_2\boldsymbol{p}_2)=\lambda_2\boldsymbol{p}_1^{\mathrm{T}}\boldsymbol{p}_2\end{aligned}$$

因此

$$(\lambda_1-\lambda_2)\boldsymbol{p}_1^{\mathrm{T}}\boldsymbol{p}_2=0$$

注意到$\lambda_1 \neq \lambda_2$，由此得$\boldsymbol{p}_1^{\mathrm{T}}\boldsymbol{p}_2=\boldsymbol{0}$，即$\boldsymbol{p}_1$与$\boldsymbol{p}_2$正交.

**定理 5.5** 设$\boldsymbol{A}$为$n$阶实对称矩阵，则必存在正交矩阵$\boldsymbol{Q}$，使得$\boldsymbol{Q}^{\mathrm{T}}\boldsymbol{A}\boldsymbol{Q}=\boldsymbol{\Lambda}$，其中$\boldsymbol{\Lambda}=\mathrm{diag}\{\lambda_1,\lambda_2,\cdots,\lambda_n\}$且$\lambda_1,\lambda_2,\cdots,\lambda_n$为矩阵$\boldsymbol{A}$的$n$个特征值.

此定理不予证明.

依据此定理，有如下将实对称矩阵$\boldsymbol{A}$正交对角化的步骤：

① 求出$\boldsymbol{A}$的所有特征值$\lambda_1,\lambda_2,\cdots,\lambda_s$，它们的重数分别是$k_1,k_2,\cdots,k_s$ ($k_1+k_2+\cdots+k_s=n$)，称为代数重数（algebraic multiplicities）；

② 求出每个特征值的特征向量，设$\lambda_i$为实对称矩阵$\boldsymbol{A}$的$k_i$重特征值，则$R(\boldsymbol{A}-\lambda_i\boldsymbol{E})=n-k_i$，线性方程组$(\boldsymbol{A}-\lambda_i\boldsymbol{E})\boldsymbol{x}=\boldsymbol{0}$的基础解系含$k_i$个解向量，它们构成$\lambda_i$的$k_i$个线性无关的特征向量，将此$k_i$个特征向量用施密特正交化方法正交化；

③ 将各特征向量单位化，即可得到$\boldsymbol{A}$的分别对应于$\lambda_1,\lambda_2,\cdots,\lambda_s$的两两正交的单位特征向量$\boldsymbol{q}_1,\boldsymbol{q}_2,\cdots,\boldsymbol{q}_n$. 令$\boldsymbol{Q}=(\boldsymbol{q}_1,\boldsymbol{q}_2,\cdots,\boldsymbol{q}_n)$，则$\boldsymbol{Q}^{\mathrm{T}}\boldsymbol{A}\boldsymbol{Q}=\boldsymbol{\Lambda}$，其中$\boldsymbol{\Lambda}$为对角线上元素依次为$\lambda_1,\lambda_2,\cdots,\lambda_s$的对角矩阵.

---

**【例 5.6】** 设$\boldsymbol{A}=\begin{bmatrix}1&2&2\\2&1&2\\2&2&1\end{bmatrix}$，求正交矩阵$\boldsymbol{Q}$使得$\boldsymbol{Q}^{\mathrm{T}}\boldsymbol{A}\boldsymbol{Q}$为对角矩阵.

**解** 先求矩阵$\boldsymbol{A}$的特征值. 令

$$|\boldsymbol{A}-\lambda\boldsymbol{E}|=\begin{vmatrix}1-\lambda&2&2\\2&1-\lambda&2\\2&2&1-\lambda\end{vmatrix}=-(\lambda+1)^2(\lambda-5)=0$$

求得$\boldsymbol{A}$的特征值为$\lambda_1=\lambda_2=-1,\lambda_3=5$.

再求$\boldsymbol{A}$的特征向量. 对于$\lambda_1=\lambda_2=-1$，

$$\boldsymbol{A}-\lambda\boldsymbol{E}=\begin{bmatrix}2&2&2\\2&2&2\\2&2&2\end{bmatrix}\to\begin{bmatrix}1&1&1\\0&0&0\\0&0&0\end{bmatrix}$$

得$\boldsymbol{A}$的特征向量为

$$\boldsymbol{\xi}_1=\begin{bmatrix}1\\-1\\0\end{bmatrix},\boldsymbol{\xi}_2=\begin{bmatrix}1\\0\\-1\end{bmatrix}$$

将其正交单位化得

$$q_1=\begin{bmatrix}\frac{\sqrt{2}}{2}\\-\frac{\sqrt{2}}{2}\\0\end{bmatrix},\ q_2=\begin{bmatrix}\frac{\sqrt{6}}{6}\\\frac{\sqrt{6}}{6}\\-\frac{\sqrt{6}}{3}\end{bmatrix}$$

对于 $\lambda_3=5$，

$$A-\lambda E=\begin{bmatrix}-4&2&2\\2&-4&2\\2&2&-4\end{bmatrix}\to\begin{bmatrix}1&0&-1\\0&1&-1\\0&0&0\end{bmatrix}$$

得 $A$ 的特征向量为

$$\xi_3=\begin{bmatrix}1\\1\\1\end{bmatrix}$$

将其单位化得

$$q_3=\begin{bmatrix}\frac{\sqrt{3}}{3}\\\frac{\sqrt{3}}{3}\\\frac{\sqrt{3}}{3}\end{bmatrix}$$

令

$$Q=(q_1,q_2,q_3)=\begin{bmatrix}\frac{\sqrt{2}}{2}&\frac{\sqrt{6}}{6}&\frac{\sqrt{3}}{3}\\-\frac{\sqrt{2}}{2}&\frac{\sqrt{6}}{6}&\frac{\sqrt{3}}{3}\\0&-\frac{\sqrt{6}}{3}&\frac{\sqrt{3}}{3}\end{bmatrix}$$

则有

$$Q^{\mathrm{T}}AQ=\begin{bmatrix}-1&&\\&-1&\\&&5\end{bmatrix}$$

# 5.4 二 次 型

## 5.4.1 二次型的概念

在解析几何中，圆锥曲线通常可通过形如

$$ax^2+bxy+cy^2+dx+ey+f=0$$

的二次函数表示，其中前 3 项为变量的二次齐次函数.类似地，

$$f(x_1,x_2)=2x_1^2+5x_1x_2+7x_2^2$$
$$f(x_1,x_2,x_3)=6x_1^2-2x_2^2+x_3^2+2x_1x_2+7x_1x_3-19x_2x_3$$

这两个函数分别为以 $x_1,x_2$ 和 $x_1,x_2,x_3$ 为变量的二次齐次函数，即为二次型.

**定义 5.6** 称关于多个变量 $x_1,x_2,\cdots,x_n$ 的二次齐次函数为**二次型**（quadratic form）.二次型的一般形式为

$$f(x_1,x_2,\cdots,x_n)=\sum_{i,j=1}^{n}a_{ij}x_ix_j$$

其中 $a_{ij}=a_{ji}\,(i,j=1,2,\cdots,n)$ 称为该二次型的**系数**（coefficients）.

根据二次型的定义，关于三个变量 $x_1,x_2,x_3$ 的二次型的一般形式为

$$f(x_1,x_2,x_3)=a_{11}x_1^2+a_{22}x_2^2+a_{33}x_3^2+2a_{12}x_1x_2+2a_{13}x_1x_3+2a_{23}x_2x_3$$

其中 $a_{ij}\,(i,j=1,2,3)$ 为该二次型的系数.

二次型不但在几何中出现，而且在数学的其他分支及物理、力学中也常常会碰到. 二次型的系数全为实数的称为**实二次型**，为复数的称为**复二次型**. 如不加以说明，本书只讨论实二次型.

上述二次型的一般形式可以用矩阵的乘法表示.

$$f(x_1,x_2,\cdots,x_n)=\sum_{i,j=1}^{n}a_{ij}x_ix_j=(x_1,x_2,\cdots,x_n)\begin{bmatrix}a_{11}&a_{12}&\cdots&a_{1n}\\a_{21}&a_{22}&\cdots&a_{2n}\\\vdots&\vdots&&\vdots\\a_{n1}&a_{n2}&\cdots&a_{nn}\end{bmatrix}\begin{bmatrix}x_1\\x_2\\\vdots\\x_n\end{bmatrix}=\boldsymbol{x}^{\mathrm{T}}\boldsymbol{A}\boldsymbol{x}$$

其中

$$\boldsymbol{x}=\begin{bmatrix}x_1\\x_2\\\vdots\\x_n\end{bmatrix},\quad \boldsymbol{A}=\begin{bmatrix}a_{11}&a_{12}&\cdots&a_{1n}\\a_{21}&a_{22}&\cdots&a_{2n}\\\vdots&\vdots&&\vdots\\a_{n1}&a_{n2}&\cdots&a_{nn}\end{bmatrix}$$

此处矩阵 $\boldsymbol{A}$ 的元素满足 $a_{ij}=a_{ji}\left(i,j=1,2,\cdots,n\right)$，即矩阵 $\boldsymbol{A}=\left(a_{ij}\right)_{n\times n}$ 为实对称矩阵，称为二次型的矩阵．例如二次型

$$f\left(x_1,x_2,x_3\right)=6x_1^2-2x_2^2+4x_3^2+2x_1x_2+8x_1x_3-12x_2x_3$$

可表示为

$$f\left(x_1,x_2,x_3\right)=\left(x_1,x_2,x_3\right)\begin{bmatrix}6&1&4\\1&-2&-6\\4&-6&4\end{bmatrix}\begin{bmatrix}x_1\\x_2\\x_3\end{bmatrix}=\boldsymbol{x}^{\mathrm{T}}\boldsymbol{A}\boldsymbol{x}$$

这里 $\boldsymbol{A}=\begin{bmatrix}6&1&4\\1&-2&-6\\4&-6&4\end{bmatrix}$ 为该二次型的矩阵．

注意，一个实二次型 $f\left(x_1,x_2,\cdots,x_n\right)$ 与一个实对称矩阵 $\boldsymbol{A}$ 相互唯一确定！相应的二次型称为实对称矩阵的二次型，实对称矩阵称为二次型的矩阵．另外，矩阵 $\boldsymbol{A}$ 的秩叫作二次型 $f\left(x_1,x_2,\cdots,x_n\right)$ 的秩．

**定义 5.7**　只含有平方项的二次型，称为二次型的**标准型**（canonical form）或**法式**（normal form），含 $n$ 个变量的二次型的标准型为

$$f\left(x_1,x_2,\cdots,x_n\right)=k_1x_1^2+k_2x_2^2+\cdots+k_nx_n^2$$

例如，二次型 $f\left(x_1,x_2,x_3\right)=6x_1^2-2x_2^2+4x_3^2$ 即为某个二次型的标准型．如果标准型的系数 $k_1,k_2,\cdots,k_n$ 只在 $1,-1,0$ 三个数中取值，也就是二次型具有下面形式：

$$f=x_1^2+\cdots+x_p^2-x_{p+1}^2-\cdots-x_r^2$$

那么该二次型称为二次型的规范型．

## 5.4.2　二次型化标准型

通过二次型的矩阵形式发现 $n$ 阶实对称矩阵 $\boldsymbol{A}=(a_{ij})_{n\times n}$ 与二次型 $f(x_1,x_2,\cdots,x_n)=\sum\limits_{i,j=1}^{n}a_{ij}x_ix_j\ \left(a_{ij}=a_{ji}\right)$ 一一对应，那么二次型的问题可以用矩阵的理论与方法来研究．另外，实对称矩阵的问题也可转化成二次型的思想来解决．

二次型的标准型相对于一般形式要简单得多．本节讨论如何将一个二次型化为一个

标准型的问题，即寻找可逆的线性变换

$$\begin{cases} x_1 = c_{11}y_1 + c_{12}y_2 + \cdots + c_{1n}y_n \\ x_2 = c_{21}y_1 + c_{22}y_2 + \cdots + c_{2n}y_n \\ \quad \vdots \\ x_n = c_{n1}y_1 + c_{n2}y_2 + \cdots + c_{nn}y_n \end{cases}$$

使二次型 $f(x_1,x_2,\cdots,x_n)=\sum\limits_{i,j=1}^{n} a_{ij}x_ix_j \ \left(a_{ij}=a_{ji}\right)$ 化为标准型.

若记

$$\boldsymbol{C}=\begin{bmatrix} c_{11} & c_{12} & \cdots & c_{1n} \\ c_{21} & c_{22} & \cdots & c_{2n} \\ \vdots & \vdots & & \vdots \\ c_{n1} & c_{n2} & \cdots & c_{nn} \end{bmatrix},\quad \boldsymbol{x}=\begin{bmatrix} x_1 \\ x_2 \\ \vdots \\ x_n \end{bmatrix},\quad \boldsymbol{y}=\begin{bmatrix} y_1 \\ y_2 \\ \vdots \\ y_n \end{bmatrix}$$

则上述线性变换可以简记为 $\boldsymbol{x}=\boldsymbol{C}\boldsymbol{y}$，代入二次型 $f(\boldsymbol{x})=\boldsymbol{x}^{\mathrm{T}}\boldsymbol{A}\boldsymbol{x}$ 得

$$f(x_1,x_2,\cdots,x_n)=\boldsymbol{x}^{\mathrm{T}}\boldsymbol{A}\boldsymbol{x}=\boldsymbol{y}^{\mathrm{T}}\boldsymbol{C}^{\mathrm{T}}\boldsymbol{A}\boldsymbol{C}\boldsymbol{y}$$

注意到二次型的标准型的矩阵为对角形矩阵，所以线性变换矩阵 $\boldsymbol{C}$ 只要能使 $\boldsymbol{C}^{\mathrm{T}}\boldsymbol{A}\boldsymbol{C}$ 为对角形矩阵即可. 也就是寻找线性变换 $\boldsymbol{x}=\boldsymbol{C}\boldsymbol{y}$ 化二次型为标准型的过程相当于寻找可逆矩阵 $\boldsymbol{C}$，使得 $\boldsymbol{C}^{\mathrm{T}}\boldsymbol{A}\boldsymbol{C}$ 为对角形矩阵的过程.

**定义 5.8** 设 $\boldsymbol{A}$，$\boldsymbol{B}$ 是两个 $n$ 阶方阵，如果存在一个 $n$ 阶可逆矩阵 $\boldsymbol{C}$，使 $\boldsymbol{B}=\boldsymbol{C}^{\mathrm{T}}\boldsymbol{A}\boldsymbol{C}$，那么称矩阵 $\boldsymbol{A}$ 合同于矩阵 $\boldsymbol{B}$.

---

**【例 5.7】** 求一个正交变换 $\boldsymbol{x}=\boldsymbol{C}\boldsymbol{y}$，把二次型

$$f(x_1,x_2,x_3)=2x_1^2+5x_2^2+5x_3^2+4x_1x_2-4x_1x_3-8x_2x_3$$

化成标准型.

**解** 二次型的矩阵为

$$\boldsymbol{A}=\begin{bmatrix} 2 & 2 & -2 \\ 2 & 5 & -4 \\ -2 & -4 & 5 \end{bmatrix}$$

先求二次型的矩阵对应的特征值. 因为

$$|\boldsymbol{A}-\lambda\boldsymbol{E}|=\begin{vmatrix} 2-\lambda & 2 & -2 \\ 2 & 5-\lambda & -4 \\ -2 & -4 & 5-\lambda \end{vmatrix} \xlongequal{r_3+r_2} \begin{vmatrix} 2-\lambda & 2 & -2 \\ 2 & 5-\lambda & -4 \\ 0 & 1-\lambda & 1-\lambda \end{vmatrix} \xlongequal{c_2-c_3} \begin{vmatrix} 2-\lambda & 4 & -2 \\ 2 & 9-\lambda & -4 \\ 0 & 0 & 1-\lambda \end{vmatrix}$$
$$=(1-\lambda)^2(10-\lambda)$$

所以 $\boldsymbol{A}$ 的特征值为

$$\lambda_1=\lambda_2=1,\ \lambda_3=10$$

再求 $\boldsymbol{A}$ 的特征向量. 对于 $\lambda_1=\lambda_2=1$，

$$\boldsymbol{A}-\lambda\boldsymbol{E}=\begin{bmatrix}1&2&-2\\2&4&-4\\-2&-4&4\end{bmatrix}\to\begin{bmatrix}1&2&-2\\0&0&0\\0&0&0\end{bmatrix}$$

得特征向量为 $\boldsymbol{\xi}_1=\begin{bmatrix}-2\\1\\0\end{bmatrix},\boldsymbol{\xi}_2=\begin{bmatrix}2\\0\\1\end{bmatrix}$，将其正交单位化后得

$$\boldsymbol{q}_1=\begin{bmatrix}\frac{-2}{\sqrt{5}}\\\frac{1}{\sqrt{5}}\\0\end{bmatrix},\boldsymbol{q}_2=\begin{bmatrix}\frac{2}{\sqrt{45}}\\\frac{4}{\sqrt{45}}\\\frac{5}{\sqrt{45}}\end{bmatrix}$$

对于 $\lambda_3=10$，由

$$\boldsymbol{A}-\lambda\boldsymbol{E}=\begin{bmatrix}-8&2&-2\\2&-5&-4\\-2&-4&-5\end{bmatrix}\to\begin{bmatrix}1&0&\frac{1}{2}\\0&1&1\\0&0&0\end{bmatrix}$$

得 $\boldsymbol{A}$ 的特征向量为

$$\boldsymbol{\xi}_3=\begin{bmatrix}1\\2\\-2\end{bmatrix}$$

将其单位化得

$$\boldsymbol{q}_3=\begin{bmatrix}\frac{1}{3}\\\frac{2}{3}\\-\frac{2}{3}\end{bmatrix}$$

令 $\boldsymbol{C}=(\boldsymbol{q}_1,\boldsymbol{q}_2,\boldsymbol{q}_3)$ 即为所求.

二次型化为标准型的方法不唯一，正交变换是可逆线性变换的特殊情况，用正交变换化二次型为标准形，在几何中具有保持几何图形不变的优点（如旋转变换），但计算量较大．如果不限于用正交变换，还可以有多种方法，如配方法.下面通过几个例题来说明如何利用配方法将一个二次型化为标准型．若二次型中至少包含一个平方项，即存在某个 $a_{ii}\neq 0$，不妨设 $a_{11}\neq 0$，把含有 $x_1$ 的所有项集中在一起进行配方，依次进行下去．具体操作过程通过下面的例子来说明.

**【例 5.8】** 利用配方法将下列二次型化为标准型.

$$f(x_1,x_2,x_3)=2x_1^2+5x_2^2+5x_3^2+4x_1x_2-4x_1x_3+5x_2x_3$$

**解**

$$\begin{aligned}
f(x_1,x_2,x_3)&=2x_1^2+5x_2^2+5x_3^2+4x_1x_2-4x_1x_3+5x_2x_3\\
&=(2x_1^2+4x_1x_2-4x_1x_3)+(5x_2^2+5x_3^2+5x_2x_3)\\
&=2(x_1^2+2x_1x_2-2x_1x_3)+(5x_2^2+5x_3^2+5x_2x_3)\\
&=2(x_1^2+2x_1x_2-2x_1x_3+x_2^2+x_3^2-2x_2x_3-x_2^2-x_3^2+2x_2x_3)\\
&\quad+(5x_2^2+5x_3^2+5x_2x_3)\\
&=2[(x_1+x_2-x_3)^2-x_2^2-x_3^2+2x_2x_3]+(5x_2^2+5x_3^2+5x_2x_3)\\
&=2(x_1+x_2-x_3)^2+3x_2^2+3x_3^2+9x_2x_3\\
&=2(x_1+x_2-x_3)^2+3\left(x_2^2+\frac{9}{4}x_3^2+3x_2x_3-\frac{5}{4}x_3^2\right)\\
&=2(x_1+x_2-x_3)^2+3\left(x_2+\frac{3}{2}x_3\right)^2-\frac{15}{4}x_3^2
\end{aligned}$$

令

$$\begin{cases}y_1=x_1+x_2-x_3\\ y_2=x_2+\dfrac{3}{2}x_3\\ y_3=x_3\end{cases}$$

即

$$\begin{cases}x_1=y_1-y_2+\dfrac{5}{2}y_3\\ x_2=y_2-\dfrac{3}{2}y_3\\ x_3=y_3\end{cases}$$

则原二次型可化为标准型

$$f=2{y_1}^2+3{y_2}^2-\frac{15}{4}y_3^2$$

对于有平方项的二次型，都可以利用上面例子的方法将其化为标准型．对于没有平方项的二次型，需要利用可逆的线性变换，使其出现平方项，然后再利用上面的方法将二次型化成标准型.

---

【**例 5.9**】用配方法将下列二次型化为标准型.

$$f(x_1,x_2,x_3)=x_1x_2-2x_1x_3+2x_2x_3$$

**解**　令

$$\begin{cases}x_1=y_1+y_2\\x_2=y_1-y_2\\x_3=y_3\end{cases}$$

则二次型化为

$$\begin{aligned}f(x_1,x_2,x_3)&=(y_1+y_2)(y_1-y_2)-2(y_1+y_2)y_3+2(y_1-y_2)y_3\\&=y_1^2-y_2^2-4y_2y_3\\&=y_1^2-(y_2^2+4y_2y_3+4y_3^2-4y_3^2)\\&=y_1^2-(y_1+2y_2)^2+4y_3^2\end{aligned}$$

令

$$\begin{cases}z_1=y_1\\z_2=y_1+2y_2\\z_3=y_3\end{cases}$$

即

$$\begin{cases}y_1=z_1\\y_2=-\dfrac{1}{2}z_1+\dfrac{1}{2}z_2\\y_3=z_3\end{cases}$$

则原二次型化为

$$f=z_1^2-z_2^2+4z_3^2$$

所用的可逆线性变换为

$$\begin{bmatrix}x_1\\x_2\\x_3\end{bmatrix}=\begin{bmatrix}1&1&0\\1&-1&0\\0&0&1\end{bmatrix}\begin{bmatrix}y_1\\y_2\\y_3\end{bmatrix}=\begin{bmatrix}1&1&0\\1&-1&0\\0&0&1\end{bmatrix}\begin{bmatrix}1&0&0\\-\dfrac{1}{2}&\dfrac{1}{2}&0\\0&0&1\end{bmatrix}\begin{bmatrix}z_1\\z_2\\z_3\end{bmatrix}=\begin{bmatrix}\dfrac{1}{2}&\dfrac{1}{2}&0\\\dfrac{3}{2}&-\dfrac{1}{2}&0\\0&0&1\end{bmatrix}\begin{bmatrix}z_1\\z_2\\z_3\end{bmatrix}$$

即

$$\begin{cases} x_1 = \frac{1}{2}z_1 + \frac{1}{2}z_2 \\ x_2 = \frac{3}{2}z_1 - \frac{1}{2}z_2 \\ x_3 = z_3 \end{cases}$$

---

**【例 5.10】** 化二次型 $f(x_1, x_2, x_3) = 2x_1x_2 + 2x_1x_3 - 6x_2x_3$ 为标准型，并写出所用的线性变换.

**解** 由于 $f(x_1, x_2, x_3)$ 中不含平方项，故做线性变换

$$\begin{cases} x_1 = y_1 + y_2 \\ x_2 = y_1 - y_2 \\ x_3 = y_3 \end{cases}$$

即

$$\begin{bmatrix} x_1 \\ x_2 \\ x_3 \end{bmatrix} = \begin{bmatrix} 1 & 1 & 0 \\ 1 & -1 & 0 \\ 0 & 0 & 1 \end{bmatrix} \begin{bmatrix} y_1 \\ y_2 \\ y_3 \end{bmatrix}$$

则

$$\begin{aligned} f(x_1, x_2, x_3) &= 2y_1^2 - 4y_1y_2 - 2y_2^2 + 8y_2y_3 \\ &= 2(y_1 - y_3)^2 - 2y_2^2 + 8y_2y_3 - 2y_3^2 \\ &= 2(y_1 - y_3)^2 - 2(y_2 - 2y_3)^2 + 6y_3^2 \end{aligned}$$

令

$$\begin{cases} z_1 = y_1 - y_3 \\ z_2 = y_2 - 2y_3 \\ z_3 = y_3 \end{cases}$$

即

$$\begin{cases} y_1 = z_1 + z_3 \\ y_2 = z_2 + 2z_3 \\ y_3 = z_3 \end{cases} \quad 或 \quad \begin{bmatrix} y_1 \\ y_2 \\ y_3 \end{bmatrix} = \begin{bmatrix} 1 & 0 & 1 \\ 0 & 1 & 2 \\ 0 & 0 & 1 \end{bmatrix} \begin{bmatrix} z_1 \\ z_2 \\ z_3 \end{bmatrix}$$

则 $f(x_1, x_2, x_3)$ 的标准型为

$$2z_1^2 - 2z_2^2 + 6z_3^2$$

所用的线性变换为

$$\begin{bmatrix} x_1 \\ x_2 \\ x_3 \end{bmatrix} = \begin{bmatrix} 1 & 1 & 0 \\ 1 & -1 & 0 \\ 0 & 0 & 1 \end{bmatrix} \begin{bmatrix} 1 & 0 & 1 \\ 0 & 1 & 2 \\ 0 & 0 & 1 \end{bmatrix} \begin{bmatrix} z_1 \\ z_2 \\ z_3 \end{bmatrix} = \begin{bmatrix} 1 & 1 & 3 \\ 1 & -1 & -1 \\ 0 & 0 & 1 \end{bmatrix} \begin{bmatrix} z_1 \\ z_2 \\ z_3 \end{bmatrix}$$

---

将一个二次型化为标准型，可以用正交变换法，也可以用拉格朗日配方法，或者其他方法，这取决于问题的要求．如果要求找出一个正交矩阵，无疑应使用正交变换法；如果只需要找出一个可逆的线性变换，那么各种方法都可以使用．正交变换法的好处是有固定的步骤，可以按部就班地求解，但计算量通常较大；如果二次型中变量个数较少，使用拉格朗日配方法反而比较简单．需要注意的是，同一个二次型化为标准型时，用到的方法不同，化成的标准型可能会不同，但某些“指标”是不会随着化标准型的方法不同而改变的，这就是惯性定理.

**定理 5.6**　设二次型 $f(\boldsymbol{x})=\boldsymbol{x}^{\mathrm{T}}\boldsymbol{A}\boldsymbol{x}$ 的秩为 $r$，且存在两个可逆变换 $\boldsymbol{x}=\boldsymbol{C}\boldsymbol{y}$ 及 $\boldsymbol{x}=\boldsymbol{P}\boldsymbol{z}$，将原二次型分别化为

$$f=k_1y_1^2+k_2y_2^2+\cdots+k_ry_r^2(k_i\neq 0)$$

及

$$f=\lambda_1z_1^2+\lambda_2z_2^2+\cdots+\lambda_rz_r^2(\lambda_i\neq 0)$$

则 $k_1,k_2,\cdots,k_r$ 中正数的个数与 $\lambda_1,\lambda_2,\cdots,\lambda_r$ 中正数的个数相等.

这个定理称为**惯性定理**（inertia theorem）.

二次型的标准型中正系数的个数称为二次型的**正惯性指数**，负系数的个数称为二次型的**负惯性指数**。惯性定理说明二次型的标准型中正惯性指数、负惯性指数，二次型的秩保持不变.

科学技术上用得比较多的二次型是正惯性指数为 $n$ 或负惯性指数为 $n$ 的 $n$ 元二次型，它们分别是正定二次型和负定二次型，下面详细介绍.

## 5.4.3　正定二次型

对于二次型 $f(\boldsymbol{x})=\boldsymbol{x}^{\mathrm{T}}\boldsymbol{A}\boldsymbol{x}$，若对于任意的 $\boldsymbol{x}\neq\boldsymbol{0}$，都有 $f(\boldsymbol{x})>0$，则称该二次型为正定（positive definite）二次型，并称此二次型的矩阵为正定矩阵；若对于任意的 $\boldsymbol{x}\neq\boldsymbol{0}$，都有 $f(\boldsymbol{x})<0$，则称此二次型为负定（negative definite）二次型，负定二次型的矩阵称为负定矩阵.

**定理 5.7**　$n$ 元二次型 $f(\boldsymbol{x})=\boldsymbol{x}^{\mathrm{T}}\boldsymbol{A}\boldsymbol{x}$ 为正定二次型的充分必要条件是：它的标准型的 $n$ 个系数全为正，即它的规范型的 $n$ 个系数全为 1，亦即它的正惯性指数等于 $n$.

**证明**　先证充分性. 设可逆线性变换 $\boldsymbol{x}=\boldsymbol{C}\boldsymbol{y}$ 使得二次型

$$f(\boldsymbol{x})=f(\boldsymbol{C}\boldsymbol{y})=k_1y_1^2+k_2y_2^2+\cdots+k_ny_n^2$$

设 $k_i>0(i=1,2,\cdots,n)$，任给 $\boldsymbol{x}\neq\boldsymbol{0}$，则 $\boldsymbol{y}=\boldsymbol{C}^{-1}\boldsymbol{x}\neq\boldsymbol{0}$， 故

$$f(\boldsymbol{x})=k_1y_1^2+k_2y_2^2+\cdots+k_ny_n^2>0$$

所以，二次型正定.

再证必要性，用反证法. 假设在二次型的标准型 $f=k_1y_1^2+k_2y_2^2+\cdots+k_ny_n^2$ 中存在某个 $k_i\leqslant 0$，则取 $\boldsymbol{y}=e_i$（第 $i$ 个单位坐标向量）时， $\boldsymbol{x}=\boldsymbol{C}^{-1}\boldsymbol{y}=\boldsymbol{C}^{-1}e_i\neq\boldsymbol{0}$，但 $f=k_i\leqslant 0$，这与二次型正定矛盾，所以 $k_i>0(i=1,2,\cdots,n)$.

**定理 5.8** $n$ 元二次型 $f(\boldsymbol{x})=\boldsymbol{x}^{\mathrm{T}}\boldsymbol{A}\boldsymbol{x}$ 为负定二次型的充分必要条件是：它的标准型的 $n$ 个系数全为负，即它的规范型的 $n$ 个系数全为 $-1$，亦即它的负惯性指数等于 $n$.

**推论** 实对称矩阵 $\boldsymbol{A}$ 为正定矩阵的充分必要条件是 $\boldsymbol{A}$ 的特征值全为正数.

**定理 5.9** 实对称矩阵 $\boldsymbol{A}$ 为正定矩阵的充分必要条件是 $\boldsymbol{A}$ 的各阶首主子式都为正，即

$$a_{11}>0,\quad \begin{vmatrix} a_{11} & a_{12} \\ a_{21} & a_{22} \end{vmatrix}>0,\cdots,\quad \begin{vmatrix} a_{11} & \cdots & a_{1n} \\ \vdots & & \vdots \\ a_{n1} & \cdots & a_{nn} \end{vmatrix}>0$$

实对称矩阵 $\boldsymbol{A}$ 为负定矩阵的充分必要条件是：$\boldsymbol{A}$ 的奇数阶的主子式为负，而偶数阶的主子式为正.

这个定理称为**赫尔维茨定理**（Hurwitz theorem)，定理的证明留作练习.

---

**【例 5.11】** 判断下列二次型是否为正定二次型

$$f(x_1,x_2,x_3)=x_1^2+3x_2^2+5x_3^2+2x_1x_2-4x_1x_3-2x_2x_3$$

**解** 二次型的矩阵为

$$\boldsymbol{A}=\begin{bmatrix} 1 & 1 & -2 \\ 1 & 3 & -1 \\ -2 & -1 & 5 \end{bmatrix}$$

计算可得

$$a_{11}=1>0,\quad \begin{vmatrix} a_{11} & a_{12} \\ a_{21} & a_{22} \end{vmatrix}=\begin{vmatrix} 1 & 1 \\ 1 & 3 \end{vmatrix}=2>0,\quad |\boldsymbol{A}|=\begin{vmatrix} 1 & 1 & -2 \\ 1 & 3 & -1 \\ -2 & -1 & 5 \end{vmatrix}=1$$

因为矩阵 $\boldsymbol{A}$ 的各主子式都大于 0，所以二次型正定.

---

**【例 5.12】** 已知二次型

$$f(x_1,x_2,x_3)=x_1^2+3x_2^2+5x_3^2+2x_1x_2-4x_1x_3-2tx_2x_3$$

正定，求参数$t$的取值范围.

**解**　由于二次型正定的充分必要条件是二次型的矩阵的各阶首主子式都大于0. 因为

$$a_{11}=1>0,\quad \begin{vmatrix} a_{11} & a_{12} \\ a_{21} & a_{22} \end{vmatrix}=\begin{vmatrix} 1 & 1 \\ 1 & 3 \end{vmatrix}=2>0$$

而

$$|\boldsymbol{A}|=\begin{vmatrix} 1 & 1 & -2 \\ 1 & 3 & -t \\ -2 & -t & 5 \end{vmatrix}=2-(2-t)^2$$

所以该二次型正定的充分必要条件是$2-(2-t)^2>0$，即

$$2-\sqrt{2}<t<2+\sqrt{2}$$

---

# 习　题　5

1. 求下列矩阵的特征值.

（1）$\begin{bmatrix} 4 & 1 \\ 2 & 3 \end{bmatrix}$　（2）$\begin{bmatrix} 1 & 3 & 7 \\ 0 & 2 & 3 \\ 0 & 0 & 6 \end{bmatrix}$　（3）$\begin{bmatrix} 3 & -1 & 1 \\ 2 & 0 & 1 \\ 1 & 1 & 2 \end{bmatrix}$

（4）$\begin{bmatrix} 1 & 5 & 7 & 9 \\ 0 & 2 & 5 & 7 \\ 0 & 0 & 3 & 5 \\ 0 & 0 & 0 & 4 \end{bmatrix}$　（5）$\begin{bmatrix} 1 & 0 & 0 & 0 \\ 0 & 2 & 3 & 5 \\ 0 & 0 & 3 & 2 \\ 0 & 0 & -2 & 5 \end{bmatrix}$

2. 求下列矩阵的特征值与特征向量.

（1）$\begin{bmatrix} 2 & -3 \\ -3 & 1 \end{bmatrix}$　（2）$\begin{bmatrix} 2 & -2 & 0 \\ -2 & 1 & -2 \\ 0 & -2 & 0 \end{bmatrix}$

（3）$\begin{bmatrix} 2 & 0 & 0 \\ 1 & 1 & 1 \\ 1 & -1 & 3 \end{bmatrix}$　（4）$\begin{bmatrix} 4 & 5 & -2 \\ -2 & -2 & 1 \\ -1 & -1 & 1 \end{bmatrix}$

3. 已知1，2，$-3$是3阶矩阵$\boldsymbol{A}$的特征值，求下列行列式的值.

（1）$|\boldsymbol{A}^2-3\boldsymbol{A}+5\boldsymbol{E}|$　（2）$|\boldsymbol{A}^*+3\boldsymbol{A}+2\boldsymbol{E}|$

4. 已知向量 $\boldsymbol{p}=\begin{bmatrix}1\\1\\-1\end{bmatrix}$ 是矩阵 $\boldsymbol{A}=\begin{bmatrix}2&-1&2\\5&a&3\\-1&b&-2\end{bmatrix}$ 的一个特征向量，

（1）求参数 $a$，$b$ 及特征向量 $\boldsymbol{p}$ 所对应的特征值；

（2）求矩阵的其他特征值与特征向量．

5.（1）若 $n$ 阶可逆矩阵 $\boldsymbol{A}$ 的每行元素之和均为 2，则_____一定是矩阵 $2\boldsymbol{A}^{-1}+3\boldsymbol{E}$ 的特征值，其中 $\boldsymbol{E}$ 是 $n$ 阶单位矩阵．

（2）设 $\lambda_1=0$ 为矩阵 $\boldsymbol{A}=\begin{bmatrix}1&0&1\\0&3&0\\1&0&a\end{bmatrix}$ 的一个特征值，则常数 $a=$____，其他两个特征值分别为 $\lambda_2=$_______，$\lambda_3=$_______．

6. 已知 3 阶实对称矩阵 $\boldsymbol{A}$ 的一个特征值为 $\lambda=2$，对应的特征向量 $\boldsymbol{\alpha}=(1,2,-1)^{\mathrm{T}}$，且 $\boldsymbol{A}$ 的主对角线上的元素全为零，则 $\boldsymbol{A}=$______．

7. 证明：矩阵 $\boldsymbol{A}$ 的属于互不相同特征值的特征向量线性无关．

8. 设 3 阶实对称矩阵 $\boldsymbol{A}$ 满足 $\boldsymbol{A}\boldsymbol{a}_i=i\boldsymbol{a}_i\,(i=1,2,3)$，其中 $\boldsymbol{a}_1=(1,2,2)^{\mathrm{T}}$，$\boldsymbol{a}_2=(2,-2,1)^{\mathrm{T}}$，$\boldsymbol{a}_3=(1,2,3)^{\mathrm{T}}$，试求矩阵 $\boldsymbol{A}$．

9. 设 $\boldsymbol{A}$ 是 3 阶矩阵，且 $|\boldsymbol{A}-\boldsymbol{E}|=|\boldsymbol{A}+2\boldsymbol{E}|=|2\boldsymbol{A}+3\boldsymbol{E}|=0$，$\boldsymbol{A}^*$ 为矩阵 $\boldsymbol{A}$ 的伴随矩阵，则 $|2\boldsymbol{A}^*-3\boldsymbol{E}|=$______．

10. 设 $n$ 阶方阵 $\boldsymbol{A}$ 相似于某对角形矩阵 $\boldsymbol{\Lambda}$，则下面结论中正确的是______．

A. $R(\boldsymbol{A})=n$　　B. $\boldsymbol{A}$ 有 $n$ 个互不相同的特征值

C. $\boldsymbol{A}$ 是实对称矩阵　　D. $\boldsymbol{A}$ 有 $n$ 个线性无关的特征向量

11. 设 $\boldsymbol{A},\boldsymbol{B}$ 都是 $n$ 阶可逆矩阵，证明：矩阵 $\boldsymbol{AB}$ 与 $\boldsymbol{BA}$ 具有相同的特征值．

12. 设 $\boldsymbol{A},\boldsymbol{B}$ 都是 $n$ 阶矩阵，且 $\boldsymbol{A}$ 可逆，证明：矩阵 $\boldsymbol{AB}$ 与 $\boldsymbol{BA}$ 相似．

13. 试求正交相似变换，将下列对称矩阵化为对角形．

（1）$\begin{bmatrix}4&5&-2\\5&-2&-1\\-2&-1&1\end{bmatrix}$　　（2）$\begin{bmatrix}1&-2&2\\-2&-2&4\\2&4&-2\end{bmatrix}$

（3）$\begin{bmatrix}2&2&-2\\2&5&-4\\-2&-4&5\end{bmatrix}$　　（4）$\begin{bmatrix}1&-2&-4\\-2&4&-2\\-4&-2&1\end{bmatrix}$

14. 设矩阵 $\boldsymbol{A}=\begin{bmatrix}1&-2&2\\-2&x&4\\2&4&-2\end{bmatrix}$ 与 $\boldsymbol{\Lambda}=\begin{bmatrix}2&&\\&2&\\&&y\end{bmatrix}$ 相似，

（1）求常数 $x$，$y$；

（2）求一个正交矩阵 $\boldsymbol{P}$，使得 $\boldsymbol{P}^{-1}\boldsymbol{AP}=\boldsymbol{\Lambda}$.

15. 设 $-1$，1，2 是 3 阶实矩阵 $\boldsymbol{A}$ 的特征值，则 $\boldsymbol{A}^{\mathrm{T}}$ 的特征值为________，$\boldsymbol{A}^2$ 的特征值为________，$\boldsymbol{A}$ 的逆矩阵 $\boldsymbol{A}^{-1}$ 的特征值为________，$\boldsymbol{A}$ 的伴随矩阵 $\boldsymbol{A}^*$ 的特征值为________，则 $2\boldsymbol{A}^3-\boldsymbol{A}^2-\boldsymbol{E}$ 的特征值为________.

16. 设 3 阶实对称矩阵 $\boldsymbol{A}$ 的特征值为 $\lambda_1=-1$，$\lambda_2=1$，$\lambda_3=2$，与特征值 $\lambda_1$，$\lambda_2$ 对应的特征向量分别为 $\boldsymbol{p}_1=\begin{bmatrix}1\\-1\\2\end{bmatrix}$，$\boldsymbol{p}_2=\begin{bmatrix}1\\1\\0\end{bmatrix}$，求矩阵 $\boldsymbol{A}$.

17. 设 3 阶实对称矩阵 $\boldsymbol{A}$ 的特征值为 $\lambda_1=-1$，$\lambda_2=\lambda_3=1$，与特征值 $\lambda_1=-1$ 对应的特征向量为 $\boldsymbol{p}_1=\begin{bmatrix}1\\-1\\2\end{bmatrix}$，求 $\boldsymbol{A}^{21}$.

18. 已知 $\boldsymbol{p}_1=\begin{bmatrix}1\\2\\-1\end{bmatrix}$ 是矩阵 $\boldsymbol{A}=\begin{bmatrix}1&-1&1\\2&-2&x\\-1&y&-1\end{bmatrix}$ 的一个特征向量.

（1）求参数 $x$，$y$ 及特征向量 $\boldsymbol{p}_1$ 所对应的特征值；

（2）问矩阵 $\boldsymbol{A}$ 是否可以对角化？并说明理由.

19. 设矩阵 $\boldsymbol{A}=\begin{bmatrix}3&2&-2\\-k&-1&k\\4&2&-3\end{bmatrix}$，问当 $k$ 为何值时，存在可逆矩阵 $\boldsymbol{P}$ 使得 $\boldsymbol{P}^{-1}\boldsymbol{AP}=\boldsymbol{\Lambda}$，其中 $\boldsymbol{\Lambda}$ 为对角矩阵，并求出相应的对角矩阵.

20. 设 $\boldsymbol{A}$ 为 3 阶实矩阵，$R(\boldsymbol{A})=2$，且 $\boldsymbol{A}\begin{bmatrix}1&1\\0&0\\-1&1\end{bmatrix}=\begin{bmatrix}-1&1\\0&0\\1&1\end{bmatrix}$.

（1）求矩阵 $\boldsymbol{A}$ 的特征值与特征向量；（2）求矩阵 $\boldsymbol{A}$.

21. 设 3 阶矩阵 $\boldsymbol{A}=(\boldsymbol{a}_1,\boldsymbol{a}_2,\boldsymbol{a}_3)$ 有 3 个不同的特征值，且 $\boldsymbol{a}_3=\boldsymbol{a}_1+2\boldsymbol{a}_2$.

（1）证明 $R(\boldsymbol{A})=2$；

（2）如果 $\boldsymbol{b}=\boldsymbol{a}_1+\boldsymbol{a}_2+\boldsymbol{a}_3$，求方程组 $\boldsymbol{Ax}=\boldsymbol{b}$ 的通解.

22. 下列矩阵是否为正交矩阵？为什么？

（1）$\begin{bmatrix}1&-1&1\\1&1&1\\-1&0&2\end{bmatrix}$　　　　（2）$\dfrac{1}{9}\begin{bmatrix}1&-8&-4\\-8&1&-4\\-4&-4&7\end{bmatrix}$

（3）$\begin{bmatrix} \frac{1}{\sqrt{2}} & \frac{1}{\sqrt{2}} & \frac{1}{\sqrt{6}} \\ \frac{1}{\sqrt{2}} & -\frac{1}{\sqrt{2}} & \frac{1}{\sqrt{6}} \\ 0 & 0 & \frac{2}{\sqrt{6}} \end{bmatrix}$　　（4）$\begin{bmatrix} -\frac{1}{\sqrt{3}} & \frac{1}{\sqrt{2}} & \frac{1}{\sqrt{6}} \\ -\frac{1}{\sqrt{3}} & -\frac{1}{\sqrt{2}} & \frac{1}{\sqrt{6}} \\ \frac{1}{\sqrt{3}} & 0 & \frac{2}{\sqrt{6}} \end{bmatrix}$

23. 设 $\boldsymbol{A}$ 是正交矩阵，证明：$\boldsymbol{A}$ 的行列式为 1 或 $-1$.

24. 设 $\boldsymbol{A}$ 是正交矩阵，证明：$\boldsymbol{A}^{\mathrm{T}},\boldsymbol{A}^{-1},\boldsymbol{A}^{*}$ 都是正交矩阵.

25. 设 $\boldsymbol{A}$，$\boldsymbol{B}$ 都是 $n$ 阶正交矩阵，证明：$\boldsymbol{AB}$ 也是正交矩阵.

26. 设 $\boldsymbol{A}=\begin{bmatrix} 2 & 1 & 2 \\ 1 & 2 & 2 \\ 2 & 2 & 1 \end{bmatrix}$，求 $f(\boldsymbol{A})=\boldsymbol{A}^{10}-6\boldsymbol{A}^{9}+5\boldsymbol{A}^{8}$.

27. 用矩阵表示下列二次型.

（1）$f=x_1^2+x_3^2+2x_1x_2-2x_2x_3$

（2）$f=2x_1^2+3x_2^2+3x_3^2+4x_2x_3$

（3）$f=x_1^2+x_2^2-x_3^2+2x_1x_3+2x_2x_3$

（4）$f=-2x_1x_2+2x_1x_3+2x_2x_3$

28. 写出下列矩阵的二次型.

（1）$\begin{bmatrix} 1 & 1 & 0 \\ 1 & 2 & 2 \\ 0 & 2 & 5 \end{bmatrix}$　　（2）$\begin{bmatrix} 2 & 1 & 2 \\ 1 & 2 & 2 \\ 2 & 2 & 1 \end{bmatrix}$

29. 写出下列二次型的秩.

（1）$f(\boldsymbol{x})=\boldsymbol{x}^{\mathrm{T}}\begin{bmatrix} 2 & 1 \\ 3 & 5 \end{bmatrix}\boldsymbol{x}$　　（2）$f(\boldsymbol{x})=\boldsymbol{x}^{\mathrm{T}}\begin{bmatrix} 1 & 1 & 4 \\ 7 & 3 & 6 \\ 2 & 0 & 5 \end{bmatrix}\boldsymbol{x}$

30. 求一个正交变换将二次型 $f(x_1,x_2,x_3)=2x_1^2+x_2^2-4x_1x_2-4x_2x_3$ 化成标准型.

31. 证明：二次型 $f=\boldsymbol{x}^{\mathrm{T}}\boldsymbol{A}\boldsymbol{x}$ 在 $\|\boldsymbol{x}\|=1$ 条件下的最大值为矩阵 $\boldsymbol{A}$ 的最大特征值.

32. 设 $\boldsymbol{a}=(a_1,a_2,\cdots,a_n)^{\mathrm{T}}, a_1\neq 0, \boldsymbol{A}=\boldsymbol{a}\boldsymbol{a}^{\mathrm{T}}$.

（1）证明 $\lambda=0$ 是矩阵 $\boldsymbol{A}$ 的 $n-1$ 重特征值；

（2）求 $\boldsymbol{A}$ 的非零特征值及 $n$ 个线性无关的特征向量.

33. 证明：实对称矩阵 $\boldsymbol{A}$ 为正定矩阵的充分必要条件是 $\boldsymbol{A}$ 的各阶首主子式都为正，即

$$a_{11}>0,\ \begin{vmatrix} a_{11} & a_{12} \\ a_{21} & a_{22} \end{vmatrix}>0,\cdots,\ \begin{vmatrix} a_{11} & \cdots & a_{1n} \\ \vdots & & \vdots \\ a_{n1} & \cdots & a_{nn} \end{vmatrix}>0$$

34. 证明：实对称矩阵 $\boldsymbol{A}$ 为正定矩阵的充分必要条件是存在可逆矩阵 $\boldsymbol{U}$，使 $\boldsymbol{A}=\boldsymbol{U}^{\mathrm{T}}\boldsymbol{U}$.

35. 判断下列矩阵是否为正定矩阵.

（1）$\begin{bmatrix}1&1&0\\1&2&2\\0&2&5\end{bmatrix}$　　　　（2）$\begin{bmatrix}2&1&2\\1&2&2\\2&2&1\end{bmatrix}$

36. 设二次型 $f=x_1^2+5x_2^2+5x_3^2+4x_1x_2+2ax_2x_3$ 为正定二次型，求参数 $a$ 要满足的条件.

37. 设二次型 $f(x_1,x_2,x_3)=ax_1^2+ax_2^2+(a-1)x_3^2+2x_1x_3-2x_2x_3$.

（1）求二次型 $f$ 的矩阵的所有特征值；

（2）若二次型 $f$ 的规范型为 $y_1^2+y_2^2$，求 $a$ 的值.

38. 判断下列二次型的正定性.

（1）$f=x_1^2+3x_2^2+5x_3^2-2x_1x_2+2x_1x_3-2x_2x_3$

（2）$f=x_1^2+3x_2^2-3x_3^2-x_1x_2+6x_1x_3-2x_2x_3$

39. 设 $\boldsymbol{A}$ 为正定矩阵，验证 $\boldsymbol{A}^{\mathrm{T}},\boldsymbol{A}^{-1},\boldsymbol{A}^*$ 也是正定矩阵.

40. 设 $\boldsymbol{A},\boldsymbol{B}$ 为正定矩阵，问 $\boldsymbol{A}+\boldsymbol{B}$，$\boldsymbol{AB},\boldsymbol{BA}$ 是否为正定矩阵？为什么？

41. 某公司对其生产的产品做市场调查，统计结果表明：已使用本公司产品的客户有 60%表示仍继续购买该产品，在尚未使用过该产品的被调查者中 25%的表示将购买该产品。目前该产品在市场上的占有率为 60%，问 $k$ 年后该产品占有状况如何？

42. 在某国，每年有比例为 $p$ 的农村居民移居城镇，有比例为 $q$ 的城镇居民移居农村，假设该国总人口数不变，且上述人口迁移的规律也不变. 把 $n$ 年后农村人口和城镇人口占总人口的比例依次记为 $x_n$ 和 $y_n$（$x_n+y_n=1$）.

（1）求关系式 $\begin{bmatrix}x_{n+1}\\y_{n+1}\end{bmatrix}=\boldsymbol{A}\begin{bmatrix}x_n\\y_n\end{bmatrix}$ 中的矩阵 $\boldsymbol{A}$；

（2）设目前农村人口与城镇人口比例为 $\begin{bmatrix}x_0\\y_0\end{bmatrix}=\begin{bmatrix}0.7\\0.3\end{bmatrix}$，求 20 年后农村人口与城镇人口的分布情况.

# 参 考 文 献


[1] 同济大学数学系．工程数学线性代数[M]．6 版．北京：高等教育出版社，2014.

[2] LAY D C．Linear algebra and its applications [M]．北京：机械工业出版社，2005.

[3] RICARDO H. A modern introduction to linear algebra [M]．Taylor & Francis Group，LLC，2010.

[4] 杨威，高淑萍，韩冰，等. 基于 MATLAB 的线性代数应用案例[J]. 应用数学进展，2019，8(3)：424-429.

[5] 陈怀琛，杨威. 工科线性代数必需的三项改革：介绍《实用大众线性代数（MATLAB 版）》教材及其慕课[J]. 应用数学进展，2018，7(9)： 1159-1165.

[6] 陈怀琛. 实用大众线性代数：MATLAB 版[M]. 西安：西安电子科技大学出版社，2014.

[7] 王萼芳，石生明．高等代数[M]．北京：高等教育出版社，2003.

[8] 邱森．线性代数[M]．武汉：武汉大学出版社，2007.

[9] 约翰逊．线性代数引论[M]．孙瑞勇，译. 北京：机械工业出版社，2016.

[10] 斯特朗．线性代数[M]．北京：清华大学出版社，2019.

[11] 利昂．线性代数：第 9 版 [M]．张文博，张丽静，译. 北京：机械工业出版社，2015.

[12] 雷．线性代数及其应用：原书第 5 版[M]．刘深泉，张万芹，陈玉珍，等译. 北京：机械工业出版社，2018.